概率论与数理统计
学习指导与习题精解

（第2版）

主编　沈　艳　凌焕章

HEUP 哈尔滨工程大学出版社

内容简介

本书是与哈尔滨工程大学理学院应用数学系编写的《概率论与数理统计(第2版)》配套使用的教学参考书,且可与国内通用的各类概率论与数理统计教材相匹配。本书每章由五个部分组成,分别为知识要点、典型例题、同步训练题、测验题及教材同步精选习题精解。本书对每一章的知识体系进行了广泛而深入的概括和总结,每一部分均内容详细、充实,针对每一例题都有分析、详解和评注,各章还收录了近几年部分硕士研究生入学考试的试题。

本书可作为理工科学生学习概率论与数理统计的同步辅导书,也可作为习题课参考书,更可作为考研学生考前强化训练的自学辅导书。

图书在版编目(CIP)数据

概率论与数理统计学习指导与习题精解/沈艳,凌焕章主编. —2版. —哈尔滨:哈尔滨工程大学出版社,2018.1

ISBN 978-7-5661-1793-9

Ⅰ. ①概… Ⅱ. ①沈… ②凌… Ⅲ. ①概率论-高等学校-教学参考资料②数理统计-高等学校-教学参考资料 Ⅳ. ①O21

中国版本图书馆 CIP 数据核字(2018)第003993号

选题策划 石 岭
责任编辑 马佳佳
封面设计 博鑫设计

出版发行 哈尔滨工程大学出版社
社　　址 哈尔滨市南岗区南通大街145号
邮政编码 150001
发行电话 0451-82519328
传　　真 0451-82519699
经　　销 新华书店
印　　刷 哈尔滨市石桥印务有限公司
开　　本 787mm×960mm 1/16
印　　张 16.5
字　　数 395千字
版　　次 2018年1月第2版
印　　次 2018年1月第1次印刷
定　　价 35.00元

http://www.hrbeupress.com
E-mail:heupress@hrbeu.edu.cn

第 2 版前言

本书在第 1 版基础上，改进了部分内容的叙述方式和部分例题的解题方法，增加了部分新的例题，更加符合基础课程教学基本要求，并兼顾当今高等学校应用型人才的培养要求。

概率论与数理统计是大学理工科、经济学、管理学等非数学类专业的基础课，也是硕士研究生入学考试的必考科目。为了帮助在校大学生学习及准备考研的同学复习好概率论与数理统计，依据国家教育部制定的高等学校《工科数学课程教学基本要求》及最新的《全国硕士研究生入学考试数学考试大纲》，并结合《概率论与数理统计（第 2 版）》（哈尔滨工程大学出版社 2018 年出版），我们修订了此书。

全书紧扣《概率论与数理统计（第 2 版）》教材，共分 9 章，内容包括随机事件及其概率、随机变量及其分布、多维随机变量及其分布、随机变量的数字特征、大数定律及中心极限定理、数理统计的基本概念参数估计、假设检验及方差分析与回归分析。本书的主要特点如下：

一、对基本概念、基本理论进行剖析，并通过例题对重要概念、定理和公式加以强化讲解，使学生们能够深刻领会其中的精髓。

二、每章都编排有典型例题、同步训练题、测验题及教材同步精选习题精解，内容详尽充实，题型丰富，语言简练。

三、习题中选编了近几年来与考研相关的试题，可以使学生在刚接触概率论与数理统计时，就对考研数学的试题有所了解，使学生们在解题思路、方法和技巧上有所提高。

参加本书编写的成员有国萃（第 1 章）、李彤（第 2 章）、凌焕章（第 3 章）、隋然（第 4 章）、郑雄波（第 5 章）、王珏（第 6 章）、王立刚（第 7 章）、刘献平（第 8 章）、孙薇（第 9 章）。全书由沈艳、凌焕章担任主编，隋然、李彤统稿。

在本书的编写过程中，我们得到了哈尔滨工程大学理学院应用数学系广大教师的支持和帮助，也得到了学校各级领导的鼓励和指导，在此表示衷心感谢。

本书成书仓促，错误和疏漏之处在所难免，恳请数学界同仁和读者予以指正。

编　者

2018 年 1 月

第 1 版前言

概率论与数理统计是大学理工科、经济学、管理学等非数学类专业的基础课，也是硕士研究生入学考试的必考科目。为了帮助在校大学生学习及准备考研的同学复习好概率论与数理统计，依据国家教育部制定的高等学校《工科数学课程教学基本要求》及最新的《全国工科、经济学硕士研究生入学考试数学考试大纲》，并结合哈尔滨工程大学理学院应用数学系主编的教材《概率论与数理统计》(哈尔滨工程大学出版社 2012 年出版) 我们编写了此书。全书紧扣《概率论与数理统计》教材，共分 10 章，内容包括随机事件及其概率、随机变量及其分布、多维随机变量及其分布、随机变量的数字特征、大数定律及中心极限定理、数理统计的基本概念、参数估计、假设检验、方差分析与回归分析及随机过程简介。

本书的主要特点如下：

一、对基本概念、基本理论进行剖析，并通过例题对重要概念、定理和公式加以强化讲解，使学生们能够深刻领会其中的精髓。

二、每章都编排有典型例题、同步训练题、测验题及《概率论与数理统计》部分习题解答，内容详尽充实，题型丰富，语言简练。

三、习题中选编了近几年来与考研相关的试题，可以使学生在刚接触概率论与数理统计时，就对考研数学的试题有所了解，使学生们在解题思路、方法和技巧上有所提高。

参加本书编写的成员有国萃(第 1 章)、李彤(第 2 章)、凌焕章(第 3 章)、隋然(第 4 章)、郑雄波(第 5 章)、王珏(第 6 章)、王立刚(第 7 章)、刘献平(第 8 章)、孙薇(第 9 章)、廉春波(第 10 章)。全书由沈艳、隋然担任主编，沈艳、隋然统稿。

在本书的编写过程中，我们得到了哈尔滨工程大学理学院应用数学系广大教师的支持和帮助，也得到了学校各级领导的鼓励和指导，在此表示衷心感谢。

本书成书仓促，错误和疏漏之处在所难免，恳请数学界同仁和读者予以指正。

编　者

2012 年 2 月

目 录

第1章　随机事件及其概率

【本章基本要求】

1. 了解样本空间(基本事件空间)的概念，理解随机事件的概念，掌握事件的关系及运算.

2. 理解概率、条件概率的概念，掌握概率的基本性质，会计算古典型概率和几何型概率，掌握事件加法、减法和乘法的概率公式，全概率公式以及贝叶斯公式.

3. 理解事件独立性的概念，掌握用事件独立性进行概率计算的方法，理解独立重复试验的概念.

【本章重点】

随机事件与样本空间；事件的关系与运算；概率的概念；概率的基本性质；古典型概率；几何型概率；条件概率；概率的基本公式；事件的独立性；独立重复试验.

【本章难点】

把复杂事件分解为若干个简单事件的交或并，从而利用概率论的基本定理与基本公式计算随机事件的概率，是读者应该掌握的基本方法，也是本章的重点和难点.

1.1　知识要点

1.1.1　随机试验

在概率论中，我们称具有以下三个特点的试验为随机试验，简称为试验，常用字母 E 表示：

(1) 可以在相同条件下重复进行的试验；

(2) 在进行一次试验之前，不能事先确定试验的哪个结果会出现；

(3) 试验的全部可能的结果是明确的.

1.1.2　样本空间　随机事件

1. 样本空间

随机试验 E 的所有可能结果组成的集合称为 E 的样本空间，记为 S. 样本空间的元素，即 E 的每个结果，称为样本点，记为 e. 样本空间可简记为 $S = S(e)$.

评注　样本空间中的样本点可以是有限个，也可以是无穷个；可以是数也可以不是数. 试验目的不同，决定了样本空间中的样本点不同.

2. 随机事件

试验 E 的样本空间 S 的子集称为 E 的随机事件，简称为事件. 事件是概率论中最基本的概念.

由一个样本点组成的单点集称为基本事件.

样本空间 S 包含所有的样本点，所以在每次试验中它总是发生的，称为必然事件.

空集 $\varnothing$ 中不包含任何样本点，在每次试验中都不发生，称 $\varnothing$ 为不可能事件.

3. 事件间的关系

(1) 包含：若 $A \subset B$，则称事件 B 包含事件 A. 这里指的是，事件 A 发生，必然导致事件 B 的发生.

(2) 相等：若 $A \subset B$ 且 $B \subset A$，即 $A = B$，则称事件 A 与 B 相等.

(3) 和：事件 $A \cup B = \{e \mid e \in A$ 或 $e \in B\}$ 称为事件 A 与 B 的和事件. 当且仅当事件 A,B 中至少有一个发生时，事件 $A \cup B$ 发生. $A \cup B$ 也记作 $A + B$.

类似地，当 n 个事件 $A_1, A_2, \cdots, A_n$ 中至少有一个事件发生时，称和事件 $\bigcup\limits_{i=1}^{n} A_i$ 发生.

(4) 积：事件 $A \cap B = \{e \mid e \in A$ 且 $e \in B\}$ 称为事件 A 与 B 的积事件. 当且仅当事件 A 与 B 都发生时，事件 $A \cap B$ 发生. $A \cap B$ 也记作 AB.

类似地，当 n 个事件 $A_1, A_2, \cdots, A_n$ 都发生时，称积事件 $\bigcap\limits_{i=1}^{n} A_i$ 发生.

(5) 差：事件 $A - B = \{e \mid e \in A$ 且 $e \notin B\}$ 称为事件 A 与 B 的差事件. 当且仅当事件 A 发生而事件 B 不发生时，事件 $A - B$ 发生.

对任一事件 A，有

$$A - A = \varnothing, A - \varnothing = A, \ A - S = \varnothing$$

(6) 互不相容（互斥）：若 $AB = \varnothing$，则称事件 A 与 B 是互不相容的或互斥的，表示事件 A 与 B 不能同时发生.

n 个事件 $A_1, A_2, \cdots, A_n$ 两两互不相容，是指其中任意两个事件都是互不相容的，即 $A_i \cap A_j = \varnothing \ (i \neq j; i,j = 1,2,\cdots,n)$.

(7) 对立（互补）：若 $A \cup B = S$ 且 $A \cap B = \varnothing$，则称事件 A 与 B 为互补事件，也称 A 与 B 为对立事件，记 $B = \overline{A}$.

评注　对立事件必是互不相容（互斥）的，但互不相容的两个事件不一定是对立事件.

4. 事件的运算规律

在进行事件运算时，经常要用到以下的运算律：

交换律　$A \cup B = B \cup A, A \cap B = B \cap A$

结合律　$A \cup (B \cup C) = (A \cup B) \cup C$

$(A \cap B) \cap C = A \cap (B \cap C)$

分配律　$A \cup (B \cap C) = (A \cup B) \cap (A \cup C)$

$A \cap (B \cup C) = (A \cap B) \cup (A \cap C)$

德·摩根(De. Morgan)定律　$\overline{A \cup B} = \bar{A} \cap \bar{B}, \overline{A \cap B} = \bar{A} \cup \bar{B}$

对于差事件的运算,有

$$A - B = A\bar{B} = A - AB$$

1.1.3　频率与概率

1. 频率

在相同条件下进行了 n 次试验,在这 n 次试验中,随机事件 A 发生 n_A 次,称其为事件 A 发生的频数. 比值 $\frac{n_A}{n}$ 称为事件 A 发生的频率,记为 $f_n(A)$.

频率表示 A 发生的频繁程度. 频率愈大,意味着 A 在一次试验中发生的可能性愈大. 当 n 逐渐增大时,频率 $f_n(A)$ 逐渐稳定于某个常数,我们称这个"稳定值"为事件 A 发生的概率.

2. 概率

设 E 是随机试验, S 是其样本空间. 对于 E 的每一个事件 A,有唯一的实数与之对应,记为 $P(A)$,称 $P(A)$ 为事件 A 发生的概率. 如果函数 $P(\cdot)$ 满足以下条件:

(1) 非负性　对每个事件 A,$P(A) \geqslant 0$;

(2) 规范性　对于必然事件 S,$P(S) = 1$;

(3) 可列可加性　若 $A_1, A_2, \cdots$ 是两两互不相容的事件,即当 $A_iA_j = \varnothing (i \neq j; i,j = 1,2,\cdots)$,有

$$P(A_1 \cup A_2 \cup \cdots) = P(A_1) + P(A_2) + \cdots$$

称这个定义为概率的公理化定义.

3. 概率的基本性质

性质1　$P(\varnothing) = 0$.

性质2　若 $A_1, A_2, \cdots, A_n$ 两两互不相容,则

$$P(A_1 \cup A_2 \cup \cdots \cup A_n) = P(A_1) + P(A_2) + \cdots + P(A_n) \text{(有限可加性)}$$

性质3　若事件 A,B 满足 $A \subset B$,则有

$$P(B - A) = P(B) - P(A), P(B) \geqslant P(A)$$

性质4　对任意事件 A, $P(\bar{A}) = 1 - P(A)$.

性质5　对任意事件 A,B 有

$$P(A \cup B) = P(A) + P(B) - P(AB)$$

$$P(A \cup B) \leqslant P(A) + P(B)$$

进一步地，性质5还可推广到多个事件的情形：

$$P(A_1 \cup A_2 \cup A_3) = P(A_1) + P(A_2) + P(A_3) - P(A_1A_2) - P(A_2A_3) - P(A_1A_3) + P(A_1A_2A_3)$$

$$P(A_1 \cup A_2 \cup \cdots \cup A_n) = \sum_{i=1}^{n} P(A_i) - \sum_{1 \leqslant i < j \leqslant n}^{n} P(A_iA_j) + \sum_{1 \leqslant i < j < k \leqslant n}^{n} P(A_iA_jA_k) + \cdots + (-1)^{n-1}P(A_1A_2\cdots A_n)$$

1.1.4 等可能概型

1. 等可能概型

若随机试验 E 满足以下条件：

(1) 样本空间 S 只有有限个样本点；

(2) 每个样本点出现的可能性相同.

称这类随机现象的数学模型为等可能概型. 等可能概型中，事件 A 发生的概率为

$$P(A) = \frac{A\text{中包含的基本事件数}}{S\text{中基本事件的总数}}$$

2. 几何概型

若试验 E 满足以下条件：

(1) 样本空间 S 是一个几何区域，这个区域的大小是可以度量的，并把对 S 的度量记为 $m(S)$；

(2) 向区域 S 内任意投掷一个点，它落在区域内任一点处都是等可能的.

称这类随机现象的数学模型为几何概型. 在几何概型中，事件 A 发生的概率为

$$P(A) = \frac{m(A)}{m(S)}$$

1.1.5 条件概率　全概率公式　贝叶斯公式

1. 条件概率

设 A,B 是两个事件，且 $P(A) > 0$，称

$$P(B \mid A) = \frac{P(AB)}{P(A)}$$

为在事件 A 发生的条件下，事件 B 发生的条件概率.

2. 乘法公式

对于事件 A,B，若 $P(A) > 0$，则有

$$P(AB) = P(A)P(B \mid A)$$

若 $P(B) > 0$，则有

$$P(AB) = P(B)P(A|B)$$

进而推广到 $A_1, A_2, \cdots, A_n(n \geqslant 2)$ n 个事件积的情形. 设 $P(A_1A_2\cdots A_{n-1}) > 0$,则有

$$P(A_1A_2\cdots A_n) = P(A_1)P(A_2|A_1)P(A_3|A_1A_2)\cdots P(A_n|A_1A_2\cdots A_{n-1})$$

3. 全概率公式

在计算较复杂的概率时,经常将复杂事件分解成互不相容的简单随机事件之和,分别计算出这些简单随机事件的概率后,利用概率的可加性得到所求事件的概率.

(1) 样本空间 S 的一个划分

设 S 为试验 E 的样本空间,$B_1, B_2, \cdots, B_n$ 为 E 的一组事件. 若 $B_iB_j = \varnothing(i \neq j;\ i,j = 1, 2, \cdots, n)$, 并且 $B_1 \cup B_2 \cup \cdots \cup B_n = S$,则称 $B_1, B_2, \cdots, B_n$ 是样本空间 S 的一个划分.

(2) 全概率公式

设试验 E 的样本空间为 S, A 为 E 的一个事件,$B_1, B_2, \cdots, B_n$ 为 S 的一个划分,且 $P(B_i) > 0$, $i = 1, 2, \cdots, n$,则有

$$\begin{aligned} P(A) &= P(A|B_1)P(B_1) + P(A|B_2)P(B_2) + \cdots + P(A|B_n)P(B_n) \\ &= \sum_{i=1}^{n} P(A|B_i)P(B_i) \end{aligned}$$

这个公式称为全概率公式.

评注 用全概率公式求解问题的关键在于寻找 $B_1, B_2, \cdots, B_n$,而 $B_1, B_2, \cdots, B_n$ 应是导致 A 发生的原因,故用找原因的方法确定 $B_1, B_2, \cdots, B_n$ 比较方便.

4. 贝叶斯公式

设试验 E 的样本空间为 S, A 为 E 中的事件,$B_1, B_2, \cdots, B_n$ 为 S 的一个划分,且 $P(A) > 0$, $P(B_i) > 0\ (i = 1, 2, \cdots, n)$,则有

$$P(B_i|A) = \frac{P(B_i)P(A|B_i)}{\sum_{j=1}^{n} P(B_j)P(A|B_j)}$$

这个公式称为贝叶斯(Bayes) 公式.

评注 在全概率公式和贝叶斯公式中,B_i 是导致 A 发生的诸多原因之一."由因溯果"用全概率公式,也称为先验概率;"由果溯因"用贝叶斯公式,也称为后验概率.

1.1.6 事件的独立性

1. 两个事件的独立性

若 $P(AB) = P(A)P(B)$,则称事件 A 与事件 B 相互独立.

若事件 A, B 相互独立,则事件 $\bar{A}$ 与 B, A 与 $\bar{B}$, $\bar{A}$ 与 $\bar{B}$ 也相互独立.

实际上,两个事件相互独立的直观含义是其中一个事件的发生对另一个事件的发生没有影响.

2. 多个事件的独立性

（1）三个事件两两独立

设 A,B,C 是三个事件，如果下面的等式成立：

$$\begin{cases}P(AB)=P(A)P(B)\\P(AC)=P(A)P(C)\\P(BC)=P(B)P(C)\end{cases}$$

则称三个事件 A,B,C 两两独立.

（2）三个事件相互独立

设 A,B,C 三个事件两两独立，且满足 $P(ABC)=P(A)P(B)P(C)$，则称三个事件 A,B,C 相互独立.

推广到更一般的情形，设 $A_1,A_2,\cdots,A_n$ 为 n 个事件，若对于所有可能的 $1\leqslant k_1<k_2<\cdots<k_l\leqslant n$，等式

$$P(A_{k_1}A_{k_2}\cdots A_{k_l})=P(A_{k_1})P(A_{k_2})\cdots P(A_{k_l})\quad(l=2,3,\cdots,n)$$

成立，则称 n 个事件 $A_1,A_2,\cdots,A_n$ 相互独立.

评注 在实际应用中，事件的独立性我们可根据事件的实际意义来判断，而不必根据定义来判断.

1.2 典型例题

例 1 设 A,B,C 为三个事件，下述运算关系错误的是（　　）.

A. 若 $A\subset B$ 且 $B\subset A$，则 $A=B$　　B. 若 $(A\cup B)\subset C$，则 $A=C-B$

C. $\overline{AB}=\bar{A}\cup\bar{B}$　　D. $(AB)(A\bar{B})=\varnothing$

解 B.

例 2 设 A,B 为两个事件，且 $A\neq\varnothing,B\neq\varnothing$，则 $(A+B)(\bar{A}+\bar{B})$ 表示（　　）.

A. 必然事件　　B. 不可能事件

C. A 与 B 不能同时发生　　D. A 与 B 恰有一个发生

分析 本题主要考查事件的运算规律. 易得 $(A+B)(\bar{A}+\bar{B})=A\bar{B}+B\bar{A}$，故选 D. 注意不要错选 C，它表示 $\overline{AB}=\bar{A}\cup\bar{B}$.

解 D.

例 3 （2009，数学三）设事件 A,B 互斥，则（　　）.

A. $P(\bar{A}\bar{B})=0$　　B. $P(AB)=P(A)P(B)$

C. $P(A)=1-P(B)$ D. $P(\bar{A}\cup\bar{B})=1$

分析 本题考查互斥的定义和德·摩根定律的应用. 因为事件 A,B 互斥,于是有 $AB=\varnothing$,即 $\bar{A}\cup\bar{B}=S$,故 $P(\bar{A}\cup\bar{B})=1$.

解 D.

例4 设 A,B 为两事件,且已知 $P(B)=0.5$,$P(A\cup B)=0.7$,则 $P(A\bar{B})=(\quad)$.

A. 0.4 B. 0.3 C. 0.2 D. 0.1

分析 由于 $AB\subset A$,且 $P(A\cup B)=P(A)+P(B)-P(AB)$,所以 $P(A\bar{B})=P(A-AB)=P(A)-P(AB)=P(A\cup B)-P(B)=0.7-0.5=0.2$.

解 C.

例5 20 件产品,其中 18 件正品,2 件次品,从中任取 2 件,则至少有一件为次品的概率为( ).

A. $1-\left(\frac{18}{20}\right)^2$ B. $1-\frac{C_{18}^2}{C_{20}^2}$ C. $C_2^1\left(\frac{9}{10}\right)^2$ D. $\left(\frac{9}{10}\right)^2$

分析 设事件 $A_i=\{第\ i\ 次取到次品\}$,$i=1,2$,则

$$P(A_1\cup A_2)=1-P(\overline{A_1\cup A_2})=1-P(\overline{A_1}\,\overline{A_2})=1-\frac{C_{18}^2}{C_{20}^2}$$

解 B.

例6 设 A,B,C 三事件两两独立,则 A,B,C 相互独立的充要条件是( ).

A. A 与 BC 独立 B. AB 与 $A\cup C$ 独立

C. AB 与 AC 独立 D. $A\cup B$ 与 $A\cup C$ 独立

分析 由题设知

$$P(AB)=P(A)P(B),P(AC)=P(A)P(C)$$
$$P(BC)=P(B)P(C)$$

所以 A,B,C 相互独立的充要条件是

$$P(ABC)=P(A)P(B)P(C)\Leftrightarrow P(ABC)=P(A)P(BC)\Leftrightarrow A\ 与\ BC\ 独立$$

解 A.

例7 设两个相互独立的事件 A 和 B 都不发生的概率为 $\frac{1}{9}$,A 发生 B 不发生的概率与 B 发生 A 不发生的概率相等,则 $P(A)=(\quad)$.

A. 1 B. $\frac{8}{9}$ C. $\frac{1}{3}$ D. $\frac{2}{3}$

分析 由题设有 $P(AB)=P(A)P(B)$,$P(A\bar{B})=P(\bar{A}B)$,且 $P(\bar{A}\bar{B})=\frac{1}{9}$,所以有

$$P(\bar{A}\bar{B}) = P(\overline{A \cup B}) = 1 - P(A \cup B) = \frac{1}{9}$$

$$P(A) - P(AB) = P(B) - P(AB) \Rightarrow P(A) = P(B)$$

故

$$1 - P(A) - P(B) + P(A)P(B) = \frac{1}{9}$$

即

$$1 - 2P(A) + P^2(A) = \frac{1}{9}$$

从而

$$P(A) = \frac{2}{3} \quad (\text{这是由于 } P(A) \leqslant 1)$$

解 D.

例 8 （2003，数学四）对于任意事件 A,B，有（　　）.

A. 若 $AB \neq \varnothing$，则 A,B 一定独立　　B. 若 $AB \neq \varnothing$，则 A,B 有可能独立

C. 若 $AB = \varnothing$，则 A,B 一定独立　　D. 若 $AB = \varnothing$，则 A,B 一定不独立

分析 本题考查独立与互斥之间的关系. 事实上，独立与互斥之间没有必然的互推关系. 若 $AB \neq \varnothing$ 推不出 $P(AB) = P(A)P(B)$，因此推不出 A,B 一定独立，排除 A；若 $AB = \varnothing$，则 $P(AB) = 0$，但 $P(A)P(B)$ 是否为零不确定，因此 C 和 D 也不成立.

解 B.

例 9 掷三颗骰子，则 3 个点数能排成公差为 1 的等差数列的概率为________.

分析 由于每个骰子有 6 个点数，因此基本事件共有 $6 \times 6 \times 6 = 216$ 个. 而掷出点数能构成公差为 1 的等差数列由 1,2,3 或 2,3,4 或 3,4,5 或 4,5,6 组成，于是所求概率为 $\frac{4 \times 3!}{216} = \frac{1}{9}$.

解 $\frac{1}{9}$.

例 10 （2007，数学三）在区间 $(0,1)$ 中随机地取两个数，则两数之差的绝对值小于 $\frac{1}{2}$ 的概率为________.

分析 显然，这是一个几何概型，设 x,y 为所取的两个数，则样本空间 $S = \{(x,y) \mid 0 < x, y < 1\}$，记 $A = \left\{(x,y) \in S \,\middle|\, |x - y| < \frac{1}{2}\right\}$，故

$$P(A) = \frac{A\text{ 的面积}}{S\text{ 的面积}} = \frac{1 - \frac{1}{4}}{1} = \frac{3}{4}$$

解　$\frac{3}{4}$.

例11　设10件产品中有4件不合格品,从中任取两件,已知所取两件产品中有一件是不合格品,则另一件也是不合格产品的概率为________.

分析　设事件A表示所取两件产品中有一件是不合格品的事件,B表示另一件也是不合格品的事件,则AB表示所取两件产品都是不合格品的事件,则有

$$P(A)=\frac{C_4^1C_6^1+C_4^2}{C_{10}^2},\quad P(AB)=\frac{C_4^2}{C_{10}^2}$$

由条件概率公式知

$$P(B|A)=\frac{P(AB)}{P(A)}=\frac{6}{30}=\frac{1}{5}$$

解　$\frac{1}{5}$.

例12　设工厂甲和工厂乙生产产品的次品率分别为1%和2%,现从甲厂和乙厂产品分别占60%和40%的一批产品中随机抽取一件,发现是次品,则该产品属甲厂生产的概率是________.

分析　设A为抽到次品,B_1,B_2分别为甲厂和乙厂的产品,则由全概公式有

$$\begin{aligned}P(A)&=P(AB_1)+P(AB_2)=P(A|B_1)P(B_1)+P(A|B_2)P(B_2)\\&=0.6\times0.01+0.4\times0.02=0.014\end{aligned}$$

再由贝叶斯公式有

$$P(B_1|A)=\frac{P(AB_1)}{P(A)}=\frac{P(A|B_1)P(B_1)}{P(A)}=\frac{0.006}{0.014}=\frac{3}{7}$$

解　$\frac{3}{7}$.

例13　设$A_1,A_2,\cdots,A_n$相互独立,$P(A_i)=p_i,i=1,2,\cdots,n$,则$A_1,A_2,\cdots,A_n$中一个也不发生这一事件的概率是________.

分析　$P(\bar{A}_1\bar{A}_2\cdots\bar{A}_n)=P(\bar{A}_1)P(\bar{A}_2)\cdots P(\bar{A}_n)=\prod_{i=1}^{n}(1-p_i)$.

解　$\prod_{i=1}^{n}(1-p_i)$.

例14　设两事件A,B满足条件$P(AB)=P(\bar{A}\bar{B})$,且$P(A)=p$,求$P(B)$.

解
$$P(\bar{A}\bar{B})=1-P(A\cup B)=1-P(A)-P(B)+P(AB)$$

由已知$P(\bar{A}\bar{B})=P(AB)$,代入上式,得$P(B)=1-P(A)=1-p$.

例15　将4个红球和4个黄球随机地装在两个盒中,每盒4个球,求每盒中有2个红球的

概率.

分析 从 8 个球中任取 4 个放在一盒中,其余球自然放在另一盒中,所以基本事件有 C_8^4 种,而从 4 个红球中任取两个,从黄球中任取 2 个的事件有 $C_4^2C_4^2$ 种.

解 $p = \dfrac{C_4^2C_4^2}{C_8^4} = \dfrac{18}{35}$.

例 16 袋中有 a 个红球,b 个白球,现从袋中每次任取一球,取后不放回,试求第 k 次取到红球的概率($1 \leqslant k \leqslant a + b$).

分析 本题考查古典概型的应用,我们可以用排列法也可以用组合法求解.

解 方法一(排列法)

假设 $A = \{$第 k 次取到红球$\}$. 设各个球是有区别的,比如,我们对每个球进行编号,把取出的球依次排列在 $a + b$ 个位置上,则样本空间的基本事件总数为 $(a + b)!$;第 k 次取到红球相当于先在第 k 个位置上排红球,再在其余的 $a + b - 1$ 个位置上排剩下的 $a + b - 1$ 个球,共有 $a(a + b - 1)!$ 种排法,故取到红球的概率为 $P(A) = \dfrac{a(a + b - 1)!}{(a + b)!} = \dfrac{a}{a + b}$.

方法二(组合法)

假设 $A = \{$第 k 次取到红球$\}$. 除了颜色之外,将各个球看作是没有区别的. 将取出的球依次放在 $a + b$ 个位置上,此时 a 个红球在 $a + b$ 个位置上的所有排法为 C_{a+b}^a,即样本空间的基本事件总数;第 k 次取到红球,即第 k 个位置上必须放红球,其余的 $a - 1$ 个红球可以放在其余的 $a + b - 1$ 个位置上的任意 $a - 1$ 个位置上,其所有的方法为 C_{a+b-1}^{a-1},故取到红球的概率为

$$P(A) = \frac{C_{a+b-1}^{a-1}}{C_{a+b}^a} = \frac{a}{a + b}$$

评注 (1) 本例说明不放回抽取模型中,第 k 次取到红球的概率与次序 k 无关,它是一个常数,这正说明了在实际中抽签或抓阄问题的公平性.

(2) 本例说明同一个试验,样本空间的选取可以不同,但若都按古典概型求解,则必须保证都满足“等可能性”和“有限性”,而且求解时基本事件总数和所求事件所包含的基本事件总数的计算要一致,即要么都用排列,要么都用组合.

例 17 在区间(0,1) 内任取两个数,试计算事件$\left\{两数之和小于\dfrac{5}{4}\right\}$及$\left\{两数之积大于\dfrac{1}{4}\right\}$的概率.

分析 这是几何概型问题,用 x,y 表示在(0,1) 中随机取的两个数,A 表示事件$\left\{两数之和小于\dfrac{5}{4}\right\}$,$B$ 表示事件$\left\{两数之积大于\dfrac{1}{4}\right\}$,则 $S = \{(x,y) \mid 0 < x,y < 1\}$,如图1 - 1(a) 所示的正方形,其面积大小用 S 表示,显然 $S = 1$,而 $A = \left\{(x,y) \in S \mid x + y < \dfrac{5}{4}\right\}$,即落在图 1 - 1(a) 中阴影部分的点 (x,y) 的全体,其面积大小用 A 表示.

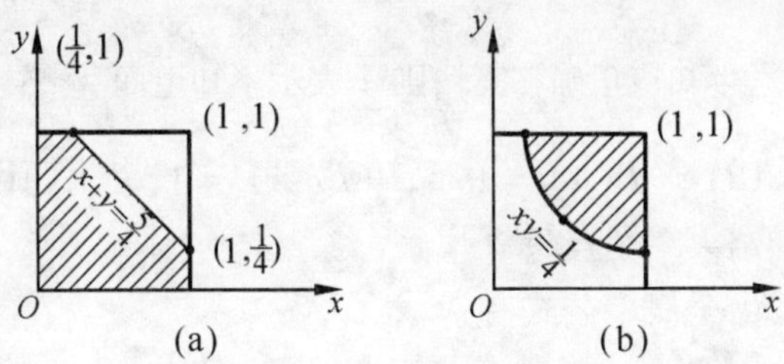

图 1 – 1

同理 $B=\left\{(x,y)\in S\mid xy>\frac{1}{4}\right\}$,即落在图 1 – 1(b) 中阴影部分的点 (x,y) 的全体,其面积大小用 B 表示.

解
$$P\left\{两数之和小于\frac{5}{4}\right\}=\frac{A}{S}=1-\frac{1}{2}\left(\frac{3}{4}\right)^2=\frac{23}{32}$$

$$P\left\{两数之积大于\frac{1}{4}\right\}=\frac{B}{S}=\int_{\frac{1}{4}}^{1}\left(1-\frac{1}{4x}\right)\mathrm{d}y=\left(x-\frac{1}{4}\ln x\right)\Big|_{\frac{1}{4}}^{1}=\frac{3}{4}-\frac{1}{2}\ln 2$$

例 18　设 O 为线段 AB 的中点,在 AB 上任取一点 C,求 AC,CB,AO 三条线段能构成一个三角形的概率.

解　不妨设 $AB=1,AC=x$,则 $CB=1-x,AO=\frac{1}{2}$,AC,CB,AO 三线段能构成一个三角形必须满足如下不等式

$$\begin{cases}AO+AC>CB\\AO+CB>AC\end{cases}$$

即

$$\begin{cases}\frac{1}{2}+x>1-x\\\frac{1}{2}+(1-x)>x\end{cases}$$

可知

$$\frac{1}{4}<x<\frac{3}{4}$$

故有

$$p=\frac{2}{4}=\frac{1}{2}$$

例 19　一道题有 4 个备选答案,其中只有一个正确,假设某学生知道正确答案的概率为 0.5,因此其不知道答案而乱猜的概率也为 0.5,若已知学生答对了,问他确实知道正确答案的

概率是多少？

分析　以A记事件{学生知道正确答案}，则$\bar{A}$表示不知道而乱猜；以B记事件{学生答对了}，显然应有$A \subset B$，于是$P(AB)=P(A)=0.5$，$P(B|A)=1$，又由题设有$P(B|\bar{A})=0.25$，则由贝叶斯公式可求得正确结果.

解　在上述假设下，由全概率公式有

$$P(B)=P(A)P(B|A)+P(\bar{A})P(B|\bar{A})=0.5+0.5\times 0.25=0.625$$

再由贝叶斯公式有

$$P(A|B)=\frac{P(AB)}{P(B)}=\frac{0.5}{0.625}=0.8$$

即学生有80%的可能性知道正确答案.

例20　有两个箱子，第一个箱子有3个白球2个红球，第二个箱子有4个白球4个红球，现从第一个箱子中随机地取出1个球放到第二个箱子里，再从第二个箱子中取出1个球，则此球是白球的概率是多少？已知上述从第二个箱子中取出的球是白球，则从第一个箱子中取出的球是白球的概率是多少？

分析　显然第一问应用全概率公式，第二问用贝叶斯公式.

解　以A_i表示事件{从第i个箱子中取出的是白球，$i=1,2$}. 由题设有$P(A_1)=\frac{3}{5}$，$P(\bar{A}_1)=\frac{2}{5}$，而$P(A_2|A_1)=\frac{5}{9}$，$P(A_2|\bar{A}_1)=\frac{4}{9}$，由全概率公式求得第一问为

$$P(A_2)=P(A_1)P(A_2|A_1)+P(\bar{A}_1)P(A_2|\bar{A}_1)=\frac{3}{5}\cdot\frac{5}{9}+\frac{2}{5}\cdot\frac{4}{9}=\frac{23}{45}$$

再由贝叶斯公式求得第二问为

$$P(A_1|A_2)=\frac{P(A_1A_2)}{P(A_2)}=\frac{P(A_1)P(A_2|A_1)}{P(A_2)}=\frac{15}{23}$$

例21　盒子中有m个正品硬币，有n个次品硬币（次品为两面均为国徽），今在盒中任取一硬币，将其掷r次，每次都得到国徽一面，求此硬币是正品的概率.

解　设事件A表示{取出的硬币掷r次均为国徽}，事件B表示{取出的硬币为正品}，此题应求$P(B|A)$.

由题设应有$P(A|B)=\left(\frac{1}{2}\right)^r$（这是由事件的独立性得到的），可知

$$P(A|\bar{B})=1,\ P(B)=\frac{m}{m+n},\ P(\bar{B})=\frac{n}{m+n}$$

由贝叶斯公式

$$P(B \mid A) = \frac{P(B)P(A \mid B)}{P(A)} = \frac{P(B)P(A \mid B)}{P(B)P(A \mid B) + P(\bar{B})P(A \mid \bar{B})} = \frac{m}{m + 2^r n}$$

例 22　设 A,B,C 三事件相互独立,证明 $\bar{A},\bar{B},\bar{C}$ 三事件也相互独立.

证明　先证明 $\bar{A},\bar{B},\bar{C}$ 三事件两两相互独立.

$$\begin{aligned} P(\bar{A}\bar{B}) &= P(\overline{A \cup B}) = 1 - P(A \cup B) = 1 - P(A) - P(B) + P(AB) \\ &= 1 - P(A) - P(B)[1 - P(A)] \\ &= [1 - P(A)][1 - P(B)] \\ &= P(\bar{A})P(\bar{B}) \end{aligned}$$

同理可证 $P(\bar{A}\bar{C}) = P(\bar{A})P(\bar{C}), P(\bar{B}\bar{C}) = P(\bar{B})P(\bar{C})$.

再证 $P(\bar{A}\bar{B}\bar{C}) = P(\bar{A})P(\bar{B})P(\bar{C})$.

$$\begin{aligned} P(\bar{A}\bar{B}\bar{C}) &= P(\overline{A \cup B \cup C}) \\ &= 1 - P(A \cup B \cup C) \\ &= 1 - [P(A \cup B) + P(C) - P((A \cup B)C)] \\ &= 1 - [P(A) + P(B) - P(AB) + P(C) - P(AC \cup BC)] \\ &= 1 - [P(A) + P(B) - P(A)P(B) + P(C) - P(AC) - P(BC) + P(ABC)] \\ &= 1 - P(A) - P(B)[1 - P(A)] - P(C)[1 - P(A)] + P(B)P(C)[1 - P(A)] \\ &= [1 - P(A)][1 - P(B) - P(C) + P(B)P(C)] \\ &= P(\bar{A})[1 - P(B)][1 - P(C)] \\ &= P(\bar{A})P(\bar{B})P(\bar{C}) \end{aligned}$$

所以 $\bar{A},\bar{B},\bar{C}$ 相互独立.

例 23　当事件 A 与 B 同时发生时,事件 C 必发生,则

$$P(C) \geqslant P(A) + P(B) - 1$$

证明　由题设知 $AB \subset C$,则 $P(C) \geqslant P(AB)$,又由加法公式

$$P(A \cup B) = P(A) + P(B) - P(AB)$$

因此

$$P(AB) \geqslant P(A) + P(B) - 1$$

故有

$$P(C) \geqslant P(AB) \geqslant P(A) + P(B) - 1$$

例 24　设事件 A,B,C 相互独立,证明:$A \cup B$ 与 C 相互独立.

证明　$P[(A \cup B)C] = P(AC \cup BC) = P(AC) + P(BC) - P(ABC)$

$$= [P(A)+P(B)-P(AB)]P(C) = P(A\cup B)P(C)$$

例 25 若事件 A,B,C 同时发生必导致事件 D 发生,试证

$$P(A)+P(B)+P(C)-P(D)\leqslant 2$$

证明 因 $P(D)\geqslant P(ABC)$,而

$$\begin{aligned}P(ABC)&\geqslant P(AB)+P(C)-1\geqslant P(A)+P(B)-1+P(C)-1\\&=P(A)+P(B)+P(C)-2\end{aligned}$$

整理即得结论 $P(A)+P(B)+P(C)-P(D)\leqslant 2$.

1.3 同步训练题

一、填空题

1. 掷三颗骰子,已知所得三个点数都不同,则其中含有1点的概率为________.

2. n 张奖券中有 m 张有奖,现有 k 个人,每人购买一张,则其中至少有一人中奖的概率是________.

3. 袋中有9个球,其中有6个黄球,3个白球,现无放回地抽取2次,每次取一球,则第二次取到黄球的概率是________.

4. 一道考题同时列出 m 个备选答案,其中只有一个答案是正确的,设某学生知道正确答案的可能性为 p,则乱猜的概率为 $1-p$,设他乱猜而答对的概率为 $\frac{1}{m}$,若已知他答对了,则他确实知道正确答案的概率应是________.

二、单项选择题

1. 设 A,B,C 为三事件,与 A 互斥的事件是(　　).

A. $\bar{A}B+A\bar{C}$　　B. $\overline{A(B\cup C)}$　　C. $\overline{ABC}$　　D. $\overline{A\cup B\cup C}$

2. 已知事件 A 与 B 的概率为 $P(A)=0.5$,$P(B)=0.6$,条件概率 $P(B\mid A)=0.4$,则 $P(A\cup B)$ 为(　　).

A. 0.9　　B. 0.7　　C. 0.5　　D. 0.3

3. 设事件 A 和 B 满足 $P(B\mid A)=1$,则(　　).

A. A 为必然事件　　B. $A\subset B$　　C. $A\supset B$　　D. $P(B\mid\bar{A})=0$

4. 设事件 A 与 B 相互独立,且事件 A 发生 B 不发生与事件 B 发生 A 不发生的概率都为 $\frac{1}{4}$,则 $P(A)=$(　　).

A. $\frac{1}{4}$　　B. $\frac{1}{3}$　　C. $\frac{1}{2}$　　D. 1

三、计算题

1. 随机取一非负整数,求此数平方的个位数字是 4 的概率.

2. 在(0,1) 区间中随机地取两个数,则两数之积小于$\frac{1}{4}$ 的概率是多少?

3. 从4副不同的手套中任取4只,求下列事件的概率:(1)4只没有成副的;(2)4只恰好为2副;(3)4只中恰好有一副.

4. 圆圈上有8个等分点$A_1,A_2,\cdots,A_8$. 从中任取三点,求这三点能构成直角三角形的概率.

5. 假设一批产品中一、二、三等品各占60%,30%,10%. 从中任取一件,结果不是三等品,求取到的是一等品的概率.

6. 甲、乙两人独立地向同一目标射击一次,其命中率分别是0.5和0.05,现已知目标被命中,求它是乙射中的概率.

7. 有三个盒子,第一个盒子中有4个黄球5个白球,第二个盒子中有3个黄球,3个白球,第三个盒子中有1个黄球,8个白球,现随机地取出一个盒子,再从这个盒中取出1个球,求:

(1) 这个球是黄球的概率;

(2) 若取到的是黄球,则它属于第二个盒子的概率.

8. 设$A_1,A_2,\cdots,A_{10}$相互独立,$P(A_i)=p_i,i=1,2,\cdots,10$,求下列事件的概率:

(1)$A_1,A_2,\cdots,A_{10}$中至多发生9个;

(2)$A_1,A_2,\cdots,A_{10}$中恰好发生1个.

9. 求下列各系统(如图1-2所示)正常工作的概率. 假设元件i正常工作的概率为$p_i,i=1,2,3$,各元件正常工作或出现故障是相互独立的.

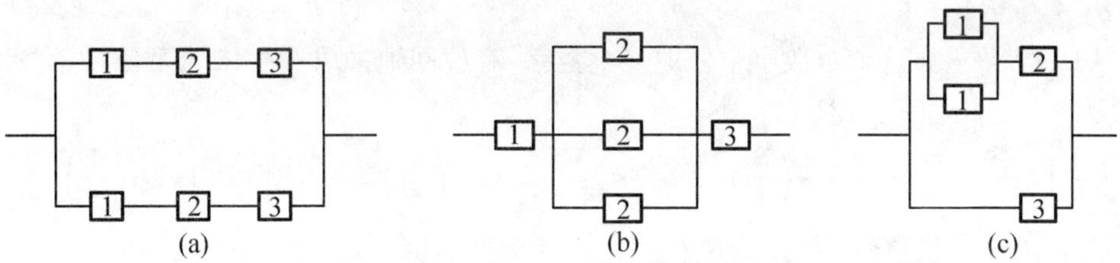

图1-2

10. 对同一目标进行三次独立射击,第一、二、三次命中率分别是0.5,0.6,0.8,试求:(1) 三次射击中至少有一次命中的概率;(2) 恰有一次命中的概率.

四、证明题

1. A,B,C为三事件,试证:$\bar{A}B\cup A\bar{B}\cup\bar{A}\bar{B}=\overline{AB}$.

2. 若三事件A,B,C满足$P(A)=a,P(B)=b,P(A\cup B)=c$,则有$P(A\bar{B})=c-b$.

1.4 测 验 题

一、填空题

1. 设事件 A,B 互不相容,$P(B)=0.4$,则 $P(\bar{A}B)=$ ________.

2. 设 $P(AB)=c$ 为已知,则 $P(\bar{A}\cup\bar{B})=$ ________.

3. 设事件 A,B 相互独立,$P(A)=0.4$,$P(B)=0.2$,则 $P(\bar{A}\cup B)=$ ________.

4. 在 $(0,1)$ 中随机地选数 x,在 $(1,2)$ 中随机地选数 y,则事件 $\left\{x+y\geqslant\frac{3}{2}\right\}$ 的概率为________.

5. 5 副不同的手套,任取 4 只,至多有 2 只配对的概率为________.

二、单项选择题

1. 在 $(1,2)$ 中随机地选数 x,在 $(0,1)$ 中随机地选数 y,则事件 $\left\{y\geqslant\frac{1}{4}x^2\right\}$ 的概率为(　　).

A. $\frac{5}{6}$　　B. $\frac{7}{12}$　　C. $\frac{5}{12}$　　D. $\frac{1}{4}$

2. 设 A,B 为两个事件,则一定有(　　).

A. $P(\bar{A}\cup\bar{B})=1$　　B. $P(\bar{A}\cup\bar{B})=1-P(AB)$

C. $P(\bar{A}\cup\bar{B})=0$　　D. $0<P(\bar{A}\cup\bar{B})<1$

3. 从 $0,1,2,\cdots,9$ 这十个数字中任取一个数字,有放回地抽取 4 次,4 个数字中不含 2 和 8 的概率为(　　).

A. $\left(\frac{4}{5}\right)^4$　　B. $4\left(\frac{4}{5}\right)^4$　　C. $1-\left(\frac{1}{5}\right)^4$　　D. $1-4\left(\frac{1}{5}\right)^4$

4. 设 A,B,C 为三事件,表示 A,B,C 三个事件都不发生的是(　　).

A. $\bar{A}B+A\bar{C}$　　B. $\overline{A(B\cup C)}$　　C. $\overline{ABC}$　　D. $\overline{A\cup B\cup C}$

5. 袋中有5个球,其中1个是红球,每次取1个球,取出后不放回,第3次取到红球的概率为(　　).

A. $\frac{1}{5}$　　B. $\frac{2}{5}$　　C. $\frac{3}{5}$　　D. $\frac{4}{5}$

三、计算题

1. 设 $P(A)=0.5$,$P(B)=0.4$,$P(AB)=0.3$,求:(1)$P(A\cup B)$;(2)$P(A\bar{B})$.

2. 甲、乙两艘轮船分别要在某个泊位停靠4 h和6 h，假定它们在一昼夜的时间段中随机地到达，试求两艘船中至少有一艘在停靠泊位时必须等待的概率.

3. 有10件产品，其中8件正品，2件次品，现从中无放回地任取两次，求在第二次取得是正品的条件下，第一次取得也是正品的概率.

4. 有两批相同的产品，第一批产品共14件，其中2件次品，装在第一个箱中，第二批产品共有10件，其中1件次品，装在第二个箱中，从第一个箱中任取一件放入第二个箱中，求再从第二个箱中任取一件为次品的概率.

5. 有三台车床，加工零件个数之比为4∶2∶1，生产次品的概率分别为0.02，0.03，0.05，三台车床加工的零件混在一起，从中随机地抽取一件，求：

(1) 所取零件为正品的概率；

(2) 已知取出为正品，求它是第二台机床加工的概率.

6. 一射手对同一目标进行射击，击中的概率为70%，求连续射击多少次才能以不低于98%的概率击中目标？

四、证明题

1. 设A,B是两个随机事件，且$0 < P(A) < 1, P(B) > 0, P(B|A) = P(B|\bar{A})$，证明$P(AB) = P(A)P(B)$.

2. 设事件A,B,C相互独立，证明：A与$B-C$相互独立.

五、应用题

设某人从外地赶来参加紧急会议. 他乘火车、轮船、汽车或飞机来的概率分别是$\frac{3}{10},\frac{1}{5},\frac{1}{10}$及$\frac{2}{5}$，如果他乘飞机来，不会迟到；而乘火车、轮船或汽车来迟到的概率分别为$\frac{1}{4},\frac{1}{3}$和$\frac{1}{12}$. 试问：

(1) 他迟到的概率；

(2) 若此人迟到，试推断他乘哪种交通工具来的可能性最大？

1.5　同步训练题答案

一、填空题

1. $\frac{C_5^2}{C_6^3} = \frac{1}{2}$　　2. $1 - \frac{C_{n-m}^k}{C_n^k}$　　3. $\frac{2}{3}$

4. 设事件A表示"学生知道正确答案"；事件B表示"学生答对了". 有

$$P(A|B) = \frac{P(A)P(B|A)}{P(A)P(B|A) + P(\bar{A})P(B|\bar{A})} = \frac{p \times 1}{p \times 1 + (1-p)\frac{1}{m}} = \frac{mp}{1+(m-1)p}$$

二、单项选择题

1. D　　2. A　　3. B　　4. C

三、计算题

1. 0.2

2. $\frac{1}{4}+\frac{1}{2}\ln 2$

3. （1）$\frac{C_2^1C_2^1C_2^1C_2^1}{C_8^4}=\frac{8}{35}$　（2）$\frac{C_4^2}{C_8^4}=\frac{3}{35}$　（3）$\frac{24}{35}$

4. 解　不妨先取一点 A_1，然后从其余 7 点中任取 2 点，因此基本事件总数为 C_7^2，有利事件数包括两种情形：①若取 A_1 相对点 A_5，则 A_1A 为直径，这时从其余 6 点中任取一点，此三点都为直角三角形顶点；②若 A_1 不是直径的一端点，则另外的两点必在能组成直径的端点上，这种情形只可能有 3 种，于是所求概率为

$$P=\frac{C_6^1+3}{C_7^2}=\frac{3}{7}$$

5. 解　设事件 A_i 表示“取到的一个产品为 i 等品”，$i=1,2,3$，显然此三事件为互斥事件，则

$$P(\overline{A_3})=P(A_1\cup A_2)=P(A_1)+P(A_2)=90\%$$

所求概率为

$$P(A_1\mid\overline{A_3})=\frac{P(A_1\overline{A_3})}{P(\overline{A_3})}=\frac{P(A_1)}{P(\overline{A_3})}=\frac{60\%}{90\%}=\frac{2}{3}$$

6. $\frac{2}{21}$

7. （1）$\frac{19}{54}$　　（2）$\frac{9}{19}$

8. 解　（1）$1-P(A_1A_2\cdots A_{10})=1-p_1p_2\cdots p_{10}$

（2）$$P(A_1\overline{A_2}\cdots\overline{A_{10}}\cup A_2\overline{A_1}\cdots\overline{A_{10}}\cup\cdots\cup\overline{A_1}\,\overline{A_2}\cdots A_{10})=\sum_{i=1}^{10}P\Big[A_i\big(\bigcap_{\substack{j\neq i\\ j=1}}^{10}\overline{A_j}\big)\Big]=\sum_{i=1}^{10}\Big[p_i\prod_{\substack{j\neq i\\ j=1}}^{10}(1-p_j)\Big]$$

9. 解　（a）$1-(1-p_1p_2p_3)^2$

（b）$p_1[1-(1-p_2)^3]p_3$

（c）$1-\{1-p_2[1-(1-p_1)^2]\}(1-p_3)=p_1p_2(2-p_1)(1-p_3)+p_3$

10. 解　（1）$1-0.5\times0.40\times0.2=0.96$

(2) $0.5\times0.4\times0.2+0.5\times0.6\times0.2+0.5\times0.4\times0.8=0.26$

四、证明题

1. 提示:左边 $=\bar{A}B\cup A\bar{B}\cup\bar{A}\bar{B}=\bar{A}B\cup\bar{A}B\cup A\bar{B}\cup\bar{A}\bar{B}$,再用结合律即可证得等式成立.

2. 提示:用概率加法公式即可.

1.6　测验题答案

一、填空题

1. 0.4　　2. $1-c$　　3. 0.68　　4. $\frac{7}{8}$　　5. $\frac{20}{21}$

二、单项选择题

1. C　　2. B　　3. A　　4. D　　5. A

三、计算题

1. 解　(1) $P(A\cup B)=P(A)+P(B)-P(AB)=0.6$

(2) $P(A\bar{B})=P(A)-P(AB)=0.2$

2. 解　设甲乙两船到达的时刻分别为 x 和 y, A 表示两艘船中至少有一艘在停靠泊位时必须等待, 则

$$A=\{y-x\leqslant4\}\cup\{x-y\leqslant6\}$$

故

$$P(A)=1-\frac{\frac{1}{2}(20^2+18^2)}{24^2}=1-0.628=0.372$$

3. 解　A,B 分别表示第一、二次取得正品,则

$$P(A|B)=\frac{P(AB)}{P(B)}=\frac{P(A)P(B|A)}{P(A)P(B|A)+P(\bar{A})P(B|\bar{A})}=\frac{7}{9}$$

4. 解　A 表示从第二个箱中取出为次品,B 表示从第一个箱中取出为次品,则

$$P(A)=P(B)P(A|B)+P(\bar{B})P(A|\bar{B})=\frac{8}{77}$$

5. 解　A 表示取到正品,B,C,D 分别表示零件由第一、二、三台车床所加工,则

(1) $P(A)=P(B)P(A|B)+P(C)P(A|C)+P(D)P(A|D)=0.97$

(2) $P(C|A)=\frac{P(AC)}{P(A)}=\frac{2}{7}$

6. 解　设连续射击 n 次才能以不低于98% 的概率击中目标, A_i 表示第 i 次击中($i=1$,

$2,\cdots,n)$，则

$$P(A_1\cup\cdots\cup A_n)=1-P(\overline{A_1\cup\cdots\cup A_n})=1-P(\overline{A_1})\cdots P(\overline{A_n})=1-0.3^n\geqslant 0.98$$

即

$$0.3^n\leqslant 0.02$$

解得 $n\geqslant 4$.

四、证明题

1. **证明**　由条件 $P(B\mid A)=P(B\mid\bar{A})$，有 $\dfrac{P(AB)}{P(A)}=\dfrac{P(\bar{A}B)}{P(\bar{A})}$，即

$$\frac{P(AB)}{P(A)}=\frac{P(B)-P(AB)}{1-P(A)}$$

整理即得结论.

2. **证明**

$$\begin{aligned}P[A(B-C)]&=P(AB\bar{C})=P(AB)-P(ABC)\\&=P(A)P(B)-P(A)P(B)P(C)\\&=P(A)P(B)P(\bar{C})=P(A)P(B-C)\end{aligned}$$

五、应用题

解　令 $A_1=\{$乘火车$\}$，$A_2=\{$乘轮船$\}$，$A_3=\{$乘汽车$\}$，$A_4=\{$乘飞机$\}$，$B=\{$迟到$\}$，按题意有

$$P(A_1)=\frac{3}{10},\quad P(A_2)=\frac{1}{5},\quad P(A_3)=\frac{1}{10},\quad P(A_4)=\frac{2}{5}$$

$$P(B\mid A_1)=\frac{1}{4},\quad P(B\mid A_2)=\frac{1}{3},\quad P(B\mid A_3)=\frac{1}{12},\quad P(B\mid A_4)=0$$

(1) 由全概率公式，有

$$P(B)=\sum_{i=1}^{4}P(A_i)P(B\mid A_i)=\frac{3}{10}\times\frac{1}{4}+\frac{1}{5}\times\frac{1}{3}+\frac{1}{10}\times\frac{1}{12}+\frac{2}{5}\times 0=\frac{3}{20}$$

(2) 由贝叶斯公式，有

$$P(A_i\mid B)=\frac{P(A_i)P(B\mid A_i)}{\sum\limits_{j=1}^{4}P(A_j)P(B\mid A_j)}\quad(i=1,2,3,4)$$

得到

$$P(A_1\mid B)=\frac{1}{2},P(A_2\mid B)=\frac{4}{9},P(A_3\mid B)=\frac{1}{18},P(A_4\mid B)=0$$

由上述计算结果可以推断出，此人乘火车来的可能性最大.

1.7 教材同步精选习题精解

1－7 证明下列关于事件的等式.

(1)$A \cup B = A \cup (B\bar{A})$

证明 $A \cup B = (A \cup B)S = (A \cup B)(A \cup \bar{A}) = A \cup (B\bar{A})$

(2)$(A-B) \cup (B-A) = \overline{(AB) \cup (\bar{A}\bar{B})}$

证明 $\overline{(AB) \cup (\bar{A}\bar{B})} = (\overline{AB})\ \overline{\bar{A}\bar{B}} = (\bar{A} \cup \bar{B})(A \cup B)$

$$= \bar{A}A \cup \bar{A}B \cup \bar{B}A \cup \bar{B}B$$

$$= \bar{A}B \cup \bar{B}A = (B-A) \cup (A-B)$$

(3)$B - A = \overline{AB} - \overline{\bar{A}B}$

证明 $\overline{AB} - \overline{\bar{A}B} = (\overline{AB})(\bar{A}B) = (\bar{A} \cup \bar{B})(\bar{A}B) = \bar{A}B \cup \bar{B}\bar{A}B = \bar{A}B = B - A$

1－8 设A,B为两个事件,且$P(A) = 0.5,P(B) = 0.6$,问:

(1) 在什么条件下,$P(AB)$取最大值?求出最大值.

(2) 在什么条件下,$P(AB)$取最小值?求出最小值.

解 由$P(A) = 0.5,P(B) = 0.6$,知必不会有$AB = \varnothing$的情形.

(1) 当$B \supset A$时,$P(AB) = P(A) = 0.5$为最大值.

(2) 当$A \cup B = S$时,由

$$P(S) = P(A \cup B) = P(A) + P(B) - P(AB)$$

知

$$1 = 0.5 + 0.6 - P(AB)$$

有$P(AB) = 1.1 - 1 = 0.1$,为最小值.

1－9 设A,B,C为三个事件,且$P(A) = P(B) = P(C) = \frac{1}{4},P(AB) = P(BC) = 0,$ $P(AC) = \frac{1}{8}$,求A,B,C至少有一个发生的概率.

解 由于$0 \leqslant P(ABC) \leqslant P(AB) = 0$,故

$$P(A \cup B \cup C) = P(A) + P(B) + P(C) - P(AB) - P(AC) - P(BC) + P(ABC)$$

$$= \frac{1}{4} + \frac{1}{4} + \frac{1}{4} - \frac{1}{8} = \frac{5}{8}$$

1－10 设A,B为两个事件,且$P(A) = 0.7,P(A-B) = 0.3$,求$P(\overline{AB})$.

解 由$P(A-B) = P(A) - P(AB)$知

$$P(AB) = 0.7 - 0.3 = 0.4$$

所以
$$P(\overline{AB}) = 1 - P(AB) = 0.6$$

1－11　电话号码由8位数字组成，每个数字可以是0，1，…，9中的任一数字．求电话号码由完全不同的数字组成的概率．

解　由于电话号码8位数中每位都可以是0～9中的数，所以样本空间共有10^8种可能，而事件$A=\{$电话号码由完全不同的数字组成$\}$应有A_{10}^8种．故所求概率为

$$P(A) = \frac{A_{10}^8}{10^8} = \frac{10\times9\times8\times7\times6\times5\times4\times3}{10^8} = 0.018$$

1－12　10把钥匙中有3把能打开门，现任取2把，求能打开门的概率．

解　$p = \dfrac{C_3^2C_7^0 + C_3^1C_7^1}{C_{10}^2} = \dfrac{3+21}{45} = \dfrac{8}{15} \approx 0.533$

1－13　5副不同的手套，任取4只，求4只都不配对的概率．

解　设$A=\{$4只都不配对$\}$，则事件A发生就是从5副手套中取4副，再从每副中取一只，而这种取法每副都有2种可能性，因此

$$P(A) = \frac{C_5^4(C_2^1)^4}{C_{10}^4} = \frac{8}{21}$$

1－14　任意将10本书放在书架上，其中有两套书，一套含3本，另一套含4本，求下列事件的概率：

(1)3本一套放在一起；

(2)4本一套放在一起；

(3)两套各自放在一起．

解　10本书的摆放顺序共有10!种，这是样本空间．

(1)3卷一套放在一起，应首先将这套书看作1本与其余7本一起，则应有8!种放法，另外这一套3本书又有3!种方法，因此

$$p_1 = \frac{8!3!}{10!} = \frac{1}{15}$$

(2)同理
$$p_2 = \frac{7!4!}{10!} = \frac{1}{30}$$

(3)两套各放在一起也是如此考虑，即先将两套书看成2本与其余3本一起应有5!种放法，因此有

$$p_3 = \frac{5!4!3!}{10!} = \frac{1}{210}$$

1－15　将有3名优秀生的15名课外活动小组成员随机地分成三个科目不同的5人小组，每个小组有1名优秀学生的概率是多少？3名优秀生同时分到一个小组的概率是多少？

解 总的可能情况为 $C_{15}^5 C_{10}^5 C_5^5 = \frac{15!}{5!5!5!}$ 种.

(1) 每组有1名优秀生的分法有 $3!C_{12}^4 C_8^4 C_4^4$ 种,则

$$p_1 = \frac{3!C_{12}^4 C_8^4 C_4^4}{C_{15}^5 C_{10}^5 C_5^5} = \frac{25}{91}$$

(2) 将3名优秀生同分到某一个小组的分法有 $3C_{12}^2 C_{10}^5 C_5^5$ 种,则

$$p_2 = \frac{3C_{12}^2 C_{10}^5 C_5^5}{C_{15}^5 C_{10}^5 C_5^5} = \frac{6}{91}$$

1-16 甲盒中有红、黑、白皮笔记本各3本,乙盒中有黄、黑、白皮笔记本各2本,今从两盒中各取一本,求所取2本是相同颜色的概率.

解 由于取到相同颜色的情形只能是黑、白两种,因此所求概率为

$$p = \frac{2C_3^1 C_2^1}{C_9^1 C_6^1} = \frac{12}{54} = \frac{2}{9}$$

1-17 袋中有12个球,其中2个球有号码1,4个球有号码5,6个球有号码10.今从袋中取6个球,求这6个球的号码之和至少为50的概率.

解 从12个球中取6个,共有 C_{12}^6 种方法,其中6个球的号码之和至少为50的情形有以下3种:

① 6个都是号码10的为 $C_6^6 = 1$ 种;

② 5个为号码10,1个为非号码10的共 $C_6^5 C_6^1$ 种;

③ 4个为号码10,2个为号码5的共 $C_6^4 C_4^2$ 种.

因此所求概率为

$$p = \frac{C_6^6 + C_6^5 C_6^1 + C_6^4 C_4^2}{C_{12}^6} = \frac{127}{924}$$

1-18 甲、乙两艘轮船驶向一个不能同时停泊两艘轮船的码头停泊,它们在24 h内到达的时刻是等可能的。如果甲船的停泊时间是1 h,乙船停泊的时间是2 h,求它们中任何一艘都不需要等候码头空出的概率.

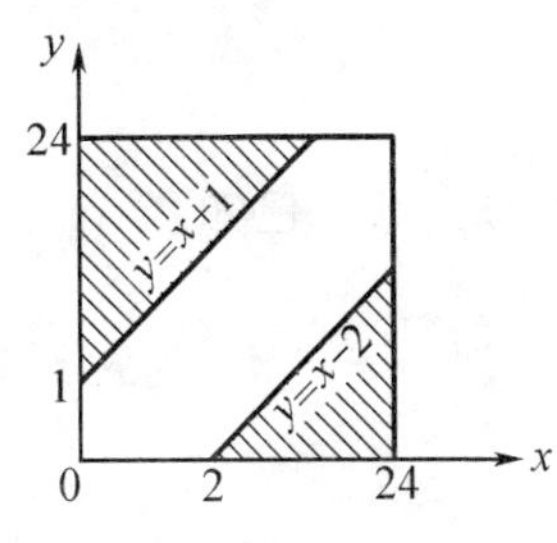

图1-3

解 设甲、乙两船到达码头的时刻分别为 x 和 y,可知样本空间为

$$S = \{(x,y) \mid 0 \leqslant x \leqslant 24, 0 \leqslant y \leqslant 24\}$$

若甲先到,乙应晚到1 h,即 $y - x \geqslant 1$;若乙先到,甲应晚到2 h,即 $x - y \geqslant 2$. 设所求事件为A,则导致A发生的集合应由图1-3中阴影部分组成,由几何概率知

$$P(A)=\frac{\frac{1}{2}(24-1)^2+\frac{1}{2}(24-2)^2}{(24)^2}=\frac{1\ 013}{1\ 152}$$

1－19　100件同类型产品中有85件一等品，10件二等品和5件次品，求从中任取一件为非次品的条件下，产品为一等品的概率.

解　设$A_i=\{$取到i等品$\}$，$i=1,2$，$A_3=\{$取到次品$\}$，A为非次品事件，于是，$P(A_1)=0.85$，$P(A_2)=0.1$，则所求概率为

$$P(A_1\mid A)=\frac{P(A_1A)}{P(A)}=\frac{P(A_1)}{P(A_1)+P(A_2)}=\frac{0.85}{0.85+0.1}=\frac{85}{95}=\frac{17}{19}$$

1－20　盒中有5个水果，其中有3个梨、2个桃，从中任取两次，每次取一个不放回，设A表示“第一次取到梨”，B表示“第二次又取到梨”，求条件概率$P(B\mid A)$.

解
$$P(B\mid A)=\frac{P(AB)}{P(A)}=\frac{\frac{3}{5}\cdot\frac{2}{4}}{\frac{3}{5}}=\frac{1}{2}$$

1－21　某玻璃器皿厂制造酒杯，第一次酒杯落下打碎的概率是$\frac{1}{2}$；若第一次未打碎而第二次落下打碎的概率是$\frac{7}{10}$；若前两次均未被打碎，则第三次落下打碎的概率是$\frac{9}{10}$. 试求酒杯落下三次而未被打碎的概率.

解　设A为酒杯落下三次而“未被打碎”；A_i为“第i次落下被打碎”，$i=1,2,3$，则$A=\bar{A}_1\bar{A}_2\bar{A}_3$，于是

$$\begin{aligned}P(A)&=P(\bar{A}_1\bar{A}_2\bar{A}_3)=P(\bar{A}_1)P(\bar{A}_2\mid\bar{A}_1)P(\bar{A}_3\mid\bar{A}_1\bar{A}_2)\\&=\left(1-\frac{1}{2}\right)\left(1-\frac{7}{10}\right)\left(1-\frac{9}{10}\right)=\frac{3}{200}\end{aligned}$$

1－22　已知$P(A)=\frac{1}{3}$，$P(B\mid A)=\frac{1}{4}$，$P(A\mid B)=\frac{1}{3}$，试求$P(AB)$，$P(\overline{AB})$，$P(\bar{A}\mid\bar{B})$.

解
$$P(AB)=P(A)P(B\mid A)=\frac{1}{3}\cdot\frac{1}{4}=\frac{1}{12}$$

$$P(\overline{AB})=1-P(AB)=1-\frac{1}{12}=\frac{11}{12}$$

$$P(B)=\frac{P(AB)}{P(A\mid B)}=\frac{\frac{1}{12}}{\frac{1}{3}}=\frac{1}{4}$$

则　$P(\bar{A}\mid\bar{B})=\dfrac{P(\bar{A}\bar{B})}{P(\bar{B})}=\dfrac{1-P(A\cup B)}{1-P(B)}=\dfrac{1-P(A)-P(B)+P(AB)}{1-\frac{1}{4}}=\dfrac{\frac{1}{2}}{\frac{3}{4}}=\dfrac{2}{3}$

1－23　某城市男女性人数之比为3∶2，5%的男性患有色盲，2.5%的女性患有色盲，现随机地任取一人，发现是色盲，问此人是男性的概率是多少？

解　显然男性、女性为S的一个划分，记为A与$\bar{A}$，B表示“色盲”这一事件，于是$P(A)=\dfrac{3}{5}=0.6$，$P(\bar{A})=0.4$；$P(B\mid A)=0.05$，$P(B\mid\bar{A})=0.025$．因此有

$$\begin{aligned}P(B)&=P(AB)+P(\bar{A}B)=P(A)P(B\mid A)+P(\bar{A})P(B\mid\bar{A})\\&=0.6\times0.05+0.4\times0.025=0.04\end{aligned}$$

所求概率为

$$P(A\mid B)=\frac{P(AB)}{P(B)}=\frac{0.03}{0.04}=\frac{3}{4}$$

1－24　设甲袋中有3个白球、2个红球，乙袋中有2个白球、3个红球，先从甲袋中任取一球放入乙袋，再从乙袋中任取一球放入甲袋．求：

(1) 甲袋中红球增加的概率；

(2) 甲袋中红球不变的概率．

解　设A为“从甲袋中取一白球”；B为“从乙袋中取一白球”；C为“甲袋中红球增加”．

(1) 若C事件发生，即从甲袋中取一白球放入乙袋，再从乙袋中取一红球放入甲袋，于是有

$$P(C)=P(A\bar{B})=P(A)P(\bar{B}\mid A)=\frac{3}{5}\cdot\frac{3}{6}=0.3$$

(2) 设D表示“甲袋中红球不变”事件，则若事件D发生应有以下两种可能：

① 从甲袋中取一红球放入乙袋，又从乙袋中取一红球放回甲袋；

② 从甲袋中取一白球放入乙袋，再从乙袋中取一白球放回甲袋，即$D=\bar{A}\bar{B}\cup AB$，则

$$\begin{aligned}P(D)&=P(\bar{A}\bar{B})+P(AB)=P(\bar{A})P(\bar{B}\mid\bar{A})+P(A)P(B\mid A)\\&=\frac{2}{5}\times\frac{4}{6}+\frac{3}{5}\times\frac{3}{6}=\frac{17}{30}\end{aligned}$$

1－25　两台车床加工同样的零件，第一台出现废品的概率是0.03，第二台出现废品的概率是0.02，加工出的零件放在一起，已知第一台加工的零件数比第二台加工的多一倍．求：

(1) 任取一件是合格品的概率；

(2) 任取一件是废品的条件下，它是第二台车床加工的概率．

解　S的一个划分为“第一台车床加工的零件”B_1与“第二台车床加工的零件”B_2，显然

$P(B_1)=\dfrac{2}{3},P(B_2)=\dfrac{1}{3}$. 设 A 为“任取一件是合格品”事件,则

(1)
$$\begin{aligned}P(A)&=1-P(\bar{A})=1-[P(\bar{A}B_1)+P(\bar{A}B_2)]\\&=1-[P(B_1)P(\bar{A}\mid B_1)+P(B_2)P(\bar{A}\mid B_2)]\\&=1-\left(\frac{2}{3}\times\frac{3}{100}+\frac{1}{3}\times\frac{2}{100}\right)=\frac{146}{150}\end{aligned}$$

(2)由贝叶斯公式知

$$P(B_2\mid\bar{A})=\frac{P(\bar{A}B_2)}{P(\bar{A})}=\frac{P(B_2)P(\bar{A}\mid B_2)}{1-P(A)}=\frac{\frac{1}{150}}{\frac{4}{150}}=0.25$$

1-26　发射台将编码分别为1,0的信息传递出去,接收台收到时1被误收成0的概率是0.02,0被误收成1的概率是0.01.信息1与0发出的频率为2∶1.若接收台收到的信息是1,问发出信息确是1的概率.

解　设“发出编码为1”的事件为 B,则“发出编码为0”的事件就应为 $\bar{B}$,显然 $P(B)=\dfrac{2}{3},P(\bar{B})=\dfrac{1}{3}$. 设“收到信息为1”事件为 A,则

$$P(A)=P(B)P(A\mid B)+P(\bar{B})P(A\mid\bar{B})=\frac{2}{3}\times\frac{98}{100}+\frac{1}{3}\times\frac{1}{100}=\frac{197}{300}$$

于是所求概率为

$$P(B\mid A)=\frac{\frac{2}{3}\times\frac{98}{100}}{\frac{197}{300}}=\frac{196}{197}$$

1-27　有两箱同种类型的零件,第一箱装50只,其中10只一等品;第二箱装30只,其中18只一等品.今从两箱中任选一箱,然后从该箱任取两次,每次取一只,采取不放回抽样,试求:

(1)第一次取到的零件是一等品的概率;

(2)在第一次取到的零件是一等品的条件下,第二次取到的还是一等品的概率.

解　设 C 为“第一次取到的零件是一等品”事件,并设 $A_i=\{$选到甲箱时,第 i 次取到一等品$\}$,$i=1,2$,$B_i=\{$选到乙箱时,第 i 次取到一等品$\}$,$i=1,2$.

(1)
$$\begin{aligned}P(C)&=\frac{1}{2}P(A_1A_2\cup A_1\bar{A}_2)+\frac{1}{2}P(B_1B_2\cup B_1\bar{B}_2)\\&=\frac{1}{2}[P(A_1A_2)+P(A_1\bar{A}_2)]+\frac{1}{2}[P(B_1B_2)+P(B_1\bar{B}_2)]\end{aligned}$$

$$= \frac{1}{2}\left(\frac{10}{50} \times \frac{9}{49} + \frac{10}{50} \times \frac{40}{49}\right) + \frac{1}{2}\left(\frac{18}{30} \times \frac{17}{29} + \frac{18}{30} \times \frac{12}{29}\right)$$

$$= 0.4$$

(2)
$$P(A_1A_2 \mid C) = \frac{P(A_1A_2)}{P(C)} = \frac{\frac{10 \times 9}{50 \times 49}}{0.4} \approx \frac{0.036\,73}{0.4} \approx 0.091\,8$$

$$P(B_1B_2 \mid C) = \frac{P(B_1B_2)}{P(C)} = \frac{\frac{18 \times 17}{30 \times 29}}{0.4} \approx \frac{0.351\,7}{0.4} \approx 0.879\,3$$

故第二次取到还是一等品的概率为

$$p = \frac{1}{2}P[(A_1A_2 \cup B_1B_2) \mid C] = \frac{1}{2}(0.091\,8 + 0.879\,3) \approx 0.485\,6$$

1－28　某产品主要由甲、乙、丙三个厂家供货. 甲、乙、丙三个厂家的产品分别占总数的45%,36%,19%. 且三个厂家产品不合格品率分别为4.5%,3.5%,4%,试计算:

(1) 从总产品中任取一件是不合格产品的概率;

(2) 从总产品中任取一件是不合格产品,那么这件产品由哪个工厂生产的可能性较大?

解　设甲、乙、丙三厂产品分别为B_1,B_2,B_3,则$P(B_1)=45\%$,$P(B_2)=36\%$,$P(B_3)=19\%$.

(1) 设A为“任取一件是不合格品”事件,则

$$\begin{aligned} P(A) &= P(AB_1) + P(AB_2) + P(AB_3) \\ &= P(B_1)P(A \mid B_1) + P(B_2)P(A \mid B_2) + P(B_3)P(A \mid B_3) \\ &= \frac{4.5}{100} \times \frac{45}{100} + \frac{3.5}{100} \times \frac{36}{100} + \frac{4}{100} \times \frac{19}{100} \\ &= 0.020\,25 + 0.012\,6 + 0.007\,6 = 0.040\,45 \end{aligned}$$

(2)
$$P(B_1 \mid A) = \frac{0.020\,25}{0.040\,45} \approx 0.5$$

$$P(B_2 \mid A) = \frac{0.012\,6}{0.040\,45} \approx 0.3$$

$$P(B_3 \mid A) = 1 - P(B_1 \mid A) - P(B_2 \mid A_1) \approx 0.2$$

即这件不合格产品是甲厂生产的可能性较大.

1－29　设$P(B)>0$,$P(\bar{B})>0$,证明:A与B相互独立的充要条件是$P(A \mid B) = P(A \mid \bar{B})$.

证明　当A与B相互独立时有$P(AB) = P(A)P(B)$,且$A\bar{B}$也相互独立. 因此

$$P(A \mid B) = \frac{P(AB)}{P(B)} = \frac{P(A)P(B)}{P(B)} = P(A)$$

$$P(A\mid\bar{B})=\frac{P(A\bar{B})}{P(\bar{B})}=\frac{P(A)P(\bar{B})}{P(\bar{B})}=P(A)$$

所以 $P(A\mid B)=P(A\mid\bar{B})$.

又当 $P(A\mid B)=P(A\mid\bar{B})$ 时，有

$$\frac{P(AB)}{P(B)}=\frac{P(A\bar{B})}{P(\bar{B})}=\frac{P(A)P(AB)}{1-P(B)}$$

则

$$P(AB)[1-P(B)]=P(B)[P(A)-P(AB)]$$

$$P(AB)-P(B)P(AB)=P(A)P(B)-P(B)P(AB)$$

$$P(AB)=P(A)P(B)$$

即 A 与 B 相互独立得证.

1－30　设 A,B,C 相互独立，证明 A 与 $B\cup C$ 独立，A 与 $B-C$ 也独立.

证明　由于 A,B,C 相互独立，则有 A,B,C 两两相互独立，且有 $P(ABC)=P(A)P(B)P(C)$，于是

$$\begin{aligned}(1)P(A\cap(B\cup C))&=P(AB\cup AC)=P(AB)+P(AC)-P(ABC)\\&=P(A)P(B)+P(A)P(C)-P(A)P(B)P(C)\\&=P(A)[P(B)+P(C)-P(BC)]\\&=P(A)P(B\cup C)\end{aligned}$$

即 A 与 $B\cup C$ 相互独立.

$$\begin{aligned}(2)P(A\cap(B-C))&=P(AB\bar{C})=P(AB)-P(ABC)\\&=P(A)P(B)-P(A)P(B)P(C)\\&=P(A)P(B)[1-P(C)]\\&=P(A)P(B)P(\bar{C})\\&=P(A)P(B\bar{C})=P(A)P(B-C)\end{aligned}$$

即 A 与 $B-C$ 相互独立.

1－31　一批产品共100件，假定其中有4件次品，抽样检查时，每次从这批产品中随机抽取一件来检查，若是次品，则拒绝接受这批产品；若是正品，则再检查一次；如此继续进行，若抽查4件产品都不是次品，则停止检查，接受这批产品. 对于以下两种不同的抽样方式，分别求这批产品能被接受的概率：

（1）不放回抽样；

（2）有放回抽样.

解　设 A 表示"这批产品被接受"事件,事件 A_i 表示"第 i 次检查未发现次品"事件($i=1,2,3,4$),显然 $A=A_1A_2A_3A_4$.

(1) 此种检查方式 A_1,A_2,A_3,A_4 不是相互独立的,于是有

$$P(A)=P(A_1A_2A_3A_4)=P(A_1)P(A_2|A_1)P(A_3|A_1A_2)P(A_4|A_1A_2A_3)$$
$$=\frac{96}{100}\times\frac{95}{99}\times\frac{94}{98}\times\frac{93}{97}\approx 0.847$$

(2) 此种抽查方式 A_1,A_2,A_3,A_4 是相互独立的,于是有

$$P(A)=P(A_1A_2A_3A_4)=P(A_1)P(A_2)P(A_3)P(A_4)=\left(\frac{96}{100}\right)^4\approx 0.849$$

此题结果表明,当产品数量较多、抽取样品件数较少时,不放回抽样与放回抽样结果差别不大.

1－32　三个人独立地破译一份密码.已知三人各自能破译出的概率分别是$\frac{1}{5},\frac{1}{3},\frac{1}{4}$,则三人中至少有一人能将此密码译出的概率是多少?

解　设 A,B,C 分别表示"三人各自能破译密码"的事件,则有 $P(A)=\frac{1}{5},P(B)=\frac{1}{3}$,$P(C)=\frac{1}{4}$.所求概率应为

$$P(A\cup B\cup C)=1-P(\overline{A\cup B\cup C})=1-P(\bar{A}\bar{B}\bar{C})$$
$$=1-P(\bar{A})P(\bar{B})P(\bar{C})$$
$$=1-\frac{4}{5}\times\frac{2}{3}\times\frac{3}{4}=\frac{3}{5}=0.6$$

1－33　一电路如图 1－4 所示.开关 A,B,C,D 闭合与否相互独立,且这些开关闭合的概率均为 p,求 E,F 之间为通路的概率.

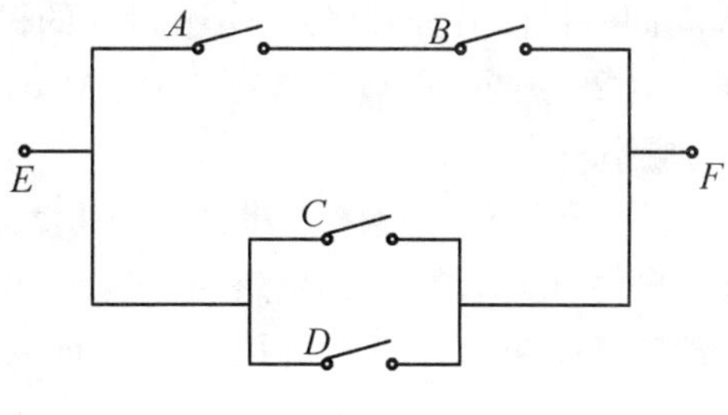

图 1－4

解　设 A,B,C,D 表示"各开关为闭合"事件,则"E,F 之间为通路"这一事件应为 $AB\cup$

$C \cup D$. 于是所求概率为

$$
\begin{aligned}
P(AB \cup C \cup D) &= P(AB) + P(C) + P(D) - P(ABC) - P(ABD) - P(CD) + P(ABCD) \\
&= p^2 + p + p - p^3 - p^3 - p^2 + p^4 = p^4 - 2p^3 + 2p
\end{aligned}
$$

1－34　某高射炮发射一发炮弹击落飞机的概率为0.6,现用此种炮若干门同时各发射一发炮弹,问至少需要配多少门高射炮才能以不小于99%的概率击落一架敌机?

解　设A_i为“第i门高射炮击落飞机”事件($i = 1,2,\cdots,n$),B为“击落一架敌机”事件,则有

$$
\begin{aligned}
P(B) &= P(A_1 \cup A_2 \cup \cdots \cup A_n) = 1 - P(\overline{A_1 \cup A_2 \cup \cdots \cup A_n}) \\
&= 1 - P(\overline{A_1}\,\overline{A_2} \cdots \overline{A_n}) = 1 - P(\overline{A_1})P(\overline{A_2})\cdots P(\overline{A_n}) \\
&= 1 - [P(\overline{A_1})]^n = 1 - (1 - 0.6)^n \\
&= 1 - 0.4^n \geqslant 0.99
\end{aligned}
$$

整理上式并取对数后知

$$
n \geqslant \frac{\ln 0.01}{\ln 0.4} \approx 5.03
$$

故需配6门高射炮才能满足以不少于99%的概率击落敌机的要求.

1－35　有甲、乙两批种子,发芽率分别为0.8和0.7,在这两批种子中各随机地选取一粒.求:

(1) 两粒种子都能发芽的概率;

(2) 至少有一粒种子能发芽的概率;

(3) 恰好有一粒种子能发芽的概率.

解　设A,B分别表示“甲、乙选出的一粒种子能发芽”事件,则

(1)$P(AB) = P(A)P(B) = 0.8 \times 0.7 = 0.56$

(2)$P(A \cup B) = P(A) + P(B) - P(AB) = 0.8 + 0.7 - 0.56 = 0.94$

(3)$P(A \cup B) - P(AB) = 0.38$

1－36　甲、乙、丙三人向同一目标射击,设各自击中目标的概率分别为0.4,0.5,0.7,设目标中一弹而被击落的概率是0.2,中两弹而被击落的概率是0.6,中三弹必然被击落.今三人各射击一次,求目标被击落的概率.

解　设A_i分别表示“甲、乙、丙各自击中目标”事件($i = 1,2,3$),A表示“目标被击落”事件,B_i表示“恰被i个人击中”事件($i = 1,2,3$),显然有$P(A_1) = 0.4$,$P(A_2) = 0.5$,$P(A_3) = 0.7$,以及$P(A \mid B_1) = 0.2$,$P(A \mid B_2) = 0.6$,$P(A \mid B_3) = 1$,而

$$
\begin{aligned}
P(B_1) &= P(A_1\overline{A}_2\overline{A}_3 \cup \overline{A}_1A_2\overline{A}_3 \cup \overline{A}_1\overline{A}_2A_3) \\
&= 0.4 \times 0.5 \times 0.3 + 0.6 \times 0.5 \times 0.3 + 0.6 \times 0.5 \times 0.7 \\
&= 0.36
\end{aligned}
$$

$$\begin{aligned}P(B_2) &= P(A_1A_2\bar{A}_3 \cup A_1\bar{A}_2A_3 \cup \bar{A}_1A_2A_3)\\ &= 0.4\times0.5\times0.3+0.4\times0.5\times0.7+0.6\times0.5\times0.7\\ &= 0.41\end{aligned}$$

$$P(B_3) = P(A_1A_2A_3) = 0.4\times0.5\times0.7 = 0.14$$

由全概率公式得

$$P(A) = \sum_{i=1}^{3} P(B_i)P(A\mid B_i) = 0.458$$

即目标被击落的概率为0.458.

1－37 某工人看管甲、乙、丙三台机床.在1 h内,这三台机床需要工人照管的概率分别是0.9,0.8,0.85,求在1 h内:

(1) 没有一台机床需要照管的概率;

(2) 至少有一台机床不需要照管的概率.

解 设A,B,C分别表示"甲、乙、丙三台机床需要照管"事件,则

(1)$P(\bar{A}\ \bar{B}\ \bar{C}) = [1-P(A)][1-P(B)][1-P(C)] = 0.1\times0.2\times0.15 = 0.03$

(2)$P(\bar{A}\cup\bar{B}\cup\bar{C}) = P(\overline{ABC}) = 1-P(ABC) = 1-P(A)P(B)P(C) = 0.388$

1－38 某宾馆大楼有6部电梯,通过调查知道,它们正常运行的概率均为0.8.试计算同一时刻下列各种情况发生的概率:

(1) 至少有一部电梯在运行;

(2) 恰好有一半电梯在运行;

(3) 所有电梯都在运行.

解 设A_i表示"第i部电梯在运行"($i=1,2,3,4,5,6$),则$P(A_i)=0.8$.

(1)$P(\bigcup\limits_{i=1}^{6}A_i) = 1-P(\overline{\bigcup\limits_{i=1}^{6}A_i}) = 1-(0.2)^6 = 0.999\,936$;

(2)$P = C_6^3(0.2)^3(0.8)^3 = 20\times0.008\times0.512 = 0.081\,92$;

(3)$P(\bigcap\limits_{i=1}^{6}A_i) = (0.8)^6 = 0.262\,144$.

1－39 若$P(A)=1$,试证明:A与任何事件独立.

证明 任取事件B,则

$$P(B) = P[B(A\cup\bar{A})] = P(BA\cup B\bar{A}) = P(BA)+P(B\bar{A})$$

由于$0\leqslant P(B\bar{A})\leqslant P(\bar{A}) = 1-P(A) = 0$,可知$P(B\bar{A})=0$,则

$$P(AB) = 1\cdot P(B) = P(A)P(B)$$

1－40 四张卡片分别标有1,2,3,4,今任取一张,设事件A为"取到1或2",事件B为"取

到 1 或 3”，事件 C 为“取到 1 或 4”. 试验证：

$$P(AB) = P(A)P(B),\ P(BC) = P(B)P(C),\ P(CA) = P(C)P(A)$$

但

$$P(ABC) \neq P(A)P(B)P(C)$$

证明　样本空间 $S = \{1,2,3,4\}$，$A = \{1,2\}$，$B = \{1,3\}$，$C = \{1,4\}$，$AB = AC = BC = \{1\}$，$ABC = \{1\}$. 于是

$$P(A) = P(B) = P(C) = \frac{1}{2}$$

$$P(AB) = P(AC) = P(BC) = \frac{1}{4}$$

$$P(ABC) = \frac{1}{4}$$

显然有

$$P(AB) = P(A)P(B) = \frac{1}{4}$$

$$P(AC) = P(A)P(C) = \frac{1}{4}$$

$$P(BC) = P(B)P(C) = \frac{1}{4}$$

而

$$P(A)P(B)P(C) = \frac{1}{2} \times \frac{1}{2} \times \frac{1}{2} = \frac{1}{8} \neq P(ABC) = \frac{1}{4}$$

即 $P(ABC) \neq P(A)P(B)P(C)$，说明两两事件相互独立时，三个事件相互独立不一定成立.

第 2 章　随机变量及其分布

【本章基本要求】

1. 理解随机变量的概念,理解分布函数

$$F(x) = P\{X \leqslant x\} \quad (-\infty < x < \infty)$$

的概念及性质,会计算与随机变量相联系的事件的概率.

2. 理解离散型随机变量及其概率分布的概念,掌握两点分布、二项分布、几何分布、超几何分布、泊松分布及它们的应用.

3. 了解泊松定理的结论和应用条件,会用泊松分布近似表示二项分布.

4. 理解连续型随机变量及其概率密度的概念,掌握均匀分布、正态分布、指数分布及其应用。

5. 会求随机变量的函数的分布.

【本章重点】

随机变量;随机变量分布函数的概念及其性质;离散型随机变量的概率分布;连续型随机变量的概率密度;常见随机变量的分布;随机变量函数的分布.

【本章难点】

随机变量的函数的分布,包括离散型随机变量的函数的分布和连续型随机变量的函数的分布. 尤其是连续型随机变量的函数的分布,其求解的方法有两种,即分布函数法和密度函数法(公式法).

2.1　知 识 要 点

2.1.1　随机变量

定义　设随机试验 E 的样本空间为 $S = \{e\}$,$X = X(e)$ 是定义在样本空间 S 上的单值实值函数,称 $X = X\{e, e \in S\}$ 为随机变量.

2.1.2　离散型随机变量及其分布

1. 定义

如果随机变量 X 的取值是有限个或可列无限多个,则称 X 为离散型随机变量.

评注　这里的定义仍然和集合论的概念密切相关. 注意可列的要求,一定是可以按照某种次序一一列举出来才行.

2. 分布律

设离散型随机变量 X 的所有可能的取值为 $x_k(k=1,2,\cdots)$,并设 X 取各个可能值的概率(即事件 $\{X=x_k\}$ 的概率)为

$$P\{X=x_k\}=p_k \quad (k=1,2,\cdots)$$

且 p_k 满足:① $p_k\geqslant 0$,② $\sum\limits_{k=1}^{\infty}p_k=1$. 则称上式为离散型随机变量 X 的分布律(也称概率分布).

离散型 X 的分布律也可用如下表格表示:

X	x_1	x_2	$\cdots$	x_n	$\cdots$
P	p_1	p_2	$\cdots$	p_n	$\cdots$

离散型随机变量 X 的分布函数为

$$F(x)=P\{X\leqslant x\}=\sum_{x_k\leqslant x}P\{X=x_k\}=\sum_{x_k\leqslant x}p_k$$

这是一个阶梯函数,刻画离散型随机变量通常用分布律而不用分布函数.

评注　分布律直观地表示了随机变量取各个值的概率,知道了分布律,也就清楚了这个随机变量的统计规律.

3. 常见的离散型随机变量及其分布

(1)(0 - 1) 分布(两点分布)

设随机变量 X 只可能取 0 与 1 两个值,它的分布律为

$$P\{X=k\}=p^k(1-p)^{1-k} \quad (k=0,1;\ 0<p<1)$$

则称 X 服从参数为 p 的(0 - 1) 分布(或两点分布),简记为随机变量 $X\sim B(1,p)$ 或 $X\sim b(1,p)$.

评注　两点分布是经常遇到的一种分布,比如抛硬币、产品质量检测合格与否等这类随机试验,其样本空间只包含两个元素,这时我们总能在这个样本空间上定义一个服从(0 - 1)分布的随机变量.

(2) 二项分布

将一个只有两个结果的实验独立、重复地进行 n 次,用随机变量 X 代表实验中事件 A 发生的次数,P 是事件 A 发生的概率,则随机变量 X 的分布律为

$$P\{X=k\}=\mathrm{C}_n^k p^k(1-p)^{n-k} \quad (k=0,1,\cdots,n;\ 0<p<1)$$

则称随机变量 X 服从参数为 n,p 的贝努利二项分布，简称二项分布，记为 $X \sim B(n,p)$ 或 $X \sim b(n,p)$.

当 $n=1$ 时，二项分布退化为 $(0-1)$ 分布.

(3) 泊松分布

设随机变量 X 的所有可能取值为 $0,1,2,\cdots$，而取各个值的概率为

$$P\{X=k\}=\frac{\lambda^k}{k!}\mathrm{e}^{-\lambda}\quad(k=0,1,2,\cdots;\lambda>0)$$

则称 X 服从参数为 λ 的泊松分布，记为 $X \sim \pi(\lambda)$ 或 $X \sim P(\lambda)$.

泊松定理　设随机变量 $X_n(n=1,2,\cdots)$ 服从二项分布，其分布律为 $P\{X=k\}=\mathrm{C}_n^k p_n^k(1-p_n)^{n-k}, k=0,1,\cdots,n$. 又设 $np_n=\lambda \geqslant 0$ 为常数，则有

$$\lim_{n\to\infty}\mathrm{C}_n^k p_n^k(1-p_n)^{n-k}=\frac{\lambda^k}{k!}\mathrm{e}^{-\lambda}$$

评注　设 $X \sim B(n,p)$，当 n 很大，p 很小时，则有近似表达式

$$P\{X=k\}=\mathrm{C}_n^k p_n^k(1-p)^{n-k}\approx\frac{(np)^k}{k!}\mathrm{e}^{-np}\quad(k=0,1,2,\cdots)$$

即 X 近似服从参数为 np 的泊松分布. 在实际计算中，当 $n \geqslant 100, np \leqslant 10$ 时近似效果更好.

(4) 几何分布

若随机变量 X 的分布律为

$$P\{X=k\}=(1-p)^{k-1}p\quad(k=1,2,\cdots)$$

其中 $0<p<1$，则称 X 服从几何分布，记作 $X \sim G(p)$.

在贝努利试验中，设 $P(A)=p$. 记 X 为事件 A 首次发生时的试验次数，则 X 服从几何分布，即 $X \sim G(p)$.

2.1.3　随机变量的分布函数

1. 定义

设 X 是一个随机变量，x 是任意实数，称函数

$$F(x)=P\{X\leqslant x\}\quad(-\infty<x<+\infty)$$

为随机变量 X 的分布函数.

2. 分布函数的性质

(1) $F(x)$ 是一个不减的函数，即当 $x_1<x_2$ 时，$F(x_1)\leqslant F(x_2)$. 事实上，$F(x_2)-F(x_1)=P\{x_1<X\leqslant x_2\}\geqslant 0$，故 $F(x_1)\leqslant F(x_2)$.

(2) $0\leqslant F(x)\leqslant 1$，且 $F(+\infty)=\lim\limits_{x\to+\infty}F(x)=1,\ F(-\infty)=\lim\limits_{x\to-\infty}F(x)=0$.

(3) $F(x+0)=\lim\limits_{t\to x^+}F(t)=F(x)$，即 $F(x)$ 是右连续函数.

具有以上三个性质的函数，一定是某个随机变量的分布函数.

(4) 对于任意实数 $x_1, x_2(x_1 < x_2)$,有

$$P\{x_1 < X \leqslant x_2\} = F(x_2) - F(x_1)$$

(5) 对任意实数 x,$P\{X = x\} = F(x) - F(x - 0)$. 特别地,当 $F(x)$ 在 x 处连续时,$F(x) = F(x - 0)$,此时 $P\{X = x\} = 0$.

(6) 设 $x_1 < x_2$,且 $F(x)$ 在 x_1, x_2 处连续,则有

$$P\{x_1 \leqslant X \leqslant x_2\} = P\{x_1 < X \leqslant x_2\} = P\{x_1 \leqslant X < x_2\} = P\{x_1 < X < x_2\}$$

2.1.4 连续型随机变量及其概率密度

1. 定义

设 $F(x)$ 是随机变量 X 的分布函数,若存在非负函数 $f(x)$,使得对任意实数 x,有

$$F(x) = \int_{-\infty}^{x} f(t)\,\mathrm{d}t$$

则称 X 为连续型随机变量,称 $f(x)$ 为随机变量 X 的概率密度函数,简称概率密度或密度函数.

2. 概率密度的性质

(1) $f(x) \geqslant 0$;

(2) $\int_{-\infty}^{\infty} f(x)\,\mathrm{d}x = 1$;

(3) 对任意实数 $x_1, x_2(x_1 \leqslant x_2)$,有

$$P\{x_1 < X \leqslant x_2\} = \int_{x_1}^{x_2} f(x)\,\mathrm{d}x$$

(4) 若 $f(x)$ 在点 x 处连续,则 $F'(x) = f(x)$.

评注 ① 对于一个连续型随机变量来说,它取任意一个指定的实数值的概率一定为0,但是值得注意的是这并不是说这样的事件就是不可能事件,也就是说不可能事件和概率为 0 的事件并不等价.

② 这里对概率密度函数的理解应和离散型随机变量的分布对照起来,如同分析学中从离散到连续的推广一样.

③ 给定 X 的概率密度 $f(x)$ 就能确定 $F(x)$,反之,由于 $f(x)$ 位于积分号之内,改变 $f(x)$ 在个别点上的函数值并不改变 $F(x)$ 的值,因此,改变 $f(x)$ 在个别点上的值是无关紧要的.

3. 常见的连续型随机变量及其分布

(1) 均匀分布(两点分布)

若连续型随机变量 X 的概率密度为

$$f(x) = \begin{cases} \dfrac{1}{b - a}, & a < x < b \\ 0, & \text{其他} \end{cases}$$

其中 $a < b$,则称 X 在区间 (a,b) 上服从均匀分布,记作 X 服从指数分布 $U(a,b)$.

均匀分布的分布函数为

$$F(x) = \begin{cases} 0, & x < a \\ \dfrac{x-a}{b-a}, & a \leqslant x < b \\ 1, & x \geqslant b \end{cases}$$

(2) 指数分布

若连续型随机变量 X 的概率密度函数为

$$f(x) = \begin{cases} \lambda e^{-\lambda x}, & x > 0 \\ 0, & x \leqslant 0 \end{cases}$$

其中 $\lambda > 0$ 为常数,则称随机变量 X 服从参数为 λ 的指数分布,记作 X 服从正态分布 $E(\lambda)$.

指数分布的分布函数为

$$F(x) = \begin{cases} 1 - e^{-\lambda x}, & x \geqslant 0 \\ 0, & x < 0 \end{cases}$$

(3) 正态分布

若连续型随机变量 X 的概率密度为

$$f(x) = \frac{1}{\sqrt{2\pi}\sigma} e^{-\frac{(x-\mu)^2}{2\sigma^2}} \quad (-\infty < x < +\infty)$$

其中 μ,σ 均为常数,且 $\sigma > 0$,则称随机变量 X 服从参数为 μ,σ 的正态分布或高斯分布,记作 X 服从正态分布 $N(\mu,\sigma^2)$.

特别地,当 $\mu = 0,\sigma = 1$ 时的正态分布称为标准正态分布,记作 $N(0,1)$,相应的概率密度函数和分布函数分别用 $\varphi(x)$ 和 $\Phi(x)$ 表示,即

$$\varphi(x) = \frac{1}{\sqrt{2\pi}} e^{-\frac{x^2}{2}} \quad (-\infty < x < +\infty)$$

$$\Phi(x) = \int_{-\infty}^{x} \frac{1}{\sqrt{2\pi}} e^{-\frac{t^2}{2}} dt \quad (-\infty < x < +\infty)$$

正态分布的概率密度函数具有以下性质:

① 正态分布的概率密度函数 $f(x)$ 关于 $x = \mu$ 对称,这表明对于任意正数 h 有

$$P\{\mu - h < X \leqslant \mu\} = P\{\mu < X \leqslant \mu + h\}$$

② 当 $x = \mu$ 时,$f(x)$ 取到最大值 $f(\mu) = \dfrac{1}{\sqrt{2\pi}\sigma}$,$x$ 离 μ 越远,$f(x)$ 的值越小. 这表明对于同样长度的区间,当区间离 μ 越远,落在这个区间上的概率越小.

③ 在 $x = \mu \pm \sigma$ 处,曲线 $f(x)$ 有拐点.

④ $f(x)$ 在直角坐标系内的图形呈钟形,并且以 x 轴为其渐近线.

⑤ 正态分布的参数 μ(σ 固定) 决定其密度函数 $f(x)$ 的图形的中心位置,因此也称 μ 为正

态分布的位置参数.

⑥ 正态分布的参数 σ（μ 固定）决定其密度函数 $f(x)$ 的图形的形状，因此也称 σ 为正态分布的形状参数. σ 越小，$f(x)$ 的图形在 $x=\mu$ 的两侧越陡峭，表示相应的随机变量取值越集中于 $x=\mu$ 附近；σ 越大，$f(x)$ 的图形在 $x=\mu$ 的两侧越平坦，表示相应的随机变量取值越分散.

关于一般正态分布与标准正态分布之间的关系，有如下定理.

定理1 若 X 服从正态分布 $N(\mu,\sigma^2)$，则 $Z=\dfrac{X-\mu}{\sigma}\sim N(0,1)$.

于是，若 $X\sim N(\mu,\sigma^2)$，则分布函数 $F(x)$ 可写成

$$F(x)=P\{X\leqslant x\}=P\left\{\frac{X-\mu}{\sigma}\leqslant\frac{x-\mu}{\sigma}\right\}=\Phi\left(\frac{x-\mu}{\sigma}\right)$$

对于任意区间 $(x_1,x_2]$，有

$$P\{x_1<X\leqslant x_2\}=P\left\{\frac{x_1-\mu}{\sigma}<\frac{X-\mu}{\sigma}\leqslant\frac{x_2-\mu}{\sigma}\right\}=\Phi\left(\frac{x_2-\mu}{\sigma}\right)-\Phi\left(\frac{x_1-\mu}{\sigma}\right)$$

2.1.5 随机变量的函数的分布

1. 离散型随机变量 $Y=g(X)$ 的分布律

一般地，若 X 是一个离散型随机变量，可能的取值为 $x_1,x_2,\cdots,Y=g(X)$ 的可能取值为 $y_1,y_2,\cdots$，则

$$\{Y=y_k\}=\bigcup_{g(x_i)=y_k}\{X=x_i\}$$

等式右端是对所有使事件 $\{g(x_i)=y_k\}$ 成立的 x_i 求和. 所以

$$P\{Y=y_k\}=\sum_{g(x_i)=y_k}P\{X=x_i\}$$

2. 连续型随机变量 $Y=g(X)$ 的概率密度

(1) 分布函数法

设 X 的概率密度为 $f_X(x)$，则 $Y=g(X)$ 的分布函数为

$$F_Y(y)=P\{Y\leqslant y\}=P\{g(X)\leqslant y\}=\int_{g(x)\leqslant y}f_X(x)\,\mathrm{d}x$$

$$f_Y(y)=F'_Y(y)$$

(2) 密度函数法（公式法）

定理2 设随机变量 X 具有概率密度 $f_X(x)$ $(-\infty<x<+\infty)$，又设函数 $Y=g(X)$ 处处可导，且有 $g'(x)>0$（或 $g'(x)<0$），则 $Y=g(X)$ 是连续型随机变量，其概率密度函数为

$$f_Y(y)=\begin{cases}f_X[h(y)]\,|h'(y)|, & \alpha<y<\beta\\ 0, & \text{其他}\end{cases}$$

其中 $\alpha=\min(g(-\infty),g(+\infty))$，$\beta=\max(g(-\infty),g(+\infty))$，$h(y)$ 是 $g(x)$ 的反函数.

定理 3 设连续型随机变量 X 具有概率密度 $f_X(x)\ (-\infty<x<+\infty)$，又设函数 $Y=g(X)$ 是分段单调函数，即在不相重叠的区间 $I_1,I_2,\cdots$ 上逐段严格单调，其反函数 $\omega_1(y)$，$\omega_2(y)$，…，以及其导函数 $\omega_1'(y)$，$\omega_2'(y)$，… 均为连续函数，则 $Y=g(X)$ 的概率密度为

$$f_Y(y)=\sum_i f_X(\omega_i(y))\,|\omega_i'(y)|$$

2.2 典型例题

例 1 下列函数中，可以作为某一随机变量的分布函数的是（　　）.

A. $F(x)=\dfrac{1}{1+x^2}$　　B. $F(x)=\dfrac{1}{2}+\dfrac{1}{\pi}\arctan x$

C. $F(x)=\begin{cases}0, & x<0\\ \dfrac{1}{2}(1-\mathrm{e}^{-x}), & x\geqslant 0\end{cases}$　　D. $F(x)=\int_{-\infty}^{x}f(t)\,\mathrm{d}t$，其中$\int_{-\infty}^{+\infty}f(t)\,\mathrm{d}t=1$

分析 $F(x)$ 要成为某个随机变量的分布函数，必须满足：①$0\leqslant F(x)\leqslant 1$，且 $F(+\infty)=\lim\limits_{x\to+\infty}F(x)=1$，$F(-\infty)=\lim\limits_{x\to-\infty}F(x)=0$；②$F(x)$ 是一个不减的函数；③$F(x+0)=\lim\limits_{t\to x^+}F(t)=F(x)$，即 $F(x)$ 是右连续函数.

选项 A，C 中 $F(x)$ 不满足 $F(+\infty)=\lim\limits_{x\to+\infty}F(x)=1$，D 中 $F(x)$ 不一定是不减的函数，只有 B 中 $F(x)$ 满足上述三个条件，故选 B.

解 B.

例 2 （2010，数学一）设随机变量 X 的分布函数为 $F(x)=\begin{cases}0, & x<0\\ \dfrac{1}{2}, & 0\leqslant x<1,\\ 1-\mathrm{e}^{-x}, & x\geqslant 1\end{cases}$

则$P\{X=1\}=$（　　）.

A. 0　　B. $\dfrac{1}{2}$　　C. $\dfrac{1}{2}-\mathrm{e}^{-1}$　　D. $1-\mathrm{e}^{-1}$

分析 $P\{X=1\}=P\{X\leqslant 1\}-P\{X\leqslant 0\}=F(1)-F(0)=1-\mathrm{e}^{-1}-\dfrac{1}{2}=\dfrac{1}{2}-\mathrm{e}^{-1}$.

解 C.

例 3 设随机变量 X 的概率密度函数为$f(x)=\begin{cases}\dfrac{k}{1+x^2}, & 0\leqslant x\leqslant 1\\ 0, & \text{其他}\end{cases}$，那么 $k=$（　　）.

A. $\ln 2$　　B. $\dfrac{1}{\ln 2}$　　C. $\dfrac{\pi}{4}$　　D. $\dfrac{4}{\pi}$

分析 由密度函数的性质，$\int_{-\infty}^{+\infty} f(x)\,\mathrm{d}x = 1$，即$\int_0^1 \frac{k}{1+x^2}\mathrm{d}x = k\arctan x\Big|_0^1 = 1$，得 $k = \frac{4}{\pi}$，故选 D.

解 D.

例 4 （2010，数学一）设$f_1(x)$为标准正态分布的概率密度函数，$f_2(x)$为$[-1,3]$上均匀分布的概率密度函数，若$f(x) = \begin{cases} af_1(x), & x \leqslant 0 \\ bf_2(x), & x > 0 \end{cases}$ $(a > 0, b > 0)$，则 a,b 满足（　　）.

A. $2a + 3b = 4$　　B. $3a + 2b = 4$　　C. $a + b = 1$　　D. $a + b = 2$

分析 由概率密度性质$a\int_{-\infty}^0 f_1(x)\,\mathrm{d}x + b\int_0^{+\infty} f_2(x)\,\mathrm{d}x = 1$，即$a\int_{-\infty}^0 \frac{1}{\sqrt{2\pi}}\mathrm{e}^{-\frac{x^2}{2}}\mathrm{d}x + b\int_0^3 \frac{1}{4}\mathrm{d}x = \frac{a}{2} + \frac{3}{4}b = 1$，则 $2a + 3b = 4$.

解 A.

例 5 （2006，数学一）设随机变量X服从正态分布$N(\mu_1, \sigma_1^2)$，Y服从正态分布$N(\mu_2, \sigma_2^2)$，且$P\{|X - \mu_1| < 1\} > P\{|Y - \mu_2| < 1\}$，则必有（　　）.

A. $\sigma_1 < \sigma_2$　　B. $\sigma_1 > \sigma_2$　　C. $\mu_1 < \mu_2$　　D. $\mu_1 > \mu_2$

分析 $P\{|X - \mu_1| < 1\} > P\{|Y - \mu_2| < 1\}$，$2\Phi\left(\frac{1}{\sigma_1}\right) - 1 > 2\Phi\left(\frac{1}{\sigma_2}\right) - 1$，得 $\Phi\left(\frac{1}{\sigma_1}\right) > \Phi\left(\frac{1}{\sigma_2}\right)$，由于分布函数是单调不减的函数，有$\frac{1}{\sigma_1} > \frac{1}{\sigma_2}$，所以 $\sigma_1 < \sigma_2$.

解 A.

例 6 设随机变量X的概率分布为$P\{X = k\} = \frac{a}{k(k+1)}$，$k = 1,2,\cdots$，则 $a =$ ________.

分析 利用概率分布的性质 $P\{X = k\} \geqslant 0$ 知 $a \geqslant 0$，又由$\sum_{k=1}^{+\infty} \frac{a}{k(k+1)} = 1$，左边为$a\sum_{k=1}^{+\infty} \frac{1}{k(k+1)} = a\sum_{k=1}^{+\infty}\left(\frac{1}{k} - \frac{1}{k+1}\right) = a\lim_{n\to\infty}\left(1 - \frac{1}{n+1}\right) = a$，从而有 $a = 1$.

解 $a = 1$.

例 7 已知连续型随机变量X的分布函数为

$$F(x) = \begin{cases} 0, & x < 0 \\ A\sin x, & 0 \leqslant x < \frac{\pi}{2} \\ 1, & x \geqslant \frac{\pi}{2} \end{cases}$$

则 $P\left\{|X| < \frac{\pi}{6}\right\} =$ ________.

分析　先求出 A 值. 由分布函数 $F(x)$ 在 $x=\frac{\pi}{2}$ 处右连续得 $\lim\limits_{x\to\frac{\pi}{2}+0}F(x)=F\left(\frac{\pi}{2}\right)$,即得到 $A=1$. 所以 $F(x)=\begin{cases}0, & x<0\\ \sin x, & 0\leqslant x<\frac{\pi}{2}\\ 1, & x\geqslant\frac{\pi}{2}\end{cases}$,在$(-\infty,+\infty)$上连续. 故

$$P\left\{|X|<\frac{\pi}{6}\right\}=F\left(\frac{\pi}{6}\right)-F\left(-\frac{\pi}{6}\right)=\sin\frac{\pi}{6}-0=\frac{1}{2}$$

解　$P\left\{|X|<\frac{\pi}{6}\right\}=\frac{1}{2}$.

例 8　设随机变量 X 服从正态分布 $N(2,\sigma^2)$,且 $P\{2<X<4\}=0.3$,则 $P\{X<0\}=$________.

分析　读者利用正态分布图形性质即得结果.

解　$P\{X<0\}=0.2$.

例 9　设随机变量 X 服从二项分布 $B(2,p)$ 分布,随机变量 Y 服从二项分布 $B(3,p)$,若 $P\{X\geqslant1\}=\frac{5}{9}$,则$P\{Y\geqslant1\}=$________.

分析　由于 $X\sim B(2,p)$,所以 $P\{X\geqslant1\}=1-P\{X=0\}=1-(1-p)^2=\frac{5}{9}$,解得 $p=\frac{1}{3}$,又 $Y\sim B(3,p)$,故 $P\{Y\geqslant1\}=1-P\{Y=0\}=1-(1-p)^3=\frac{19}{27}$.

解　$\frac{19}{27}$.

例 10　设随机变量 X 的分布函数为 $F(x)$,则随机变量 $Y=3X+1$ 的分布函数 $G(y)=$________.

分析　对于任意实数 y,有

$$G(y)=P\{Y\leqslant y\}=P\{3X+1\leqslant y\}=P\left\{X\leqslant\frac{y-1}{3}\right\}=F\left(\frac{y-1}{3}\right)$$

解　$F\left(\frac{y-1}{3}\right)$.

例 11　已知随机变量 X 的概率分布为

X	1	2	3
P	θ^2	$2\theta(1-\theta)$	$(1-\theta)^2$

,且 $P\{X\geqslant2\}=\frac{3}{4}$,求未知参数 θ 及 X 的分布函数 $F(x)$.

解　由 $P\{X\geqslant2\}=P\{X=2\}+P\{X=3\}=\frac{3}{4}$,求得 $\theta=\pm\frac{1}{2}$,又 $P\{X=2\}=$

$2\theta(1-\theta) \geqslant 0$,故取 $\theta = \frac{1}{2}$.

随机变量 X 的概率分布为

X	1	2	3
P	$\frac{1}{4}$	$\frac{1}{2}$	$\frac{1}{4}$

从而 X 的分布函数 $F(x)$ 为

$$F(x) = \begin{cases} 0, & x < 1 \\ \frac{1}{4}, & 1 \leqslant x < 2 \\ \frac{3}{4}, & 2 \leqslant x < 3 \\ 1, & x \geqslant 3 \end{cases}$$

例 12　设连续型随机变量 X 的分布函数为 $F(x) = A\arctan(e^x), -\infty < x < +\infty$,试求:(1)$A$ 的值;(2)X 的密度函数;(3)$P\left\{0 < X < \frac{1}{2}\ln 3\right\}$.

解　(1) 由于 $\lim\limits_{x \to +\infty} F(x) = 1$,可知 $A = \frac{2}{\pi}$.

(2) 由题设知 $F(x) = \frac{2}{\pi}\arctan(e^x), -\infty < x < +\infty$,且 $f(x) = F'(x)$,则

$$f(x) = \frac{2}{\pi} \frac{e^x}{1 + e^{2x}}$$

(3) 因为 X 是连续型随机变量,则

$$P\left\{0 < X < \frac{1}{2}\ln 3\right\} = P\left\{0 < X \leqslant \frac{1}{2}\ln 3\right\} = F\left(\frac{1}{2}\ln 3\right) - F(0) = \frac{1}{6}$$

例 13　一份考卷上有 5 道选择题,每题给出 4 个可供选择的答案,其中只有 1 个答案是正确的. 求:(1) 某考生全凭猜测答对题数的概率分布;(2) 该考生答对题数不超过 2 题的概率.

解　(1) 设随机变量 X 表示考生答对的题数,易知 X 的可能取值为 0,1,2,3,4,5,而且各道题答对与否是相互独立的,每题答对的概率均为 $\frac{1}{4}$,所以 X 服从的分布为 $B\left(5, \frac{1}{4}\right)$,即

$$P\{X = k\} = C_5^k \left(\frac{1}{4}\right)^k \left(\frac{3}{4}\right)^{5-k} \quad (k = 0,1,2,3,4,5)$$

(2)

$$\begin{aligned} P\{X \leqslant 2\} &= P\{X = 0\} + P\{X = 1\} + P\{X = 2\} \\ &= C_5^0 \left(\frac{1}{4}\right)^0 \left(\frac{3}{4}\right)^{5-0} + C_5^1 \left(\frac{1}{4}\right)^1 \left(\frac{3}{4}\right)^{5-1} + C_5^2 \left(\frac{1}{4}\right)^2 \left(\frac{3}{4}\right)^{5-2} \approx 0.896 \end{aligned}$$

例 14　设随机变量 X 服从 $[a,b](a>0)$ 上的均匀分布,且 $P\{0<X<3\}=\frac{1}{4}$, $P\{X>4\}=\frac{1}{2}$,求:(1) X 的概率密度;(2) $P\{1<X<5\}$.

解　(1) 由题设知

$$P\{0<X<3\}=\frac{3-a}{b-a}=\frac{1}{4} \quad ①$$

$$P\{X>4\}=\frac{b-4}{b-a}=\frac{1}{2} \quad ②$$

联立方程 ①② 解得

$$a=2,b=6$$

(2) $P\{1<X<5\}=P\{2<X<5\}=\frac{5-2}{6-2}=\frac{3}{4}$.

评注　此题中若得出 $P\{0<X<3\}=\frac{3-0}{b-a}=\frac{1}{4}$ 是错误的,因为题设中 $a>0$, $(0,3)$ 这个区间真正有效的是 $(a,3)$. 解题时注意几何概型计算的特点,即在均匀分布的区间内计算.

例 15　设一个人在一年中患感冒的次数 X 是服从参数为 $\lambda=5$ 的泊松分布的随机变量,假定正在销售的一种新药,对 75% 的人来说可将泊松参数减少到 3,而对另外 25% 的人则是无效的,若某人试用此药一年,在试用期间患了两次感冒,问此药对他有效的概率.

解　设 A 表示此药对他有效. 由假设知 $P(A)=0.75$, $P(\bar{A})=0.25$,且

$$P\{X=k\mid A\}=\frac{3^k}{k!}e^{-3}\quad(k=0,1,\cdots)$$

$$P\{X=k\mid \bar{A}\}=\frac{5^k}{k!}e^{-5}\quad(k=0,1,\cdots)$$

则由贝叶斯公式,有

$$P\{A\mid X=2\}=\frac{P(A)P\{X=2\mid A\}}{P(A)P\{X=2\mid A\}+P(\bar{A})P\{X=2\mid \bar{A}\}}$$

$$=\frac{\frac{3}{4}\times\frac{3^2}{2!}e^{-3}}{\frac{3}{4}\times\frac{3^2}{2!}e^{-3}+\frac{1}{4}\times\frac{5^2}{2!}e^{-5}}\approx 0.888\,7$$

例 16　设一只昆虫产卵数量 X 服从参数为 λ 的泊松分布,而每个虫卵发育为幼虫的概率为 p,并且各个卵是否发育成幼虫是相互独立的,试证明:一只昆虫的下一代幼虫个数 Y 服从参数为 λp 的泊松分布.

证明　$P\{X=m\}=\frac{\lambda^m}{m!}e^{-\lambda}\quad(m=0,1,2,\cdots)$

$$P\{Y=k\mid X=m\}=0\quad(k>m)$$

$$P\{Y=k \mid X=m\}=\mathrm{C}_m^k p^k(1-p)^{m-k} \quad (k=0,1,2,\cdots,m)$$

由全概率公式得

$$\begin{aligned} P\{Y=k\} &= \sum_{m=0}^{\infty} P\{X=m\} P\{Y=k \mid X=m\} \\ &= \sum_{m=0}^{\infty} \frac{\lambda^m}{m!}\mathrm{e}^{-\lambda} \frac{m!}{k!(m-k)!} p^k (1-p)^{m-k} \\ &= \frac{(\lambda p)^k}{k!}\mathrm{e}^{-\lambda} \sum_{m=k}^{\infty} \frac{[\lambda(1-p)]^{m-k}}{(m-k)!} \\ &= \frac{(\lambda p)^k}{k!}\mathrm{e}^{-\lambda}\mathrm{e}^{\lambda(1-p)} = \frac{(\lambda p)^k}{k!}\mathrm{e}^{-\lambda p} \quad (k=0,1,2,\cdots) \end{aligned}$$

即 Y 服从参数为 λp 的泊松分布.

例 17　设 X 服从正态分布 $N(5,4)$，试求 a,b，使得：(1) $P\{X<a\}=0.9$；(2) $P\{|X-5|>b\}=0.01$.

解　(1) $P\{X<a\}=P\left\{\frac{X-5}{2}<\frac{a-5}{2}\right\}=\Phi\left(\frac{a-5}{2}\right)=0.9$，所以 $\frac{a-5}{2}\approx 1.28$，$a\approx 7.56$.

(2) $P\{|X-5|>b\}=0.01$，则

$$\begin{aligned} P\{|X-5|\leqslant b\} &= P\{5-b\leqslant X\leqslant 5+b\} = \Phi\left(\frac{5+b-5}{2}\right)-\Phi\left(\frac{5-b-5}{2}\right) \\ &= \Phi\left(\frac{b}{2}\right)-\Phi\left(-\frac{b}{2}\right)=2\Phi\left(\frac{b}{2}\right)-1=0.99 \end{aligned}$$

所以

$$\Phi\left(\frac{b}{2}\right)=0.995,\ \frac{b}{2}\approx 2.575,\ b\approx 5.15$$

例 18　某地抽样调查结果表明，考生的外语成绩（百分制）近似服从正态分布，平均成绩为 72 分，96 分以上的占考生总数的 2.3%，试求考生的外语成绩在 60 ~ 84 分之间的概率（正态函数分布见下表）.

x	0	0.5	1.0	1.5	2.0	2.5	3.0
$\Phi(x)$	0.500	0.692	0.841	0.933	0.977	0.994	0.999

解　设 X 为考生的外语成绩，由题设知 $X\sim N(\mu,\sigma^2)$，其中 $\mu=72$，现在求 σ^2，由题设

$$P\{X\geqslant 96\}=P\left\{\frac{X-\mu}{\sigma}\geqslant\frac{96-72}{\sigma}\right\}=1-\Phi\left(\frac{24}{\sigma}\right)=0.023$$

$$\Phi\left(\frac{24}{\sigma}\right)=0.977$$

由 $\Phi(x)$ 的数值表可知 $\frac{24}{\sigma}=2$，因此 $\sigma=12$，这样 $X\sim N(72,12^2)$，所求概率为

$$\begin{aligned}P\{60 \leqslant X \leqslant 84\} &= P\left\{\frac{60-72}{12} \leqslant \frac{X-\mu}{\sigma} \leqslant \frac{84-72}{12}\right\} \\ &= P\left\{-1 \leqslant \frac{X-\mu}{\sigma} \leqslant 1\right\} \\ &= \Phi(1) - \Phi(-1) = 2\Phi(1) - 1 \\ &= 2 \times 0.841 - 1 = 0.682\end{aligned}$$

例 19 随机数字序列要多长才能使 0 至少出现一次的概率不小于 0.9.

解 设随机数字序列长度为 N,0 出现的次数为随机变量 X,则 $X \sim B(N,0.1)$,由题 $P\{X \geqslant 1\} \geqslant 0.9$,即 $1 - P\{X = 0\} \geqslant 0.9$,$P\{X = 0\} \leqslant 0.1$,所以 $0.9^N \leqslant 0.1$,得 $N \geqslant 22$.

例 20 已知随机变量 X 的概率分布为

X	-1	0	1	2
P	0.1	0.2	0.3	0.4

,求随机变量函数 $Y = 2X^2 - 1$ 的分布律与分布函数.

解 由已知 X 的分布律易确定

Y	-1	1	7
P	0.2	0.4	0.4

所以

$$F_Y(y) = \begin{cases} 0, & y < -1 \\ 0.2, & -1 \leqslant y < 1 \\ 0.6, & 1 \leqslant y < 7 \\ 1, & y \geqslant 7 \end{cases}$$

例21 设随机变量 X 的概率密度为 $f(x) = \begin{cases} \dfrac{1}{3\sqrt[3]{x^2}}, & x \in [1,8] \\ 0, & 其他 \end{cases}$,$F(x)$ 是 X 的分布函数,求随机变量 $Y = F(X)$ 的分布函数.

解 易见,当 $x < 1$ 时,$F(x) = 0$;当 $x \geqslant 8$ 时,$F(x) = 1$;对于 $x \in [1,8]$,有

$$F(x) = \int_1^x \frac{1}{3\sqrt[3]{t^2}}\mathrm{d}t = \sqrt[3]{x} - 1$$

设 $G(y)$ 是随机变量 $Y = F(X)$ 的分布函数,显然,当 $y \leqslant 0$ 时,$G(y) = 0$;当 $y \geqslant 1$ 时,$G(y) = 1$.

对于 $y \in (0,1)$,有

$$\begin{aligned}G(y) &= P\{Y \leqslant y\} = P\{F(X) \leqslant y\} = P\{\sqrt[3]{X} - 1 \leqslant y\} \\ &= P\{X \leqslant (y+1)^3\} = F((y+1)^3) = y\end{aligned}$$

于是,$Y = F(X)$ 的分布函数为

$$G(y)=\begin{cases}0, & y\leqslant 0\\ y, & 0<y<1\\ 1, & y\geqslant 1\end{cases}$$

例 22 设随机变量 X 的概率密度函数为 $f_X(x)=\dfrac{1}{\pi(1+x^2)}$,试求 $Y=1-\sqrt[3]{X}$ 的概率密度函数 $f_Y(y)$.

解 方法1(分布函数法) 由于 Y 的分布函数为

$$F_Y(y)=P\{Y\leqslant y\}=P\{1-\sqrt[3]{X}\leqslant y\}=P\{X\geqslant(1-y)^3\}$$
$$=\int_{(1-y)^3}^{\infty}\frac{dx}{\pi(1+x^2)}$$

因此,Y 的概率密度函数为

$$f_Y(y)=\frac{d}{dy}F_Y(y)=\frac{3(1-y)^2}{\pi[1+(1-y)^6]}\quad(-\infty<y<+\infty)$$

方法2(公式法) 设 $y=1-\sqrt[3]{x}$,$y'=\dfrac{-1}{3\sqrt[3]{x^2}}<0$,则 $y=1-\sqrt[3]{x}$ 在 $(-\infty,+\infty)$ 上单调递减,有反函数 $x=(1-y)^3$,所以

$$f_Y(y)=f_X((1-y)^3)\,|[(1-y)^3]'|=\frac{1}{\pi[1+(1-y)^6]}\cdot 3(1-y)^2$$
$$=\frac{3}{\pi}\frac{(1-y)^2}{1+(1-y)^6}\quad(-\infty,+\infty)$$

例 23 设随机变量 X 服从标准正态分布,即 $X\sim N(0,1)$,求:(1) $Y=2X^2+1$ 的概率密度;(2) $Z=|X|$ 的概率密度.

解 因为 $X\sim N(0,1)$,所以

$$f(x)=\frac{1}{\sqrt{2\pi}}e^{-\frac{x^2}{2}}\quad(-\infty<x<+\infty)$$

(1) $Y=2X^2+1$ 的分布函数为 $F_Y(y)=P\{2X^2+1\leqslant y\}$.

当 $y\leqslant 1$ 时

$$F_Y(y)=0$$

当 $y>1$ 时

$$F_Y(y)=P\{2X^2+1\leqslant y\}=P\left\{-\sqrt{\frac{y-1}{2}}<X<\sqrt{\frac{y-1}{2}}\right\}$$

$$=\int_{-\sqrt{\frac{y-1}{2}}}^{\sqrt{\frac{y-1}{2}}}\frac{1}{\sqrt{2\pi}}e^{-\frac{x^2}{2}}dx=\frac{2}{\sqrt{2\pi}}\int_0^{\sqrt{\frac{y-1}{2}}}e^{-\frac{x^2}{2}}dx$$

即

$$F_Y(y) = \begin{cases} 0, & y \leqslant 1 \\ \dfrac{2}{\sqrt{2\pi}}\displaystyle\int_0^{\sqrt{\frac{y-1}{2}}} e^{-\frac{x^2}{2}}dx, & y > 1 \end{cases}$$

于是，$Y = 2X^2 + 1$ 的概率密度函数为

$$f_Y(y) = F'_Y(y) = \begin{cases} 0, & y \leqslant 1 \\ \dfrac{1}{2\sqrt{\pi(y-1)}}e^{-\frac{y-1}{4}}, & y > 1 \end{cases}$$

(2) $Z = |X|$ 的分布函数为 $F_Z(z) = P\{Z \leqslant z\} = P\{|X| \leqslant z\}$.

当 $z < 0$ 时

$$F_Z(z) = 0$$

当 $z \geqslant 0$ 时

$$F_Z(z) = P\{|X| \leqslant z\} = P\{-z \leqslant X \leqslant z\} = \int_{-z}^{z}\frac{1}{\sqrt{2\pi}}e^{-\frac{x^2}{2}}dx = \frac{2}{\sqrt{2\pi}}\int_0^z e^{-\frac{x^2}{2}}dx$$

于是，$Z = |X|$ 的概率密度函数为

$$f_Z(z) = F'_Z(z) = \begin{cases} \sqrt{\dfrac{2}{\pi}}e^{-\frac{1}{2}z^2}, & z \geqslant 0 \\ 0, & z < 0 \end{cases}$$

例24　设连续型随机变量的概率密度 $f(x) = f(-x)$，$-\infty < x < \infty$，试证对任意 $a > 0$，分布函数 $F(x)$ 有 $F(-a) = \dfrac{1}{2} - \displaystyle\int_0^a f(x)dx$.

证明　由于 $f(x) = f(-x)$，$-\infty < x < \infty$，则

$$\int_0^a f(x)dx = \int_0^a f(-x)dx \xlongequal{令 -x = t} -\int_0^{-a} f(t)dt = \int_{-a}^0 f(t)dt$$

因此

$$\begin{aligned} F(-a) + \int_0^a f(x)dx &= \int_{-\infty}^{-a} f(x)dx + \int_{-a}^0 f(t)dt = \int_{-\infty}^{-a} f(x)dx + \int_{-a}^0 f(x)dx \\ &= \int_{-\infty}^0 f(x)dx \end{aligned}$$

又

$$\begin{aligned} 1 &= \int_{-\infty}^{+\infty} f(x)dx = \int_{-\infty}^0 f(x)dx + \int_0^{+\infty} f(x)dx \\ &= \int_{-\infty}^0 f(x)dx + \int_0^{+\infty} f(-x)dx \\ &= \int_{-\infty}^0 f(x)dx + \int_{-\infty}^0 f(x)dx = 2\int_{-\infty}^0 f(x)dx \end{aligned}$$

所以

$$\int_{-\infty}^{0} f(x)\,\mathrm{d}x = \frac{1}{2}$$

因此

$$F(-a) + \int_{0}^{a} f(x)\,\mathrm{d}x = \frac{1}{2}$$

即

$$F(-a) = \frac{1}{2} - \int_{0}^{a} f(x)\,\mathrm{d}x$$

例 25　设随机变量 X 服从参数为 $\lambda(\lambda > 0)$ 的指数分布，证明：对任意的 $s \geqslant 0, t \geqslant 0$ 均有 $P\{X \geqslant s+t \mid X \geqslant s\} = P\{X \geqslant t\}$.

证明　$P\{X \geqslant s+t \mid X \geqslant s\} = \dfrac{P\{X \geqslant s+t, X \geqslant s\}}{P\{X \geqslant s\}} = \dfrac{P\{X \geqslant s+t\}}{P\{X \geqslant s\}}$

$$= \frac{\int_{s+t}^{+\infty} \lambda \mathrm{e}^{-\lambda x}\mathrm{d}x}{\int_{s}^{+\infty} \lambda \mathrm{e}^{-\lambda x}\mathrm{d}x} = \frac{\mathrm{e}^{-\lambda(s+t)}}{\mathrm{e}^{-\lambda s}} = \mathrm{e}^{-\lambda t}$$

而

$$P\{X \geqslant t\} = \int_{t}^{+\infty} \lambda \mathrm{e}^{-\lambda x}\mathrm{d}x = \mathrm{e}^{-\lambda t}$$

所以

$$P\{X \geqslant s+t \mid X \geqslant s\} = P\{X \geqslant t\}$$

例 26　一批产品中有 10 件正品，3 件次品，现从中随机地一件一件取出，以 X 表示直到取得正品为止所需的次数，分别求出在下列各种情况下 X 的概率分布：

(1) 每次取出的产品不放回；

(2) 每次取出的产品经检验后放回，再抽取；

(3) 每次取出一件产品后，总以一件正品放回，再抽取.

解　用 A_i 表示“第 i 次取到正品”.

(1) 随机变量 X 所有可能取值为 1,2,3,4，则

$P\{X = 1\} = P(A_1) = \dfrac{10}{13}$

$P\{X = 2\} = P(\overline{A}_1 A_2) = P(\overline{A}_1)P(A_2 \mid \overline{A}_1) = \dfrac{3}{13} \times \dfrac{10}{12} = \dfrac{5}{26}$

$P\{X = 3\} = P(\overline{A}_1 \overline{A}_2 A_3) = P(\overline{A}_1)P(\overline{A}_2 \mid \overline{A}_1)P(A_3 \mid \overline{A}_1 \overline{A}_2) = \dfrac{3}{13} \times \dfrac{2}{12} \times \dfrac{10}{11} = \dfrac{5}{143}$

$P\{X = 4\} = P(\overline{A}_1 \overline{A}_2 \overline{A}_3 A_4) = P(\overline{A}_1)P(\overline{A}_2 \mid \overline{A}_1)P(A_3 \mid \overline{A}_1 \overline{A}_2)P(A_4 \mid \overline{A}_1 \overline{A}_2 \overline{A}_3)$

$$=\frac{3}{13}\times\frac{2}{12}\times\frac{10}{11}\times\frac{1}{10}=\frac{1}{286}$$

因此,X 的概率分布为

X	1	2	3	4
P	$\frac{10}{13}$	$\frac{5}{26}$	$\frac{5}{143}$	$\frac{1}{286}$

(2) 随机变量 X 的所有可能取值为 $1,2,\cdots$,由于 $A_1,A_2,\cdots$ 相互独立,于是

$$P\{X=k\}=P(\bar{A}_1\bar{A}_2\cdots\bar{A}_{k-1}A_k)=P(A_1)P(\bar{A}_2)\cdots P(\bar{A}_{k-1})P(A_k)=\left(\frac{3}{13}\right)^{k-1}\cdot\frac{10}{13}$$

因此,X 的概率分布为

$$P\{X=k\}=\frac{10}{13}\left(\frac{3}{13}\right)^{k-1}\quad(k=1,2,\cdots)$$

(3) 随机变量 X 所有可能取值为 $1,2,3,4$,于是

$$P\{X=1\}=P(A_1)=\frac{10}{13}$$

$$P\{X=2\}=P(\bar{A}_1A_2)=P(\bar{A}_1)P(A_2\mid\bar{A}_1)=\frac{3}{13}\times\frac{11}{13}=\frac{33}{169}$$

$$P\{X=3\}=P(\bar{A}_1\bar{A}_2A_3)=P(\bar{A}_1)P(\bar{A}_2\mid\bar{A}_1)P(A_3\mid\bar{A}_1\bar{A}_2)=\frac{3}{13}\times\frac{2}{13}\times\frac{12}{13}=\frac{72}{2\,197}$$

$$P\{X=4\}=P(\bar{A}_1\bar{A}_2\bar{A}_3A_4)=P(\bar{A}_1)P(\bar{A}_2\mid\bar{A}_1)P(A_3\mid\bar{A}_1\bar{A}_2)P(A_4\mid\bar{A}_1\bar{A}_2\bar{A}_3)$$

$$=\frac{3}{13}\times\frac{2}{13}\times\frac{1}{13}\times\frac{13}{13}=\frac{6}{2\,197}$$

因此,X 的概率分布为

X	1	2	3	4
P	$\frac{10}{13}$	$\frac{33}{169}$	$\frac{72}{2\,197}$	$\frac{6}{2\,197}$

例 27　某种化合物中酒精含量的百分比 X 是一随机变量,其概率密度函数为

$$f(x)=\begin{cases}20x^3(1-x), & 0<x<1\\ 0, & 其他\end{cases}$$

假设该化合物的成本为每升 C_3 元,而销售价格与酒精百分含量 X 有关,当$\frac{1}{3}<X<\frac{2}{3}$时销售价格每升 C_1 元,否则每升 C_2 元. 试求:

(1) 随机变量 X 的分布函数 $F(x)$；

(2) 概率 $P\left\{X \leqslant \frac{2}{3}\right\}$；

(3) 每升利润 Y 的概率分布.

解 (1) 显然当 $x < 0$ 时，$F(x) = 0$；当 $x \geqslant 1$ 时，$F(x) = 1$；对于 $0 \leqslant x \leqslant 1$

$$F(x) = \int_{-\infty}^{x} f(t)\mathrm{d}t = 20\int_0^x t^3(1-t)\mathrm{d}t = 5x^4 - 4x^5$$

于是

$$F(x) = \begin{cases} 0, & x < 0 \\ 5x^4 - 4x^5, & 0 \leqslant x < 1 \\ 1, & x \geqslant 1 \end{cases}$$

(2)
$$P\left\{X \leqslant \frac{2}{3}\right\} = F\left(\frac{2}{3}\right) = 5\left(\frac{2}{3}\right)^4 - 4\left(\frac{2}{3}\right)^5 \approx 0.460\ 9$$

(3) 每升的利润 Y 是酒精含量百分比 X 的函数：

$$Y = \begin{cases} C_1 - C_3, & \frac{1}{3} < X < \frac{2}{3} \\ C_2 - C_3, & \text{其他} \end{cases}$$

由于

$$P\left\{\frac{1}{3} < X < \frac{2}{3}\right\} = F\left(\frac{2}{3}\right) - F\left(\frac{1}{3}\right) \approx 0.460\ 9 - 0.045\ 3 = 0.415\ 6$$

可见每升的利润 Y 的概率分布为

Y	$C_1 - C_3$	$C_2 - C_3$
P	0.415 6	0.584 4

例 28 已知随机变量 X 服从参数为 λ 的指数分布，且 X 落在区间 $(1,2)$ 内的概率达到最大，求未知参数 λ.

解 已知 X 的概率密度为 $f(x) = \begin{cases} \lambda \mathrm{e}^{-\lambda x}, & x > 0 \\ 0, & x \leqslant 0 \end{cases}$，且

$$P\{1 < x < 2\} = \int_1^2 \lambda \mathrm{e}^{-\lambda x}\mathrm{d}x = \mathrm{e}^{-\lambda} - \mathrm{e}^{-2\lambda}$$

记 $g(\lambda) = \mathrm{e}^{-\lambda} - \mathrm{e}^{-2\lambda}$，令 $g'(\lambda) = (\mathrm{e}^{-\lambda} - \mathrm{e}^{-2\lambda})' = \mathrm{e}^{-\lambda}(2\mathrm{e}^{-\lambda} - 1) = 0$，解得 $\lambda_0 = \ln 2$. 又 $g''(\lambda)\big|_{\lambda_0} = -2\mathrm{e}^{-2\lambda_0} < 0$，所以 $g(\lambda)$ 在 $\lambda_0 = \ln 2$ 时取得最大值，故所求的 $\lambda = \ln 2$.

例 29 某单位招聘155人，按考试成绩录用，共有526人报名，假设报名者的考试成绩 X 服从正态分布 $N(\mu,\sigma^2)$，已知90分以上的有12人，60分以下的有83人，若从高分到低分依次录取，某

人成绩为 78 分,问此人能否被录取?

x	0.53	0.54	1.0	1.5	2.0	2.5	3.0
$\Phi(x)$	0.701 9	0.705 4	0.841 3	0.933 2	0.977 2	0.993 8	0.998 7

解　由题知 $P\{X>90\}=\dfrac{12}{526}\approx 0.022\,8$, $P\{X<60\}=\dfrac{83}{526}\approx 0.158\,8$,则

$$P\{X\leqslant 90\}=\Phi\left(\frac{90-\mu}{\sigma}\right)=0.977\,2,\Phi\left(-\frac{60-\mu}{\sigma}\right)=0.841\,2$$

查表得

$$\frac{90-\mu}{\sigma}\approx 2.0,\ -\frac{60-\mu}{\sigma}\approx 1.0$$

所以,$\mu=70,\sigma=10$,即 $X\sim N(70,10^2)$.

设被录用者的最低分为 a, 则

$$P\{X\geqslant a\}=\frac{155}{526}\approx 0.294\,7$$

$$P\{X<a\}=\Phi\left(\frac{a-70}{10}\right)=1-0.294\,7=0.705\,3$$

查表得 $\dfrac{a-70}{10}\approx 0.54$,所以 $a=75.4$(分).

某人成绩 78 分,在 75.4 分以上,所以此人能被录取.

例 30　设随机变量 X 的绝对值不大于 1, $P\{X=-1\}=\dfrac{1}{8}$, $P\{X=1\}=\dfrac{1}{4}$,在事件 $\{-1<X<1\}$ 出现的条件下,X 在 $(-1,1)$ 内任意子区间上取值的条件概率与该子区间长度成正比,求:(1) X 的分布函数;(2) X 取负值的概率 p.

解　(1) 据已知,当 $x\leqslant -1$ 时,$F(x)=0$;当 $x\geqslant 1$ 时,$F(x)=1$. 以下考虑 $-1<x<1$ 时的情形. 由于

$$1=P\{|X|\leqslant 1\}=P\{X=-1\}+P\{-1<X<1\}+P\{X=1\}$$

故

$$P\{-1<X<1\}=1-\frac{1}{8}-\frac{1}{4}=\frac{5}{8}$$

另据条件,有

$$P\{-1<X\leqslant x\mid -1<X<1\}=\frac{1}{2}(x+1)$$

于是,对于 $-1<x<1$,有 $(-1,x)\subset(-1,1)$,因此

$$\begin{aligned}P\{-1<X\leqslant x\}&=P\{-1<X\leqslant x,\ -1<X<1\}\\&=P\{-1<X<1\}P\{-1<X\leqslant x\mid -1<X<1\}\end{aligned}$$

$$= \frac{5}{8} \times \frac{1}{2}(x+1) = \frac{5}{16}(x+1)$$

$$F(x) = P\{X \leqslant -1\} + P\{-1 < X \leqslant x\} = \frac{5x+7}{16}$$

综上,有

$$F(x) = \begin{cases} 0, & x < -1 \\ \dfrac{5x+7}{16}, & -1 \leqslant x < 1 \\ 1, & x \geqslant 1 \end{cases}$$

(2)
$$p = P\{-1 \leqslant X < 0\} = P\{X < 0\} - P\{X < -1\}$$
$$= P\{X < 0\} = F(0) = \frac{7}{16}$$

2.3 同步训练题

一、填空题

1. 设随机变量 $X \sim U[2,5]$,现对 X 进行3次独立观测,则至少有2次观测值大于3的概率是________.

2. 设随机变量 X 服从正态分布 $N(\mu,\sigma^2)$,$\sigma > 0$, 则二次方程 $y^2 + 4y + X = 0$ 无实根的概率是$\frac{1}{2}$,则 $\mu =$ ________.

3. 一实习生用一台机器接连独立地制造3个同种零件,第 i 个零件是不合格品的概率 $p_i = \frac{1}{i+1}(i = 1,2,3)$,以 X 表示 3 个零件中合格品的个数,则 $P\{X = 2\} =$ ________.

二、单项选择题

1. 如果 $P\{X = k\} = \frac{c\lambda^k}{k!}e^{-\lambda}, k = 0,2,4,\cdots$ 是随机变量 X 的概率分布,则 λ, c 一定满足(　　).

A. $\lambda > 0$　　B. $c > 0$　　C. $c\lambda > 0$　　D. $\lambda > 0$ 且 $c > 0$

2. 设 $X \sim N(\mu,\sigma^2)$,记 $g(\sigma) = P\{|X-\mu| < \sigma\}$,则随着 σ 的增大,$g(\sigma)$ 的值(　　).

A. 保持不变　　B. 单调增大　　C. 单调减少　　D. 单调性不确定

3. 设随机变量 X 在[2,4] 上服从均匀分布,则 $P\{3 < X < 4\} =$ (　　).

A. $P\{1.5 < X < 2.5\}$　　B. $P\{3.5 < X < 4.5\}$

C. $P\{2.25 < X < 3.25\}$　　D. $P\{4.5 < X < 5.5\}$

三、计算题

1. 已知离散型随机变量 X 的分布函数为 $F(x)=\begin{cases}0, & x<-1\\ 0.3, & -1\leqslant x<0\\ 0.6, & 0\leqslant x<1\\ 0.8, & 1\leqslant x<3\\ 1, & x\geqslant 3\end{cases}$，试求 X 的概率分布，并计算 $P\{X<1\mid X\neq 0\}$.

2. 通过点(0,1)任意作直线与 x 轴相交成角 $\alpha(0<\alpha<\pi)$，求这条直线在 x 轴上截距 X 的概率密度.

3. 假设一厂家生产的每台仪器，以概率0.70可以直接出厂；以概率0.30需要进一步调试，经调试后以概率0.80可以出厂；以概率0.20定为不合格品不能出厂. 现该厂新生产了 $n(n\geqslant 2)$ 台仪器，假设各台仪器的生产过程相互独立. 试求：(1) 全部能出厂的概率 α；(2) 其中恰好有两件不能出厂的概率 β；(3) 其中至少有两件不能出厂的概率 θ.

4. 设某一设备由三大部件构成，设备运转时各部件需调整的概率为0.1，0.2，0.3，若各部件的状态相互独立，求同时需要调整部件数 X 的分布函数.

5. 在一部篇幅很大的书籍中，发现只有13.5%的页数没有印刷错误. 如果我们假定每页的错字个数是服从泊松分布的随机变量，求正好有一个错字的页数的百分比.

6. 设随机变量 X 服从参数为1的指数分布，已知事件 $A=\{a<X<5\}$ 和 $B=\{0<X<3\}$ 相互独立，求 a 的值 $(0<a<3)$.

7. 设随机变量 X 在区间[0,6]上服从均匀分布，试求方程 $t^2+2Xt+5X-4=0$ 有实根的概率.

8. 有一热闹的游乐场，每天接待大量的游客，设一个人在一天的某段时间内突发心脏病的概率为0.000 1，在某天的该段时间内有1 000人在该游乐场游玩. 问突发心脏病的人数不少于2人的概率是多少(利用泊松定理计算)？

9. 自动生产线在调整之后出现废品的概率为 p，当在生产过程中出现废品时立即重新进行调整，求：(1) 在两次调整之间生产的合格品数 X 的概率分布；(2) 在两次调整之间生产的合格品数 X 不小于5的概率.

10. 某射手对目标独立射击4次，至少命中1次的概率为 $\frac{80}{81}$，求该射手的命中率.

11. 在电源电压不超过200 V、在200 ~ 240 V之间和超过240 V三种情况下，某种电子元件损坏的概率分别为0.1，0.001和0.2，假设电源电压 X 服从正态分布 $N(220,25^2)$(正态函数分布见下表).

x	0.10	0.20	0.40	0.60	0.80	1.00	1.20	1.40
$\Phi(x)$	0.530	0.579	0.655	0.726	0.788	0.841	0.885	0.091 9

求：(1) 该电子元件损坏的概率 α；(2) 该电子元件损坏时，电源电压在 220 ~ 240 V 之间的概率 β.

12. 设随机变量 X 服从正态分布 $N(108,3^2)$，求：(1)$P\{101.1 < X < 117.6\}$；(2) 常数 a，使 $P\{X < a\} = 0.90$；(3) 常数 a，使 $P\{|X-a| > a\} = 0.01$.

13. 设一电路装有三个同类型的电气元件，其中工作状态相互独立且无故障工作时间均服从参数为 $\lambda > 0$ 的指数分布，当三个元件都无故障时，电路正常工作，否则整个电路不能正常工作，求电路正常工作的时间 T 的概率分布.

14. 设随机变量 X 的分布律为

X	0	1	2	3	4	5
P	$\frac{1}{12}$	$\frac{1}{6}$	$\frac{1}{3}$	$\frac{1}{12}$	$\frac{2}{9}$	$\frac{1}{9}$

试求：(1)$Y = 2X + 1$ 的分布律；(2)$Y = (X-2)^2$ 的分布律.

15. 设随机变量 X 的概率密度函数为 $f_X(x) = \begin{cases} 2x^3 e^{-x^2}, & x > 0 \\ 0, & \text{其他} \end{cases}$，分别求出 $Y = X^2$ 与 $Y = \ln X$ 的概率密度函数.

2.4 测 验 题

一、填空题

1. 设某批电子元件的正品率为 $\frac{4}{5}$，次品率为 $\frac{1}{5}$，现对这批元件进行测试，只要测得一个正品就停止测试工作，则测试次数 X 的概率分布为________，并且测试次数为偶数的概率为________.

2. 设随机变量 X 的密度函数为 $p(x) = \begin{cases} 3x^2, & 0 < x < 1 \\ 0, & \text{其他} \end{cases}$，用 Y 表示对 X 的 3 次独立重复观察中事件 $\left\{X \leqslant \frac{1}{2}\right\}$ 出现的次数，则 $P\{Y=2\} =$ ________.

3. 设随机变量 $X \sim B(2,p)$ 的二项分布，随机变量 $Y \sim B(3,p)$ 的二项分布，若 $P\{X \geqslant 1\} = \frac{5}{9}$，则 $P\{Y \geqslant 1\} =$ ________.

4. 设随机变量 X 服从正态分布 $N(\mu,\sigma^2)$，则 $P\{|X-\mu|<3\sigma\}=$________.

5. 一电话总机每分钟收到呼叫的次数服从参数为4的泊松分布. 则某一分钟恰有8次呼叫的概率为________；某一分钟的呼叫次数大于3的概率为________.

二、单项选择题

1. 袋中有5个黑球，3个白球，大小相同，一次随机地摸出4个球，X 表示其中白球个数，则 $P\{X=3\}=($　　$)$.

A. $\dfrac{3}{8}$　　B. $\dfrac{5}{C_8^4}$　　C. $\left(\dfrac{3}{8}\right)^3\dfrac{1}{8}$　　D. $C_8^4\left(\dfrac{3}{8}\right)^3\dfrac{1}{8}$

2. 每张奖券中末等奖的概率为 $\dfrac{1}{10}$，某人购买了20张号码杂乱的奖券，设中末等奖的张数为 X，则 X 服从(　　)分布.

A. 二项　　B. 泊松　　C. 几何　　D. 正态

3. 下列函数可作为概率密度函数的是(　　).

A. $f(x)=\begin{cases}2(1-|x|), & |x|\leqslant 1\\ 0, & |x|>1\end{cases}$　　B. $f(x)=\begin{cases}\dfrac{1}{2}, & |x|\leqslant 2\\ 0, & |x|>2\end{cases}$

C. $f(x)=\begin{cases}\dfrac{1}{\sqrt{2\pi}\sigma}e^{-\frac{(x-\mu)^2}{2\sigma^2}}, & x\geqslant 0\\ 0, & x<0\end{cases},(\sigma>0)$　　D. $f(x)=\begin{cases}e^{-x}, & x\geqslant 0\\ 0, & x<0\end{cases}$

4. 设 X 服从正态分布 $N(\mu,\sigma^2)$，则概率 $P\{X\leqslant 1+\mu\}$(　　).

A. 随 μ 的增大而增大　　B. 随 μ 的增大而减少

C. 随 σ 的增大而增大　　D. 随 σ 的增大而减少

5. 某人进行射击，设每次射击的命中率为0.08，独立射击100次，用随机变量 X 表示击中目标的次数，则 $P\{X\geqslant 2\}\approx($　　$)$.

A. $C_{100}^2(0.08)^2(0.92)^{98}$　　B. $1-(0.92)^{100}$

C. $1-9e^{-8}$　　D. $1-C_{100}^1(0.08)(0.92)^{100}$

三、计算题

1. 设10件产品中恰好有2件次品，现在接连进行不放回抽样，直到取到正品为止，求：(1)抽样次数 X 的概率分布；(2) X 的分布函数；(3) $P\{X>-2\}$ 和 $P\{1<X<3\}$.

2. 设随机变量 X 的密度函数函数为 $f(x)=\begin{cases}Axe^{-x}, & x>0\\ 0, & x\leqslant 0\end{cases}$. (1)试确定常数 A；(2)求分布函数 $F(x)$；(3)求 $P\{X>1\}$.

3. 设一处加油站每天销售汽油量 X($\times 10^2$ 吨)是随机变量，其概率密度函数为

$$f(x)=\begin{cases}2(1-x), & 0<x<1\\ 0, & \text{其他}\end{cases}$$

问:以 96%的概率不至脱销，每天至少要储备多少吨汽油？

x	0.10	0.20	0.40	0.60	0.80	1.00	1.20	1.40
$\Phi(x)$	0.530	0.579	0.655	0.726	0.788	0.841	0.885	0.091 9

4. 已知某批建筑材料的强度 X 服从正态分布 $N(200,18^2)$，现从中任取一件，求:(1) 取出这件材料的强度不低于 180 的概率;(2) 如果所用的材料要求以 99% 的概率保证强度不低于 150，问这批材料是否符合这个要求.

5. 设 X 服从 $U(0,2)$ 分布，求 $Y = X^2$ 在 $(0,4)$ 内的概率密度函数.

四、证明题

设 $f(x)$，$g(x)$ 都是概率密度函数，求证:$h(x) = \alpha f(x) + (1-\alpha)g(x)(0 \leqslant \alpha \leqslant 1)$ 也是一个概率密度函数.

2.5　同步训练题答案

一、填空题

1. $\dfrac{20}{27}$　　2. 4　　3. $\dfrac{11}{24}$

二、单项选择题

1. B　　2. A　　3. C

三、计算题

1.

X	-1	0	1	3
P	0.3	0.3	0.2	0.2

，$\dfrac{3}{7}$

2. $f_X(x) = \dfrac{1}{\pi(1+x^2)}, \quad x \in (-\infty, +\infty)$

3. (1)$\alpha = 0.94^n$;(2)$\beta = C_n^{n-2}0.94^{n-2} \cdot 0.06^2$;(3)$\theta = 1 - n \times 0.06 \times 0.94^{n-1} - 0.94^n$

4. $$F(x) = \begin{cases} 0, & x < 0 \\ 0.504, & 0 \leqslant x < 1 \\ 0.902, & 1 \leqslant x < 2 \\ 0.994, & 2 \leqslant x < 3 \\ 1, & x \geqslant 3 \end{cases}$$

5. 0.27

6. $a=\ln\dfrac{e^5}{1+e^5-e^3}$

7. 0.5

8. 0.004 7

9. (1)$P\{X=k\}=(1-p)^k p\ (k=0,1,2,\cdots)$;(2)$P\{X\geqslant 5\}=(1-p)^5$

10. $\dfrac{2}{3}$

11. (1)0.064 2;(2)0.009

12. (1)0.988 6;(2)111.84;(3)57.495

13. $f(t)=\begin{cases}3\lambda e^{-3\lambda t}, & t>0\\ 0, & t\leqslant 0\end{cases}$

14. (1)

Y	1	3	5	7	9	11
P	$\frac{1}{12}$	$\frac{1}{6}$	$\frac{1}{3}$	$\frac{1}{12}$	$\frac{2}{9}$	$\frac{1}{9}$

;(2)

X	0	1	4	9
P	$\frac{1}{3}$	$\frac{1}{4}$	$\frac{11}{36}$	$\frac{1}{9}$

15. $Y=X^2$ 的密度函数为$f_Y(y)=\begin{cases}ye^{-y}, & y>0\\ 0, & 其他\end{cases}$.

$Y=\ln X$ 的密度函数为$f_Y(y)=2e^{4y}e^{-e^{2y}}\ (-\infty<y<\infty)$.

2.6　测验题答案

一、填空题

1. $P\{X=k\}=\left(\dfrac{1}{5}\right)^{k-1}\dfrac{4}{5}\ (k=1,2,\cdots)$;$\dfrac{1}{6}$

2. $\dfrac{21}{512}$

3. $\dfrac{19}{27}$

4. $2\Phi(3)-1$

5. $P\{X=8\}=\dfrac{e^{-4}4^8}{8!}\approx 0.029\,8$;$P\{X>3\}=\sum\limits_{k=4}^{+\infty}\dfrac{e^{-4}4^k}{k!}\approx 0.566\,5$(查表).

二、单项选择题

1. B　2. A　3. D　4. D　5. C

三、计算题

1. (1)

X	1	2	3
P	$\frac{36}{45}$	$\frac{8}{45}$	$\frac{1}{45}$

;(2)$F(x)=\begin{cases}0, & x<1\\ \frac{4}{5}, & 1\leqslant x<2\\ \frac{44}{45}, & 2\leqslant x<3\\ 1, & x\geqslant 3\end{cases}$

(3)$P\{X>-2\}=1,\ P\{1<X<3\}=\frac{8}{45}$.

2. (1)$A=1$;(2)$F(x)=\begin{cases}0, & x<0\\ 1-(x+1)e^{-x}, & x\geqslant 0\end{cases}$;(3)$P\{X>1\}=2e^{-1}$.

3. 80 t.

4. (1)0.866 5;(2)0.997 3 > 0.99,符合要求.

5. $f_Y(y)=\frac{1}{2}(\sqrt{y})'=\frac{1}{4\sqrt{y}}\ (0<y<4)$.

四、证明题

提示:利用概率密度函数基本的两条性质证明.

2.7 教材同步精选习题精解

2 - 1 设随机变量 X 的分布律 $P\{X=k\}=a\frac{\lambda^k}{k!}(k=0,1,2,\cdots)$,$\lambda>0$ 是常数,则 a 为多少?

解 由离散型随机变量分布律的性质:

$$\sum_{k=0}^{+\infty}P\{X=k\}=\sum_{k=0}^{+\infty}a\frac{\lambda^k}{k!}=a\sum_{k=0}^{+\infty}\frac{\lambda^k}{k!}=ae^{\lambda}=1$$

解 $a=e^{-\lambda}$.

2 - 2 将一颗骰子抛掷两次,以 X 表示两次中得到的小的点数,试求 X 的分布律.

解 样本空间 $S=\{(1,1),(1,2),\cdots,(1,6),(2,1),\cdots,(2,6),\cdots,(6,1),\cdots,(6,6)\}$,共 36 种.

X 的所有可能取值为 1,2,3,4,5,6,且 $P\{X=1\}=\frac{2C_5^1+1}{36}=\frac{11}{36}$,$P\{X=2\}=\frac{2C_4^1+1}{36}=\frac{9}{36}$,$P\{X=3\}=\frac{2C_3^1+1}{36}=\frac{7}{36}$,$P\{X=4\}=\frac{2C_2^1+1}{36}=\frac{5}{36}$,$P\{X=5\}=\frac{2+1}{36}=\frac{3}{36}$,$P\{X=6\}=\frac{1}{36}$,所以,$X$ 的分布律为

X	1	2	3	4	5	6
P	$\frac{11}{36}$	$\frac{9}{36}$	$\frac{7}{36}$	$\frac{5}{36}$	$\frac{3}{36}$	$\frac{1}{36}$

2-4　罐中有5颗围棋子,其中2颗白子、3颗黑子,如果按有放回和不放回两种方法,每次取一子,共取3次,求3次中取到白子的次数X的概率分布分别是什么?

解　在有放回的情形下,由于下一次抽取的结果与前一次独立,因而该试验可以看成是一个三重贝努利试验,从而$X\sim B\left(3,\frac{2}{5}\right)$,即

$$P\{X=k\}=C_3^k\left(\frac{2}{5}\right)^k\left(\frac{3}{5}\right)^{3-k}\quad(k=0,1,2,3)$$

在不放回的情形下,该问题可用超几何分布来解决,即

$$P\{X=k\}=\frac{C_2^kC_3^{3-k}}{C_5^3}\quad(k=0,1,2)$$

2-5　已知离散型随机变量X的可能取值为$-2,0,2,\sqrt{5}$,相应的概率依次为$\frac{1}{a},\frac{3}{2a},\frac{5}{4a},\frac{7}{8a}$,试求概率$P\{|X|\leqslant 2\mid X\geqslant 0\}$.

解　利用分布律的性质$\sum_i p_i=1$,可得

$$1=\sum_i p_i=\frac{1}{a}+\frac{3}{2a}+\frac{5}{4a}+\frac{7}{8a}=\frac{37}{8a}$$

故$a=\frac{37}{8}$. 因此X的分布率为

X	-2	0	2	$\sqrt{5}$
P	$\frac{8}{37}$	$\frac{12}{37}$	$\frac{10}{37}$	$\frac{7}{37}$

.

$$\begin{aligned}P\{|X|\leqslant 2\mid X\geqslant 0\}&=\frac{P\{|X|\leqslant 2,X\geqslant 0\}}{P\{X\geqslant 0\}}\\&=\frac{P\{X=0\}+P\{X=2\}}{P\{X=0\}+P\{X=2\}+P\{X=\sqrt{5}\}}=\frac{22}{29}\end{aligned}$$

2-6　一名儿童玩迷宫游戏,周围有3扇门,只有1扇是通向出口的,儿童走向各扇门是随机的,儿童想要走出迷宫.

(1) 若儿童是没有记忆的,以X表示儿童为了走出迷宫试走的次数,则X的分布律是什么?

(2) 若儿童是有记忆的,他走向任何1扇门的尝试不多于1次,以Y表示儿童为了走出迷宫试走的次数,则Y的分布律是什么?

(3) 求试走次数 X 小于 Y 的概率和 Y 小于 X 的概率.

解 (1) X 服从参数 $p=\frac{1}{3}$ 的几何分布,其分布律为

X	1	2	3	…
P_k	$\frac{1}{3}$	$\frac{2}{3}\times\frac{1}{3}$	$\left(\frac{2}{3}\right)^2\times\frac{1}{3}$	…

(2) Y 所有可能的取值为 1,2,3.

方法1 $P\{Y=1\}=\frac{1}{3}, P\{Y=2\}=\frac{2}{3}\times\frac{1}{2}=\frac{1}{3}, P\{Y=3\}=\frac{2}{3}\times\frac{1}{2}\times 1=\frac{1}{3}$.

方法2 由于儿童走向各扇门是随机的,儿童走出指定门的尝试次数也是等可能的. 即 $P\{Y=1\}=P\{Y=2\}=P\{Y=3\}=\frac{1}{3}$.

Y 的分布律为

Y	1	2	3
P_k	$\frac{1}{3}$	$\frac{1}{3}$	$\frac{1}{3}$

(3)
$$
\begin{aligned}
P\{X<Y\}&=P\{X=1,Y=2\}+P\{X=1,Y=3\}+P\{X=2,Y=3\}\\
&=\frac{1}{3}\times\frac{1}{3}+\frac{1}{3}\times\frac{1}{3}+\frac{2}{3}\times\frac{1}{3}\times\frac{1}{3}=\frac{8}{27}
\end{aligned}
$$
$$
\begin{aligned}
P\{Y<X\}&=P\{Y=1,X>1\}+P\{Y=2,X>2\}+P\{Y=3,X>3\}\\
&=\frac{1}{9}\times\left[\frac{\frac{2}{3}}{1-\frac{2}{3}}+\frac{\left(\frac{2}{3}\right)^2}{1-\frac{2}{3}}+\frac{\left(\frac{2}{3}\right)^3}{1-\frac{2}{3}}\right]=\frac{38}{81}
\end{aligned}
$$

2-9 甲、乙两棋手约定进行10局比赛,以赢的局数多者为胜,设在每局中甲赢的概率为0.6,乙赢的概率为0.4,如果各局比赛是独立进行的,试问乙不输的概率为多少?

解 以 X 表示10局比赛中甲赢的局数,则 $X\sim B(10,0.6)$. 所以

$$P\{\text{乙不输}\}=1-P\{\text{甲胜}\}=1-P\{X\geqslant 6\}=1-\sum_{k=6}^{10}C_{10}^k\cdot 0.6^k\cdot 0.4^{10-k}=0.367$$

2-10 已知某种疾病的发病率为0.001,某单位共有5 000人,问该单位患有这种疾病的人数超过5人的概率为多大?

解 设该单位患有这种疾病的人数为随机变量 X,则 $X\sim B(5\,000,0.001)$.

$P\{X>5\}=\sum\limits_{k=6}^{5\,000}P\{X=k\}=\sum\limits_{k=6}^{5\,000}C_{5\,000}^k\cdot 0.001^k\cdot 0.999^{5\,000-k}$,这时如果直接计算,计算量很大. 由于 n 很大,p 很小,$np=5\,000\times 0.001=5$,可以用泊松定理. 取 $\lambda=np=5$,则

$$P\{X>5\}=\sum_{k=6}^{5\,000}\frac{5^k e^{-5}}{k!}\approx\sum_{k=6}^{+\infty}\frac{5^k e^{-5}}{k!}=0.384$$

2 - 11　一批产品中有 15% 的次品，现进行独立重复抽样检验，共抽取 20 个样品，则抽出的 20 个样品中最大可能的次品数是多少？并求其概率.

解　设抽出的 20 个样品中次品数为 X，则 $X \sim B(20, 0.15)$.

考虑 $P\{X = k\}$ 与 $P\{X = k - 1\}$ 的比，有

$$\frac{P\{X = k\}}{P\{X = k - 1\}} = \frac{C_{20}^{k} \times 0.15^{k} \times 0.85^{20-k}}{C_{20}^{k-1} \times 0.15^{k-1} \times 0.85^{20-k+1}} = \frac{(20 - k + 1) \times 0.15}{k \times 0.85}$$

故　$P\{X = k\} \geqslant P\{X = k - 1\}$ 当且仅当 $k \leqslant (20 + 1) \times 0.15 = 3.15$

$P\{X = k\} \geqslant P\{X = k + 1\}$ 当且仅当 $k \geqslant (20 + 1) \times 0.15 - 1 = 2.15$

因此，当 $P\{X = k\}$ 最大时，k 只能取 3，且

$$P\{X = 3\} = C_{20}^{3} \times 0.15^{3} \times 0.85^{17} = 0.242\ 8$$

2 - 13　一铸件的砂眼（缺陷）数服从参数为 $\lambda = 0.5$ 的泊松分布，试求此铸件上至多有 1 个砂眼（合格品）的概率和至少有 2 个砂眼（不合格品）的概率.

解　以 X 表示这种铸件的砂眼数，由题知 $X \sim P(0.5)$. 则此铸件上至多有 1 个砂眼的概率为 $P\{X \leqslant 1\} = \frac{0.5^{0}}{0!}e^{-0.5} + \frac{0.5^{1}}{1!}e^{-0.5} = 0.91$.

至少有 2 个砂眼的概率为 $P\{X \geqslant 2\} = 1 - P\{X \leqslant 1\} = 0.09$.

2 - 15　假设一大型设备在任意长为 t 的时间内发生故障的次数 $N(t)$ 服从参数为 λt 的泊松分布.

（1）求相继两次故障之间的时间间隔 T 的概率分布；

（2）求在设备已经无故障运行 8 h 的情况下，再无故障运行 8 h 的概率 Q.

解　由题设知 $P\{N(t) = k\} = \frac{(\lambda t)^{k}}{k!}e^{-\lambda t}, k = 0, 1, 2, \cdots$

（1）由于 T 是非负随机变量，当 $t \leqslant 0$ 时，T 的分布函数为

$$F_{T}(t) = P\{T \leqslant t\} = 0$$

当 $t > 0$ 时，因为 $\{T > t\}$ 与 $\{N(t) = 0\}$ 等价，所以有

$F_{T}(t) = P\{T \leqslant t\} = 1 - P\{T > t\} = 1 - P\{N(t) = 0\} = 1 - e^{-\lambda t}$，即

$$F_{T}(t) = \begin{cases} 1 - e^{-\lambda}, & t > 0 \\ 0, & t \leqslant 0 \end{cases}$$

因此 T 的概率密度函数为 $f_{T}(t) = \begin{cases} \lambda e^{-\lambda t}, & t > 0 \\ 0, & t \leqslant 0 \end{cases}$，即 T 服从参数为 λ 的指数分布.

（2）由条件概率定义知

$$Q = P\{T > 16 \mid T > 8\} = \frac{P\{T > 16, T > 8\}}{P\{T > 8\}} = \frac{P\{T > 16\}}{P\{T > 8\}}$$

$$= \frac{1 - F_{T}(16)}{1 - F_{T}(8)} = \frac{e^{-16\lambda}}{e^{-8\lambda}} = e^{-8\lambda}$$

2 - 19　设连续型随机变量 X 的分布函数为 $F(x)=\begin{cases} Ae^x, & x<0 \\ B, & 0\leqslant x<1 \\ 1-Ae^{-(x-1)}, & x\geqslant 1 \end{cases}$,求:(1)$A,B$ 的值;(2)X 的概率密度函数;(3)$P\left\{X>\frac{1}{3}\right\}$.

解　(1) 由于连续型随机变量的分布函数 $F(x)$ 为连续函数,因此考查 $F(x)$ 在 $x=0$,$x=1$ 两点的连续性,有

$$\lim_{x\to 0^-}F(x)=\lim_{x\to 0^-}Ae^x=A,\lim_{x\to 0^+}F(x)=\lim_{x\to 0^+}B=B,\text{可知 }A=B$$

又 $\lim\limits_{x\to 1^-}F(x)=\lim\limits_{x\to 1^-}B=B,\lim\limits_{x\to 1^+}F(x)=\lim\limits_{x\to 1^+}(1-Ae^{-(x-1)})=1-A$,知 $B=1-A$,从而可知 $A=B=\frac{1}{2}$,于是

$$F(x)=\begin{cases} \frac{1}{2}e^x, & x<0 \\ \frac{1}{2}, & 0\leqslant x<1 \\ 1-\frac{1}{2}e^{-(x-1)}, & x\geqslant 1 \end{cases}$$

(2)X 的概率密度函数为

$$f(x)=F'(x)=\begin{cases} \frac{1}{2}e^x, & x<0 \\ 0, & 0\leqslant x<1 \\ \frac{1}{2}e^{-(x-1)}, & x\geqslant 1 \end{cases}$$

(3)$P\left\{X>\frac{1}{3}\right\}=1-P\left\{X\leqslant\frac{1}{3}\right\}=1-F\left(\frac{1}{3}\right)=1-\frac{1}{2}=\frac{1}{2}$.

2 - 20　设随机变量 X 的概率密度函数为 $f(x)=\begin{cases} \frac{A}{\sqrt{1-x^2}}, & |x|<1, \\ 0, & |x|\geqslant 1 \end{cases}$,试求:(1) 系数 A;(2)X 落在 $\left(-\frac{1}{2},\frac{1}{2}\right)$ 内的概率;(3)X 的分布函数.

解　(1) 由概率密度的性质,有

$$1=\int_{-\infty}^{+\infty}f(x)\mathrm{d}x=\int_{-1}^{1}\frac{A}{\sqrt{1-x^2}}\mathrm{d}x=2\int_0^1\frac{A}{\sqrt{1-x^2}}\mathrm{d}x=2A\arcsin x\Big|_0^1=A\pi$$

故

$$A=\frac{1}{\pi}$$

(2) $P\left\{-\frac{1}{2}<X<\frac{1}{2}\right\}=\int_{-\frac{1}{2}}^{\frac{1}{2}}f(x)\,\mathrm{d}x=\frac{1}{\pi}\int_{-\frac{1}{2}}^{\frac{1}{2}}\frac{1}{\sqrt{1-x^2}}\mathrm{d}x=\frac{2}{\pi}\arcsin x\Big|_0^{\frac{1}{2}}=\frac{1}{3}.$

(3) 由 $F(x)=\int_{-\infty}^{x}f(t)\,\mathrm{d}t$ 知:

当 $x<-1$ 时,有

$$F(x)=\int_{-\infty}^{x}0\mathrm{d}t=0$$

当 $-1\leqslant x<1$ 时,有

$$F(x)=\int_{-1}^{x}\frac{1}{\pi}\frac{1}{\sqrt{1-t^2}}\mathrm{d}t=\frac{1}{\pi}\arcsin t\Big|_{-1}^{x}=\frac{1}{\pi}\arcsin x+\frac{1}{2}$$

当 $x\geqslant 1$ 时,有

$$F(x)=\int_{-1}^{1}\frac{1}{\pi}\frac{1}{\sqrt{1-t^2}}\mathrm{d}t=\frac{1}{\pi}\arcsin t\Big|_{-1}^{1}=1$$

从而有

$$F(x)=\begin{cases}0, & x<-1\\ \frac{1}{2}+\frac{1}{\pi}\arcsin x, & -1\leqslant x<1\\ 1, & x\geqslant 1\end{cases}$$

2－22　设顾客在某银行的窗口等待服务的时间 X(单位:min)服从指数分布,其概率密度函数为 $f(x)=\begin{cases}\frac{1}{5}\mathrm{e}^{-\frac{x}{5}}, & x\geqslant 0\\ 0, & x<0\end{cases}$. 某顾客在窗口等待服务,若超过 10 min,他就离开,他一个月要到银行5次,以 Y 表示一个月内他未等到服务而离开窗口的次数,写出 Y 的分布律,并求 $P\{Y\geqslant 1\}$.

解　设 A 表示“顾客在窗口没得到服务而离开”的事件,有

$$P(A)=P\{X>10\}=\int_{10}^{+\infty}\frac{1}{5}\mathrm{e}^{-\frac{x}{5}}\mathrm{d}x=-\mathrm{e}^{-\frac{x}{5}}\Big|_{10}^{+\infty}=\mathrm{e}^{-2}$$

所以,$Y\sim B(5,\mathrm{e}^{-2})$,有

$$P\{Y\geqslant 1\}=1-P\{Y=0\}=1-(1-\mathrm{e}^{-2})^5\approx 0.516\,7$$

2－25　设随机变量 X 服从正态分布 $N(108,3^2)$,试求:(1) $P\{102<X<117\}$;(2) 常数 a,使得 $P\{X<a\}=0.95$.

解　(1)

$$P\{102<X<117\}=P\left\{\frac{102-108}{3}<\frac{X-108}{3}<\frac{117-108}{3}\right\}$$
$$=\Phi(3)-\Phi(-2)=0.975\,9$$

(2)

$$P\{X<a\}=P\left\{\frac{X-108}{3}<\frac{a-108}{3}\right\}=\Phi\left(\frac{a-108}{3}\right)=0.95$$

查标准正态分布表，得$\frac{a-108}{3}=1.645$，所以 $a=112.935$.

2－27　假设电源电压 X(单位:V) 服从正态分布 $N(220,\sigma^2)$，若电压超过 240 V，则某种电器就会损坏，若要求这种电器损坏的概率不超过 0.025，则要求对电压的波动做何限制，即要求 σ 不得超过多少？

解　由题 $P\{X>240\}\leqslant 0.025$，即

$$P\{X>240\}=1-P\{X\leqslant 240\}=1-\Phi\left(\frac{20}{\sigma}\right)\leqslant 0.025$$

有 $\Phi\left(\frac{20}{\sigma}\right)\geqslant 0.975$，查标准正态分布表，$\frac{20}{\sigma}\geqslant 1.96$，$\sigma\leqslant\frac{20}{1.96}=10.2$，即 σ 不得超过 10.2.

2－32　设随机变量 X 的分布律为

X	1	2	3	$\cdots$	n	$\cdots$
P	a	a^2	a^3	$\cdots$	a^n	$\cdots$

，试确定常数 a，并求 $Y=\sin\left(\frac{\pi}{2}X\right)$的分布律.

解　由分布律性质，$\sum\limits_i p_i=1$，有

$$1=\sum_i p_i=\sum_{i=1}^{+\infty}a^i=\frac{a}{1-a}$$

故

$$a=\frac{1}{2}$$

对随机变量 $Y=\sin\left(\frac{\pi}{2}X\right)$，注意到，当 X 取 $1,2,\cdots,n,\cdots$ 时，Y 的取值为 $1,0,-1,0,\cdots$，即

X	1	2	3	4	5	$\cdots$
Y	1	0	-1	0	1	$\cdots$
P	$\frac{1}{2}$	$\frac{1}{2^2}$	$\frac{1}{2^3}$	$\frac{1}{2^4}$	$\frac{1}{2^5}$	$\cdots$

其中

$$\begin{aligned}P\{Y=-1\}&=P\{X=3\}+P\{X=7\}+P\{X=11\}+\cdots\\&=\frac{1}{2^3}+\frac{1}{2^7}+\frac{1}{2^{11}}+\cdots=\frac{2}{15}\end{aligned}$$

同理

$$\begin{aligned}P\{Y=0\}&=P\{X=2\}+P\{X=4\}+P\{X=6\}+\cdots\\&=\frac{1}{2^2}+\frac{1}{2^4}+\frac{1}{2^6}+\cdots=\frac{1}{3}\end{aligned}$$

$$P\{Y=1\}=1-P\{Y=-1\}-P\{Y=0\}=\frac{8}{15}$$

得 Y 的分布律为

Y	-1	0	1
P	$\frac{2}{15}$	$\frac{1}{3}$	$\frac{8}{15}$

2－35　设随机变量X的概率密度为$f(x)=\begin{cases}e^{-x}, & x\geqslant 0\\ 0, & x<0\end{cases}$,求随机变量$Y=e^X$的概率密度函数$f_Y(y)$.

解　函数$y=e^x$为单调函数,其反函数为$x=\ln y$,反函数的导函数为$x'=\dfrac{1}{y}$,由公式

$f_Y(y)=\begin{cases}e^{-\ln y}\cdot\left|\dfrac{1}{y}\right|, & y\geqslant 1\\ 0, & y<1\end{cases}$,得$f_Y(y)=\begin{cases}\dfrac{1}{y^2}, & y\geqslant 1\\ 0, & y<1\end{cases}$.

2－37　设随机变量X的概率密度函数为$f(x)=\begin{cases}1-|x|, & -1<x<1\\ 0, & \text{其他.}\end{cases}$.求随机变量$Y=X^2+1$的分布函数与概率密度函数.

解　由于

$$\begin{aligned}F_Y(y)&=P\{Y\leqslant y\}=P\{X^2+1\leqslant y\}=P\{X^2\leqslant y-1\}\\&=\begin{cases}0, & y<1\\ P\{-\sqrt{y-1}\leqslant X\leqslant\sqrt{y-1}\}, & 1\leqslant y<2\\ 1, & y\geqslant 2\end{cases}\end{aligned}$$

故当$1\leqslant y<2$时,有

$$F_Y(y)=\int_{-\sqrt{y-1}}^{\sqrt{y-1}}(1-|x|)\,dx=2\int_0^{\sqrt{y-1}}(1-x)\,dx=1-(1-\sqrt{y-1})^2$$

Y的分布函数为

$$F_Y(y)=\begin{cases}0, & y<1\\ 1-(1-\sqrt{y-1})^2, & 1\leqslant y<2\\ 1, & y\geqslant 2\end{cases}$$

Y的概率密度函数为

$$f_Y(y)=\begin{cases}\dfrac{1}{\sqrt{y-1}}-1, & 1<y<2\\ 0, & \text{其他}\end{cases}$$

2－39　设随机变量X服从正态分布$N(0,1)$,求(1)$Y=2X^2+1$的概率密度函数;(2)$Y=|x|$的概率密度函数.

解　$X\sim N(0,1)$,$f_X(x)=\dfrac{1}{\sqrt{2\pi}}e^{-\frac{x^2}{2}}$,　$x\in(-\infty,+\infty)$

(1) 分布函数法

当 $y \leqslant 1$ 时

$$F_Y(y) = P\{Y \leqslant y\} = P\{2X^2 + 1 \leqslant y\} = 0$$

当 $y > 1$ 时

$$F_Y(y) = P\{Y \leqslant y\} = P\{2X^2 + 1 \leqslant y\} = P\left\{-\sqrt{\frac{y-1}{2}} \leqslant X \leqslant \sqrt{\frac{y-1}{2}}\right\}$$

$$= \Phi\left(\sqrt{\frac{y-1}{2}}\right) - \Phi\left(-\sqrt{\frac{y-1}{2}}\right) = 2\Phi\left(\sqrt{\frac{y-1}{2}}\right) - 1$$

所以 Y 的概率密度函数为

$$f_Y(y) = F'_Y(y) = \begin{cases} 2\Phi'\left(\sqrt{\frac{y-1}{2}}\right)\left(\sqrt{\frac{y-1}{2}}\right)', & y > 1 \\ 0, & y \leqslant 1 \end{cases}$$

$$= \begin{cases} 2f_X\left(\sqrt{\frac{y-1}{2}}\right) \cdot \frac{\sqrt{2}}{4\sqrt{y-1}}, & y > 1 \\ 0, & y \leqslant 1 \end{cases}$$

$$= \begin{cases} \frac{1}{2\sqrt{\pi(y-1)}} e^{-\frac{y-1}{4}}, & y > 1 \\ 0, & y \leqslant 1 \end{cases}$$

(2) 分布函数法

当 $y \leqslant 0$ 时

$$F_Y(y) = P\{Y \leqslant y\} = P\{|x| \leqslant y\} = 0$$

当 $y > 0$ 时

$$F_Y(y) = P\{Y \leqslant y\} = P\{|x| \leqslant y\} = P\{-y \leqslant X \leqslant y\} = \Phi(y) - \Phi(-y) = 2\Phi(y) - 1$$

所以 Y 的概率密度函数为

$$f_Y(y) = F'_Y(y) = \begin{cases} 2\Phi'(y), & y > 0 \\ 0, & y \leqslant 0 \end{cases} = \begin{cases} \sqrt{\frac{2}{\pi}} e^{-\frac{y^2}{2}}, & y > 0 \\ 0, & y \leqslant 0 \end{cases}$$

2－40　设随机变量 X 的概率密度函数为 $f_X(x) = \begin{cases} \frac{2x}{\pi^2}, & 0 < x < \pi \\ 0, & 其他 \end{cases}$，求 $Y = \sin X$ 的概率密度函数.

解　当 $y \leqslant 0$ 时

$$F_Y(y) = P\{Y \leqslant y\} = P\{\varnothing\} = 0$$

当 $y > 1$ 时

$$F_Y(y) = P\{Y \leqslant y\} = P\{\Omega\} = 1$$

当 $0 < y < 1$ 时

$$F_Y(y) = P\{Y \leqslant y\} = P\{\sin X \leqslant y\} = P\{0 \leqslant X \leqslant \arcsin y\} + P\{\pi - \arcsin y \leqslant X \leqslant \pi\}$$

$$= \int_0^{\arcsin y} f_X(x)\,\mathrm{d}x + \int_{\pi-\arcsin y}^{\pi} f_X(x)\,\mathrm{d}x = \int_0^{\arcsin y} \frac{2x}{\pi^2}\mathrm{d}x + \int_{\pi-\arcsin y}^{\pi} \frac{2x}{\pi^2}\mathrm{d}x$$

所以 Y 的概率密度函数为

$$f_Y(y) = \begin{cases} \dfrac{2}{\pi\sqrt{1-y^2}}, & 0 < y < 1 \\ 0, & \text{其他} \end{cases}$$

第3章　多维随机变量及其分布

【本章基本要求】

1. 理解多维随机变量的概念，理解多维随机变量的分布的概念和性质．理解二维离散型随机变量的概率分布、边缘分布和条件分布，理解二维连续型随机变量的概率密度、边缘密度和条件密度，会求与二维随机变量相关事件的概率．

2. 理解随机变量的独立性的概念，掌握随机变量相互独立的条件．

3. 掌握二维均匀分布，了解二维正态分布的概率密度，理解其中参数的概率意义．

4. 会求两个随机变量典型函数的分布，会求多个相互独立随机变量典型函数的分布．

【本章重点】

多维随机变量及其分布；二维离散型随机变量的概率分布、边缘分布和条件分布；二维连续型随机变量的概率密度、边缘概率密度和条件概率密度；随机变量的独立性；常用二维随机变量的分布；两个及两个以上随机变量典型函数的分布．

【本章难点】

二维随机变量与分布函数、分布律与密度函数的概念、性质的理解；随机变量的独立性条件的理解；求随机变量函数的概率分布．

3.1　知识要点

3.1.1　二维随机变量及其联合分布

1. 定义

设 X 和 Y 是样本空间 Ω 上的两个随机变量，由它们组成的有序数组 (X,Y) 称为二维随机变量，其联合分布函数为

$$F(x,y) = P\{X \leqslant x, Y \leqslant y\}$$

2. 分布函数 $F(x,y)$ 的性质

① $0 \leqslant F(x,y) \leqslant 1$，且

$$F(x,-\infty) = F(-\infty,y) = F(-\infty,-\infty) = 0, F(+\infty,+\infty) = 1$$

②$F(x,y)$ 分别关于 x,y 单调不减；

③$F(x,y)$ 关于每个变量是右连续的，即

$$F(x+0,y)=F(x,y),F(x,y+0)=F(x,y)$$

④$\forall x_1 \leqslant x_2, y_1 \leqslant y_2$，有 $F(x_2,y_2)-F(x_2,y_1)-F(x_1,y_2)+F(x_1,y_1)\geqslant 0$

3. 常见的两类二维随机变量

(1) 二维离散型随机变量

联合分布律(概率分布律)

$$P\{X=x_i,Y=y_i\}=p_{ij}\quad (i,j=1,2,\cdots)$$

其中
$$p_{ij}\geqslant 0,\sum_{i=1}^{\infty}\sum_{j=1}^{\infty}p_{ij}=1$$

若(X,Y) 联合分布律为 $p_{ij}(i,j=1,2,\cdots)$，则(X,Y) 的联合分布函数为

$$F(x,y)=\sum_{x_i\leqslant x}\sum_{y_j\leqslant y}p_{ij}$$

(2) 二维连续型随机变量

联合概率密度函数 $f(x,y)$：

① $f(x,y)\geqslant 0$；

②$\int_{-\infty}^{+\infty}\int_{-\infty}^{+\infty}f(x,y)\mathrm{d}x\mathrm{d}y=1$；

③$P\{(X,Y)\in D\}=\iint\limits_D f(x,y)\mathrm{d}x\mathrm{d}y$；

④ $f(x,y)=\dfrac{\partial^2 F(x,y)}{\partial x\partial y}$.

联合分布函数
$$F(x,y)=\int_{-\infty}^{x}\int_{-\infty}^{y}f(u,v)\mathrm{d}u\mathrm{d}v$$

3.1.2　二维随机变量的边缘分布

1. 定义

称 $F_X(x)=F(x,+\infty),F_Y(y)=F(+\infty,y)$ 为随机变量(X,Y) 关于 X,Y 的边缘分布函数，其中 $F(x,y)$ 为 X 和 Y 的联合分布函数.

2. 离散型(X,Y) 的联合分布律

$$P\{X=x_i,Y=y_j\}=p_{ij}\quad (i,j=1,2,\cdots)$$

则
$$F_X(x)=\sum_{x_i\leqslant x}\sum_{j=1}^{\infty}p_{ij}=\sum_{x_i\leqslant x}p_{i\cdot};\ F_Y(y)=\sum_{y_j\leqslant y}\sum_{i=1}^{\infty}p_{ij}=\sum_{y_j\leqslant y}p_{\cdot j}$$

其中 $p_{i\cdot}$ 与 $p_{\cdot j}$ 为随机变量(X,Y) 分别是关于 X,Y 的边缘分布律.

3. 连续型(X,Y)的边缘分布

设随机变量(X,Y)的联合概率密度函数为$f(x,y)$，则

$$F_X(x)=\int_{-\infty}^{x}\left[\int_{-\infty}^{+\infty}f(x,y)\mathrm{d}y\right]\mathrm{d}x;\ F_Y(y)=\int_{-\infty}^{y}\left[\int_{-\infty}^{+\infty}f(x,y)\mathrm{d}x\right]\mathrm{d}y$$

其中$f_X(x)=\int_{-\infty}^{+\infty}f(x,y)\mathrm{d}y$与$f_Y(y)=\int_{-\infty}^{+\infty}f(x,y)\mathrm{d}x$分别是关于$X,Y$的边缘概率密度函数.

3.1.3 二维随机变量的条件分布

1. 离散型(X,Y)的条件分布

设随机变量(X,Y)的分布律为$P\{X=x_i,Y=y_j\}=p_{ij}(i,j=1,2,\cdots)$，若$P\{Y=y_j\}>0$，则称$P\{X=x_i\mid Y=y_j\}=\dfrac{p_{ij}}{p_{\cdot j}}\ (i=1,2,\cdots)$为在$Y=y_j$的条件下$X$的分布律. 类似地$P\{Y=y_j\mid X=x_i\}=\dfrac{p_{ij}}{p_{i\cdot}}\ (j=1,2,\cdots)$.

2. 连续型(X,Y)的条件分布

设随机变量(X,Y)的联合概率密度函数为$f(x,y)$，则

$$f_{X|Y}(x\mid y)=\frac{f(x,y)}{f_Y(y)};\quad f_{Y|X}(y\mid x)=\frac{f(x,y)}{f_X(x)}$$

相应地

$$F_{X|Y}(x)=\int_{-\infty}^{x}\frac{f(x,y)}{f_Y(y)}\mathrm{d}x;\quad F_{Y|X}(y)=\int_{-\infty}^{y}\frac{f(x,y)}{f_X(x)}\mathrm{d}y$$

3.1.4 二维随机变量的相互独立性

设随机变量(X,Y)的分布函数为$F(x,y)$，若$F(x,y)=F_X(x)F_Y(y)$，则称随机变量X,Y相互独立.

1. (X,Y)为离散型

$$X,Y\text{互相独立}\Leftrightarrow p_{ij}=p_{i\cdot}p_{\cdot j}$$

这里$p_{ij}=P\{X=x_i,Y=y_j\}$；$p_{i\cdot}=P\{X=x_i\}$；$p_{\cdot j}=P\{Y=y_j\}$.

2. (X,Y)为连续型

$$X,Y\text{互相独立}\Leftrightarrow f(x,y)=f_X(x)f_Y(y)$$

评注 若X,Y互相独立，$f(x)$，$g(y)$均为连续函数，则$f(X)$与$g(Y)$也互相独立.

3.1.5 二维随机变量的函数的分布

1. 求二维离散型随机变量的概率分布与一维离散型一样，采用“列举法”

步骤1 求出$Z=g(X,Y)$的可能取值$z_1,z_2,\cdots$，其中$z_k=g(x_i,y_j)$；

步骤 2 求每个可能取值的概率 $P\{Z=z_k\}$.

2. 求二维连续型随机变量函数 $Z=g(X,Y)$ 的分布,采用"分布函数法"

步骤 1 求出 $Z=g(X,Y)$ 的分布函数

$$F_Z(z)=P\{Z\leqslant z\}=P\{g(X,Y)\leqslant z\}=P\{(X,Y)\in G\}$$
$$=\iint\limits_G f(u,v)\,\mathrm{d}u\mathrm{d}v$$

其中 $f(x,y)$ 是联合概率密度函数,$G=\{(x,y)\mid g(x,y)\leqslant z\}$.

步骤 2 利用 $f_Z(z)=F'_Z(z)$,得到 $f_Z(z)$.

3. 常见的随机变量函数的分布

(1) $Z=X+Y$ 的分布

$$F_Z(z)=\iint\limits_{x+y\leqslant z} f(x,y)\,\mathrm{d}x\mathrm{d}y=\int_{-\infty}^{z}\left[\int_{-\infty}^{+\infty}f(u-y,y)\,\mathrm{d}y\right]\mathrm{d}u$$

$$f_Z(z)=\int_{-\infty}^{+\infty}f(z-y,y)\,\mathrm{d}y \quad 或 \quad f_Z(z)=\int_{-\infty}^{+\infty}f(x,z-x)\,\mathrm{d}x$$

特别地,当 X,Y 互相独立时,有

$$f_Z(z)=\int_{-\infty}^{+\infty}f_X(z-y)f_Y(y)\,\mathrm{d}y$$

或者

$$f_Z(z)=\int_{-\infty}^{+\infty}f_X(x)f_Y(z-x)\,\mathrm{d}x$$

(2) $Z=X/Y,Z=XY$ 的分布

$$f_Z(z)=f_{X/Y}(z)=\int_{-\infty}^{+\infty}|y|f(yz,y)\,\mathrm{d}y$$

$$f_Z(z)=f_{XY}(z)=\int_{-\infty}^{+\infty}\frac{1}{|x|}\cdot f\left(x,\frac{z}{x}\right)\mathrm{d}x$$

若 X,Y 相互独立,则

$$f_Z(z)=f_{X/Y}(z)=\int_{-\infty}^{+\infty}|y|\cdot f_X(yz)f_Y(y)\,\mathrm{d}y$$

$$f_Z(z)=f_{XY}(z)=\int_{-\infty}^{+\infty}\frac{1}{|x|}\cdot f_X(x)f_Y\left(\frac{z}{x}\right)\mathrm{d}x$$

(3) $M=\max(X,Y)$ 与 $N=\min(X,Y)$ 的分布

$$F_{\max}(z)=F_X(z)F_Y(z)$$
$$F_{\min}(z)=1-[1-F_X(z)][1-F_Y(z)]$$

(4) 平方和的分布($Z=X^2+Y^2$)

$$F(z)=\begin{cases}\int_0^{2\pi}\mathrm{d}\theta\int_0^{\sqrt{z}}f(r\cos\theta,r\sin\theta)r\,\mathrm{d}r, & z\geqslant 0\\ 0, & z<0\end{cases}$$

$$f(z)=\begin{cases}\dfrac{1}{2}\displaystyle\int_0^{2\pi}f(\sqrt{z}\cos\theta,\sqrt{z}\sin\theta)\,\mathrm{d}\theta, & z\geqslant 0\\ 0, & z<0\end{cases}$$

3.1.6 几个常见问题

1. $P\{x_1<X\leqslant x_2,y_1<Y\leqslant y_2\}=F(x_2,y_2)-F(x_1,y_1)$ 对吗？

答 不相等. 由联合分布函数的定义，容易算出随机点(X,Y)落在矩形域$\{x_1<X\leqslant x_2,y_1<Y\leqslant y_2\}$的概率为

$$P\{x_1<X\leqslant x_2,y_1<Y\leqslant y_2\}=F(x_2,y_2)-F(x_2,y_1)-F(x_1,y_2)+F(x_1,y_1)$$

2. 边缘分布均为正态分布的随机变量，其联合分布一定是二维正态分布吗？

答 不一定. 举一反例以示证明. 令X,Y的联合密度函数为

$$f(x,y)=\frac{1}{2\pi}\mathrm{e}^{-\frac{x^2+y^2}{2}}(1+\sin x\sin y)$$

显然(X,Y)不服从正态分布，但是

$$f_X(x)=\frac{1}{\sqrt{2\pi}}\mathrm{e}^{-\frac{x^2}{2}},\quad f_Y(y)=\frac{1}{\sqrt{2\pi}}\mathrm{e}^{-\frac{y^2}{2}}$$

此例说明，边缘分布均为正态分布，但其联合分布却不是正态分布. 此例也说明，联合密度决定边缘密度，但边缘密度不能决定联合密度. 只有在X,Y相互独立时才有

$$f(x,y)=f_X(x)\cdot f_Y(y)$$

类似的问题：二维随机变量(X,Y)服从均匀分布，则其边缘分布不一定是均匀分布. 例如，设(X,Y)在以原点为中心，半径为r的圆上服从均匀分布，则其联合概率密度函数为

$$f(x,y)=\begin{cases}\dfrac{1}{\pi r^2}, & x^2+y^2\leqslant r^2\\ 0, & x^2+y^2>r^2\end{cases}$$

其边缘概率密度如下：

当$|x|\leqslant r$时

$$f_X(x)=\int_{-\infty}^{+\infty}f(x,y)\,\mathrm{d}y=\int_{-\sqrt{r^2-x^2}}^{\sqrt{r^2-x^2}}\frac{1}{\pi r^2}\mathrm{d}y=\frac{2\sqrt{r^2-x^2}}{\pi r^2}$$

当$|x|>r$时

$$f_X(x)=0$$

同理有

$$f_Y(y)=\begin{cases}\dfrac{2\sqrt{r^2-y^2}}{\pi r^2}, & |y|\leqslant r\\ 0, & |y|>r\end{cases}$$

由此可见,$f_X(x)$,$f_Y(y)$ 都不是均匀概率密度.

3. 为什么不能用条件概率的定义来直接定义条件分布函数 $F_{X|Y}(x|y)$?

答　条件分布是指在一个随机变量取某个确定值的条件下,另一个随机变量的分布即 $F_{X|Y}(x|y)=P\{X\leqslant x|Y=y\}$. 由于 $P\{Y=y\}$ 可能为零(连续型时一定为零),故直接用条件概率来定义时,会出现分母为零. 所以不能用条件概率的定义来定义条件分布,必须给出一个区间 $\{x-\varepsilon<X<x+\varepsilon\}$ 或 $\{y-\varepsilon<Y<y+\varepsilon\}$,使 $P\{x-\varepsilon<X\leqslant x+\varepsilon\}>0$ 或 $P\{y-\varepsilon<Y\leqslant y+\varepsilon\}>0$,然后利用极限概念来定义条件分布. 例如

$$\begin{aligned}F_{X|Y}(x|y)&=P\{X\leqslant x|Y=y\}=\lim_{\varepsilon\to0^+}P\{X\leqslant x|y-\varepsilon<Y\leqslant y+\varepsilon\}\\&=\lim_{\varepsilon\to0^+}\frac{P\{X\leqslant x,y-\varepsilon<Y\leqslant y+\varepsilon\}}{P\{y-\varepsilon<Y\leqslant y+\varepsilon\}}\end{aligned}$$

因此,在条件分布中作为条件的随机变量的取值是确定的数.

4. 设 X,Y 相互独立,且都服从参数为 p 的两点分布,则一定有 $X=Y$ 吗?

答　不是. 因为这是误认为 X,Y 只能取 0,1 两个值,而取 0,1 的概率都是 $1-p$ 和 p,因此 $X=Y$,这是错误的. 事实上,X,Y 都是“随机”取值的,当 X 取 0 时,Y 可能取 0 也可能取 1,而同时取 0 或同时取 1 的概率为

$$(1-p)^2+p^2=1-2p+2p^2<1$$

3.2　典 型 例 题

例 1　设二维随机变量 (X,Y) 具有概率密度

$$f(x,y)=\begin{cases}c\sin(x+y), & 0\leqslant x\leqslant\dfrac{\pi}{4},0\leqslant y\leqslant\dfrac{\pi}{4}\\0, & \text{其他}\end{cases}$$

则边缘概率密度函数 $f_Y(y)$ ________.

分析　由概率密度的性质 $\int_{-\infty}^{+\infty}\int_{-\infty}^{+\infty}f(x,y)\mathrm{d}x\mathrm{d}y=1$,得到 $c=\sqrt{2}+1$,又有

$$f_Y(y)=\int_{-\infty}^{+\infty}f(x,y)\mathrm{d}x=\begin{cases}(\sqrt{2}+1)\left[\cos y-\cos\left(y+\dfrac{\pi}{4}\right)\right], & 0\leqslant y\leqslant\dfrac{\pi}{4}\\0, & \text{其他}\end{cases}$$

解　$f_Y(y)=\begin{cases}(\sqrt{2}+1)\left[\cos y-\cos\left(y+\dfrac{\pi}{4}\right)\right], & 0\leqslant y\leqslant\dfrac{\pi}{4}.\\0, & \text{其他}\end{cases}$

例 2　在区间 $(0,1)$ 中随机地取两个数,则事件两数之和小于 $\dfrac{6}{5}$ 的概率为________.

分析　设 X,Y 在 $(0,1)$ 上服从均匀分布

$$P\{X+Y<\frac{6}{5}\}=\iint\limits_{x+y<\frac{6}{5}} f(x,y)\mathrm{d}x\mathrm{d}y=\int_0^1\mathrm{d}x\int_0^{\frac{6}{5}-x}\mathrm{d}y-\frac{1}{2}\times\frac{1}{5}\times\frac{1}{5}=\frac{17}{25}$$

解 $\frac{17}{25}$.

例 3 若随机变量 X 与 Y 的联合分布函数为

$$F(x,y)=\begin{cases}(1-\mathrm{e}^{-3x})(1-\mathrm{e}^{-y}), & x>0,y>0\\ 0, & \text{其他}\end{cases}$$

则 X 与 Y 的联合概率密度为 $f(x,y)=$ ________.

分析 $$f(x,y)=\frac{\partial^2 F(x,y)}{\partial x\partial y}=\begin{cases}3\mathrm{e}^{-3x-y}, & x>0,y>0\\ 0, & \text{其他}\end{cases}$$

解 $f(x,y)=\begin{cases}3\mathrm{e}^{-3x-y}, & x>0,y>0\\ 0, & \text{其他}\end{cases}$.

例 4 设 X 与 Y 独立同分布，$P\{X=x\}=2^{-x}(x=1,2,\cdots)$，则 $P\{\min(X,Y)\leqslant x\}$（$x$ 是正整数）$=$ ________.

分析
$$\begin{aligned}P\{\min(X,Y)\leqslant x\}&=1-P\{\min(X,Y)>x\}=1-P\{X>x,Y>x\}\\&=1-P\{X>x\}P\{Y>x\}\\&=1-\sum_{k=x+1}^{+\infty}2^{-k}\times\sum_{k=x+1}^{+\infty}2^{-k}=1-4^{-x}\end{aligned}$$

解 $1-4^{-x}$.

例 5 设平面区域 D 由曲线 $y=\frac{1}{x}$ 及直线 $y=0,x=1,x=\mathrm{e}^2$ 所围成，二维随机变量 (X,Y) 在区域 D 上服从均匀分布，则 (X,Y) 关于 X 的边缘概率密度函数为________.

分析 由题意可知 $f(x,y)=\begin{cases}\frac{1}{2}, & 1\leqslant x\leqslant \mathrm{e}^2,0\leqslant y\leqslant\frac{1}{x}\\ 0, & \text{其他}\end{cases}$，因此

$$f_X(x)=\int_0^{\frac{1}{x}}f(x,y)\mathrm{d}y=\frac{1}{2x}$$

解 $f_X(x)=\begin{cases}\frac{1}{2x}, & 1\leqslant x\leqslant \mathrm{e}^2\\ 0, & \text{其他}\end{cases}$.

例 6 若二维随机变量 (X,Y) 的分布律为

y	x		
	1	2	3
1	1/6	1/9	1/18
2	1/3	α	β

X 与 Y 相互独立,则 $\alpha =$ ________,$\beta =$ ________.

分析　由概率的归一性 $\alpha+\beta=\dfrac{1}{3}$,又由独立性可知 $\alpha=\dfrac{2}{9}$,$\beta=\dfrac{1}{9}$.

解　$\alpha=\dfrac{2}{9}$,$\beta=\dfrac{1}{9}$.

例7　设 X 与 Y 为两个随机变量,且 $P\{X\geqslant 0,Y\geqslant 0\}=\dfrac{3}{7}$,$P\{X\geqslant 0\}=P\{Y\geqslant 0\}=\dfrac{4}{7}$,则 $P\{\max(X,Y)\geqslant 0\}=$ ________.

分析　由

$$\begin{aligned}P\{\max(X,Y)\geqslant 0\}&=1-P\{\max(X,Y)<0\}\\&=1-P\{X<0,Y<0\}\\&=1-P(AB)\end{aligned}$$

其中,事件 $A=\{X<0\}$, $B=\{Y<0\}$.

则

$$P\{X\geqslant 0,Y\geqslant 0\}=P(\bar{A}\bar{B})=1-P(A\cup B)=\frac{3}{7}$$

$$P(A\cup B)=\frac{4}{7}=P(A)+P(B)-P(AB)$$

因此

$$1-P(AB)=1-\frac{2}{7}=\frac{5}{7}$$

解　$\dfrac{5}{7}$.

例8　设随机变量 X 与 Y 相互独立,其分布律分别为

X	-1	1
P	0.5	0.5

Y	-1	1
P	0.5	0.5

则下列式子正确的是(　　).

A. $X=Y$　　B. $P\{X=Y\}=0$　　C. $P\{X=Y\}=\dfrac{1}{2}$　　D. $P\{X=Y\}=1$

分析 $P\{X=Y\}=P\{X=-1,Y=-1\}+P\{X=1,Y=1\}=\dfrac{1}{2}.$

解 C.

例 9 随机变量 X 在 $Y=y$ 的条件下的条件概率密度函数

$$f_{X|Y}(x|y)=\begin{cases}\dfrac{2x}{1-y^2}, & y\leqslant x\leqslant 1,0\leqslant x\leqslant 1\\ 0, & \text{其他}\end{cases}$$

而 Y 的概率密度函数 $f_Y(y)=\begin{cases}\dfrac{3}{2}(1-y^2), & 0\leqslant y\leqslant 1\\ 0, & \text{其他}\end{cases}$，则 $P\left\{X>\dfrac{1}{2}\right\}=$（　　）.

A. $\dfrac{3}{4}$　　B. $\dfrac{9}{16}$　　C. $\dfrac{5}{9}$　　D. $\dfrac{7}{8}$

分析 由 $f(x,y)=f_{X|Y}(x|y)f_Y(y)=\begin{cases}3x, & y\leqslant x\leqslant 1,0\leqslant x\leqslant 1\\ 0, & \text{其他}\end{cases}$

$$f_X(x)=\begin{cases}3x^2, & 0\leqslant x\leqslant 1\\ 0, & \text{其他}\end{cases}$$

则 $P\left\{X>\dfrac{1}{2}\right\}=\int_{0.5}^{1}3x^2\mathrm{d}x=\dfrac{7}{8}.$

解 D.

例 10 设随机变量 X 和 Y 相互独立，且 $X\sim N(\mu_1,\sigma_1^2)$，$Y\sim N(\mu_2,\sigma_2^2)$，则 $Z=X+Y$ 也服从正态分布，且有（　　）.

A. $Z\sim N(\mu_1,\sigma_1^2+\sigma_2^2)$　　B. $Z\sim N(\mu_1+\mu_2,\sigma_1\sigma_2)$

C. $Z\sim N(\mu_1+\mu_2,\sigma_1^2\sigma_2^2)$　　D. $Z\sim N(\mu_1+\mu_2,\sigma_1^2+\sigma_2^2)$

分析 由正态分布的性质可知 $Z\sim N(\mu_1+\mu_2,\sigma_1^2+\sigma_2^2)$.

解 D.

例 11 设 (X,Y) 的联合概率密度函数 $f(x,y)=\begin{cases}\dfrac{1}{\pi}, & x^2+y^2\leqslant 1\\ 0, & \text{其他}\end{cases}$，则 X 和 Y 为随机变量（　　）.

A. 独立同分布　　B. 独立不同分布

C. 不独立同分布　　D. 不独立也不同分布

分析 $f_X(x)=\begin{cases}\dfrac{2}{\pi}\sqrt{1-x^2}, & 0\leqslant x\leqslant 1\\ 0, & \text{其他}\end{cases}$，$f_Y(y)=\begin{cases}\dfrac{2}{\pi}\sqrt{1-y^2}, & 0\leqslant y\leqslant 1\\ 0, & \text{其他}\end{cases}$，因此不独立同分布.

解　C.

例 12　事件$\{X \leqslant a, Y \leqslant b\}$与事件$\{X > a, Y > b\}$的关系是(　　).

A. 对立事件　　　　B. 互斥事件

C. 相互独立事件　　　　D. $P\{X \leqslant a, Y \leqslant b\} > P\{X > a, Y > b\}$

分析　若记事件$\{X \leqslant a\} = A$, $\{Y \leqslant b\} = B$,则$\{X \leqslant a, Y \leqslant b\} = AB$, $\{X > a, Y > b\} = \overline{A}\,\overline{B}$为互斥事件.

解　B.

例 13　设随机变量X,Y相互独立,概率密度函数为$f_X(x) = \begin{cases} \alpha e^{-\alpha x}, & x > 0 \\ 0, & x \leqslant 0 \end{cases}$, $f_Y(y) = \begin{cases} \beta e^{-\beta y}, & y > 0 \\ 0, & y \leqslant 0 \end{cases}$ $(\alpha > 0, \beta > 0)$,则$Z = \min(X, Y)$的概率密度函数为(　　).

A. $f_Z(z) = \begin{cases} \alpha\beta e^{-\alpha\beta z}, & z > 0 \\ 0, & z \leqslant 0 \end{cases}$　　B. $f_Z(z) = \begin{cases} (\alpha + \beta) e^{-\alpha\beta z}, & z > 0 \\ 0, & z \leqslant 0 \end{cases}$

C. $f_Z(z) = \begin{cases} (\alpha + \beta) e^{-(\alpha+\beta) z}, & z > 0 \\ 0, & z \leqslant 0 \end{cases}$　　D. $f_Z(z) = \begin{cases} \alpha\beta e^{-(\alpha+\beta) z}, & z > 0 \\ 0, & z \leqslant 0 \end{cases}$

分析　由$F_Z(z) = 1 - [1 - F_X(z)][1 - F_Y(z)]$, $f_Z(z) = F'_Z(z) = \begin{cases} (\alpha + \beta) e^{-(\alpha+\beta) z} \\ 0 \end{cases}$.

解　C.

例 14　已知独立随机变量X与Y的分布律分别如下:

X	1	2	5
P	0.5	0.4	0.1

Y	−3	0	1	4
P	0.35	0.3	0.2	0.15

求:(1) (X,Y)的联合分布;(2)$F(2,2)$;(3)$P\{X + Y = 2\}$.

解　(1) 由独立性的题设可知,(X,Y)的联合分布律为

$$P\{X = x_i, Y = y_j\} = P\{X = x_i\} P\{Y = y_j\} \quad (i = 1,2,3, j = 1,2,3,4)$$

联合分布律的表格形式由下表给出:

X	y				
	−3	0	1	4	$p_{i\cdot}$
1	0.175	0.15	0.1	0.075	0.5
2	0.14	0.12	0.08	0.06	0.4
5	0.035	0.03	0.02	0.015	0.1
$p_{\cdot j}$	0.35	0.3	0.2	0.15	1

(2) $F(2,2)=P\{X\leqslant 2,Y\leqslant 2\}=0.175+0.15+0.1+0.14+0.12+0.08=0.765.$

(3) $P\{X+Y=2\}=P\{X=1,Y=1\}+P\{X=2,Y=0\}+P\{X=5,Y=-3\}$

$=0.1+0.12+0.035=0.255.$

例 15 已知二维随机变量 (X,Y) 的联合概率密度函数 $f(x,y)=\begin{cases}Ae^{-(2x+y)}, & x>0,y>0\\ 0, & \text{其他}\end{cases}$，(1) 试求待定系数 A；(2) 求 $P\{X>2,Y>1\}$；(3) 判别随机变量 X 与 Y 的独立性；(4) 求 $F_Z(z)$，其中 $Z=X+Y$；(5) 求 $P\{X+Y<2\}$.

解 (1) 由 $\int_{-\infty}^{+\infty}\int_{-\infty}^{+\infty}f(x,y)\mathrm{d}x\mathrm{d}y=\int_{-\infty}^{+\infty}\int_{-\infty}^{+\infty}Ae^{-(2x+y)}\mathrm{d}x\mathrm{d}y=1$，即有 $A=2$.

$$(2)P\{X>2,Y>1\}=\iint\limits_{x>2,y>1}f(x,y)\mathrm{d}x\mathrm{d}y=\int_2^{+\infty}\int_1^{+\infty}2e^{-(2x+y)}\mathrm{d}x\mathrm{d}y$$

$$=\int_2^{+\infty}2e^{-2x}\mathrm{d}x\int_1^{+\infty}e^{-y}\mathrm{d}y=e^{-5}\approx 0.006\ 38$$

(3) 其边缘密度

$$f_X(x)=\begin{cases}\int_{-\infty}^{+\infty}f(x,y)\mathrm{d}y=\int_0^{+\infty}2e^{-(2x+y)}\mathrm{d}y=2e^{-2x}, & x>0\\ 0, & x\leqslant 0\end{cases}$$

$$f_Y(y)=\begin{cases}\int_{-\infty}^{+\infty}f(x,y)\mathrm{d}x=\int_0^{+\infty}2e^{-(2x+y)}\mathrm{d}x=e^{-y}, & y>0\\ 0, & y\geqslant 0\end{cases}$$

由于对任意的 (X,Y) 有 $f(x,y)=f_X(x)f_Y(y)$，所以随机变量 X 和 Y 相互独立.

$$(4)F_Z(z)=P\{X+Y\leqslant z\}=\iint\limits_{x+y\leqslant z}f(x,y)\mathrm{d}x\mathrm{d}y.$$

设 $f(x,y)$ 的非零区域为 $D=\{(x,y)\mid x>0,y>0\}$，$G=\{(x,y)\mid x+y\leqslant z\}$，显然 G 与 D 的相交区域与 z 有关，故要根据 z 的取值讨论.

当 $z<0$ 时，显然 G 与 D 不相交，此时 $F_Z(z)=0$.

当 $z\geqslant 0$ 时

$$F_Z(z)=P\{X+Y\leqslant z\}=\iint\limits_{x+y\leqslant z}f(x,y)\mathrm{d}x\mathrm{d}y=\iint\limits_{G\cap D}2e^{-(2x+y)}\mathrm{d}x\mathrm{d}y$$

$$=\int_0^z\mathrm{d}x\int_0^{z-x}2e^{-(2x+y)}\mathrm{d}y=(1-e^{-z})^2$$

则
$$F_Z(z)=P\{X+Y\leqslant z\}=\begin{cases}(1-e^{-z})^2, & z>0\\ 0, & z\leqslant 0\end{cases}$$

(5) $P\{X+Y<2\}=F_Z(2)=(1-e^{-2})^2.$

也可直接用密度函数求解，即

$$P\{X+Y<2\} = \iint\limits_{x+y<2} f(x,y)\mathrm{d}x\mathrm{d}y = \int_0^2 \mathrm{d}x\int_0^{2-x} 2\mathrm{e}^{-(2x+y)}\mathrm{d}y = (1-\mathrm{e}^{-2})^2$$

例16 设随机变量(X,Y)的分布函数为$F(x,y)=A\left(B+\arctan\dfrac{x}{2}\right)\left(C+\arctan\dfrac{y}{3}\right)$,求:(1)系数$A,B,C$;(2)判断$X,Y$的独立性;(3)$(X,Y)$的概率密度;(4)$(X,Y)$的边缘概率密度.

解 (1)由$F(-\infty,y)=F(x,-\infty)=F(-\infty,-\infty)=0$可知$B=C=\dfrac{\pi}{2}$,$A=\dfrac{1}{\pi^2}$.

(2)$F_X(x)=\lim\limits_{y\to+\infty}F(x,y)=\dfrac{1}{\pi}\left(\dfrac{\pi}{2}+\arctan\dfrac{x}{2}\right)$,$F_Y(y)=\dfrac{1}{\pi}\left(\dfrac{\pi}{2}+\arctan\dfrac{y}{3}\right)$,$X,Y$相互独立(也可用概率密度来讨论独立).

(3)
$$f(x,y)=\frac{\partial^2(F(x,y))}{\partial x\partial y}=\frac{6}{\pi^2(4+x^2)(9+y^2)}$$

(4)
$$f_X(x)=\int_{-\infty}^{+\infty}f(x,y)\mathrm{d}y=\frac{2}{\pi(4+x^2)}\quad(-\infty<x<+\infty)$$

$$f_Y(y)=\int_{-\infty}^{+\infty}f(x,y)\mathrm{d}y=\frac{3}{\pi(9+y^2)}\quad(-\infty<y<+\infty)$$

例17 随机变量X,Y的联合分布在点$(0,1)$,$(1,0)$,$(1,1)$为顶点的三角形区域上服从均匀分布,求:$U=X+Y$的概率密度.

解 由$G=\{(x,y)\mid 0\leqslant x\leqslant 1,0\leqslant y\leqslant 1,x+y\geqslant 1\}$可知

$$f(x,y)=\begin{cases}2, & (x,y)\in G\\ 0, & (x,y)\notin G\end{cases}$$

因此

$$f(u)=\begin{cases}\displaystyle\int_{-\infty}^{+\infty}f(x,u-x)\mathrm{d}x=\int_{u-1}^{1}2\mathrm{d}x=2(2-u), & 1\leqslant u\leqslant 2\\ 0, & \text{其他}\end{cases}$$

例18 设随机变量X,Y相互独立,且$X\sim U(0,a)$,$Y\sim U(0,a)$,求:$Z=|X-Y|$的分布函数.

解 X,Y联合概率密度$f(x,y)=\begin{cases}\dfrac{1}{a^2}, & 0<x<a,0<y<a\\ 0, & \text{其他}\end{cases}$,因此

当$z<0$时

$$F_Z(z)=0$$

当$0<z<a$时

$$F_Z(z)=P\{|X-Y|\leqslant z\}=1-\frac{2}{a^2}\int_0^{a-z}\int_{y+z}^{a}\mathrm{d}x\mathrm{d}y$$

$$= 1 - \frac{2}{a^2}\int_0^{a-z}(a - y - z)\mathrm{d}y = \frac{z(2a - z)}{a^2}$$

当 $z \geqslant a$ 时，$F_Z(z) = 1$. 因此 $F_Z(z) = \begin{cases} 0, & z < 0 \\ \dfrac{z(2a - z)}{a^2}, & 0 \leqslant z < a \\ 1, & z \geqslant a \end{cases}$.

例 19 设随机变量 X 在 $[0,\pi]$ 上服从均匀分布，随机变量 Y 在 $[0,1]$ 上服从均匀分布，且相互独立，求对随机点 (X,Y) 进行 n 次独立的观察中，至少有一次落在曲线 $y = \sin x(0 \leqslant x \leqslant \pi)$ 与 x 轴所围之区域 D 内的概率.

解 由题意，(X,Y) 在区域 $G = \{(x,y) \mid 0 \leqslant x \leqslant \pi, 0 \leqslant y \leqslant 1\}$ 上服从均匀分布，其概率密度为

$$f(x,y) = \begin{cases} \dfrac{1}{\pi}, & (x,y) \in G \\ 0, & \text{其他} \end{cases}$$

因此，随机点 (X,Y) 落在区域 D 内的概率为

$$p = \iint_D \frac{1}{\pi}\mathrm{d}x\mathrm{d}y = \frac{1}{\pi}\int_0^{\pi}\mathrm{d}x\int_0^{\sin x}\mathrm{d}y = \frac{1}{\pi}\int_0^{\pi}\sin x\mathrm{d}x = \frac{2}{\pi}$$

设在对随机点 (X,Y) 的 n 次独立观察中，落入区域 D 内的次数为 Z，则 $Z \sim B(n,p)$，故所求概率为

$$P\{Z \geqslant 1\} = 1 - P\{Z = 0\} = 1 - \left(1 - \frac{2}{\pi}\right)^n$$

例 20 已知二维随机变量 (X,Y) 服从二维正态分布，$f(x,y) = \dfrac{1}{2\pi}\mathrm{e}^{-\frac{1}{2}(x^2+y^2)}$，试求随机变量 $Z = \dfrac{1}{3}(X^2 + Y^2)$ 的概率密度.

解 $F(z) = P\left\{\dfrac{1}{3}(X^2 + Y^2) \leqslant z\right\} = \displaystyle\int_0^{2\pi}\mathrm{d}\theta\int_0^{\sqrt{3z}}\frac{1}{2\pi}\mathrm{e}^{-\frac{1}{2}r^2}r\mathrm{d}r = 1 - \mathrm{e}^{-\frac{3}{2}z} \quad (z > 0)$

因此

$$f_Z(z) = F'(z) = \begin{cases} \dfrac{3}{2}\mathrm{e}^{-\frac{3}{2}z}, & z > 0 \\ 0, & z \leqslant 0 \end{cases}$$

例 21 设 X 和 Y 分别表示两个不同电子元件的寿命，并设 X 和 Y 相互独立，且服从同一分布，其概率密度函数为

$$f(x) = \begin{cases} \dfrac{1\,000}{x^2}, & x > 1\,000 \\ 0, & x \leqslant 1\,000 \end{cases}$$

试求：$T = \dfrac{X}{Y}$ 的概率密度.

解 因为 $F(t) = P\{T \leqslant t\} = P\left\{\dfrac{X}{Y} \leqslant t\right\}$. 当 $t \leqslant 0$ 时，$F(t) = 0$.

当 $0 < t \leqslant 1$ 时

$$F(t) = P\left\{\frac{X}{Y} \leqslant t\right\} = 1\,000^2\int_{1\,000}^{+\infty}\frac{\mathrm{d}x}{x^2}\int_{\frac{x}{t}}^{+\infty}\frac{\mathrm{d}y}{y^2} = 1\,000^2\int_{1\,000}^{+\infty}\frac{t}{x^3}\mathrm{d}x = \frac{t}{2}$$

当 $t > 1$ 时

$$F(t) = P\left\{\frac{X}{Y} \leqslant t\right\} = 1\,000^2\int_{1\,000}^{+\infty}\frac{\mathrm{d}y}{y^2}\int_{1\,000}^{ty}\frac{\mathrm{d}x}{x^2} = 1 - \frac{1}{2t}$$

所以，T 的密度函数为

$$f(t) = F'(t) = \begin{cases} 0, & t \leqslant 0 \\ 0.5, & 0 < t \leqslant 1 \\ \dfrac{1}{2t^2}, & t > 1 \end{cases}$$

例 22 设某班车起点站上车人数 X 服从参数为 $\lambda(\lambda > 0)$ 的泊松分布，每位乘客在中途下车的概率为 $p(0 < p < 1)$，且中途下车与否相互独立，以 Y 表示在中途下车的人数.

求：(1) 在发车时有 n 个乘客的条件下，中途有 m 人下车的概率；(2) 二维随机变量 (X,Y) 的概率分布.

解 (1) 设事件 $A = \{$发车时有 n 个乘客$\}$，$B = \{$中途有 m 个人下车$\}$，则在发车时有 n 个乘客的条件下，中途有 m 个人下车的概率是一个条件概率，即

$$P(B \mid A) = P\{Y = m \mid X = n\}$$

根据二项概型，有 $P(B \mid A) = \mathrm{C}_n^m p^m (1-p)^{n-m}$，其中 $0 \leqslant m \leqslant n \quad (n = 0,1,2,\cdots)$.

(2) 由于上车人数服从 $P(\lambda)$，故 $P(A) = \dfrac{\lambda^n}{n!}\mathrm{e}^{-\lambda}$. 而

$$\begin{aligned} P\{X = n, Y = m\} &= P(AB) = P(B \mid A)P(A) \\ &= \mathrm{C}_n^m p^m (1-p)^{n-m}\frac{\lambda^n}{n!}\mathrm{e}^{-\lambda}, \quad 0 \leqslant m \leqslant n \quad (n = 0,1,2,\cdots) \end{aligned}$$

以上式子即为二维随机变量 (X,Y) 的概率分布.

例 23 设随机变量 X_1, X_2, X_3, X_4 相互独立，且同分布 $P\{X_i = 0\} = 0.6$，$P\{X_i = 1\} = 0.4(i = 1,2,3,4)$，求：(1) 行列式 $X = \begin{vmatrix} X_1 & X_2 \\ X_3 & X_4 \end{vmatrix}$ 的概率分布；(2) 线性方程组 $\begin{cases} X_1 y_1 + X_2 y_2 = 0 \\ X_3 y_1 + X_4 y_2 = 0 \end{cases}$ 只有零解的概率.

解 (1) 记 $Y_1 = X_1X_4$，$Y_2 = X_2X_3$，则 $X = Y_1 - Y_2$，Y_1, Y_2 独立同分布，有

$$P\{Y_1=1\}=P\{Y_2=1\}=P\{X_2=1,X_3=1\}=0.16$$

$$P\{Y_1=0\}=P\{Y_2=0\}=1-0.16=0.84$$

随机变量 $X=Y_1-Y_2$ 有三个可能值：$-1,0,1$.

$$P\{X=-1\}=P\{Y_1=0,Y_2=1\}=0.84\times0.16=0.134\ 4$$

$$P\{X=1\}=P\{Y_1=1,Y_2=0\}=0.16\times0.84=0.134\ 4$$

$$P\{X=0\}=1-2\times0.1344=0.731\ 2$$

于是行列式 X 的概率分布为

X	-1	0	1
p	0.134 4	0.134 4	0.731 2

（2）线性方程组只有零解，也就是 $X\neq0$，故有

$$P\{X\neq0\}=1-P\{X=0\}=1-0.731\ 2=0.268\ 8$$

例 24 （2003，数学一）设二维随机变量 (X,Y) 的概率密度为 $f(x,y)=\begin{cases}6x, & 0\leqslant x\leqslant y\leqslant1\\0, & \text{其他}\end{cases}$，则 $P\{X+Y\leqslant1\}=$ ________.

解 由 $P\{X+Y\leqslant1\}=\iint\limits_{x+y\leqslant1}f(x,y)\mathrm{d}x\mathrm{d}y=\int_0^{\frac{1}{2}}\mathrm{d}x\int_x^{1-x}6x\mathrm{d}y=\dfrac{1}{4}$.

例 25 （2003，数学一）设随机变量 X 与 Y 独立，其中 X 的概率分布为

X	1	2
p	0.3	0.7

，而 Y 的概率密度为 $f(y)$，求随机变量 $U=X+Y$ 的概率密度 $g(u)$.

解 设 $F(y)$ 是 Y 的分布函数，则由全概率公式知 $U=X+Y$ 的分布函数为

$$\begin{aligned}G(u)&=P\{X+Y\leqslant u\}=0.3\cdot P\{X+Y\leqslant u\mid X=1\}+0.7\cdot P\{X+Y\leqslant u\mid X=2\}\\&=0.3\cdot P\{Y\leqslant u-1\mid X=1\}+0.7\cdot P\{Y\leqslant u-2\mid X=2\}\end{aligned}$$

由于 X 与 Y 独立，则

$$G(u)=0.3P\{Y\leqslant u-1\}+0.7P\{Y\leqslant u-2\}=0.3F(u-1)+0.7F(u-2)$$

由此得 U 的概率密度为

$$g(u)=G'(u)=0.3F'(u-1)+0.7F'(u-2)=0.3f(u-1)+0.7f(u-2)$$

例 26 （2004，数学四）设随机变量 X 在区间 $(0,1)$ 上服从均匀分布，在 $X=x(0<x<1)$ 的条件下，随机变量 Y 在区间 $(0,x)$ 上服从均匀分布，求：

（1）随机变量 X 和 Y 的联合概率密度；（2）Y 的概率密度；（3）概率 $P\{X+Y>1\}$.

解 （1）X 的概率密度为 $f_X(x)=\begin{cases}1, & 0<x<1\\0, & \text{其他}\end{cases}$，在 $X=x(0<x<1)$ 的条件下，Y 的

条件概率密度函数为

$$f_{Y|X}(y|x) = \begin{cases} \dfrac{1}{x}, & 0 < y < x \\ 0, & \text{其他} \end{cases}$$

当 $0 < y < x < 1$ 时,随机变量 X 和 Y 的联合概率密度函数为

$$f(x,y) = f_X(x)f_{Y|X}(y|x) = \frac{1}{x}$$

即

$$f(x,y) = \begin{cases} \dfrac{1}{x}, & 0 < y < x < 1 \\ 0, & \text{其他} \end{cases}$$

(2) 当 $0 < y < 1$ 时,Y 的概率密度为

$$f_Y(y) = \int_{-\infty}^{+\infty} f(x,y)\mathrm{d}x = \int_y^1 \frac{1}{x}\mathrm{d}x = -\ln y$$

当 $y \leqslant 0$ 或 $y \geqslant 1$ 时,$f_Y(y) = 0$. 因此

$$f_Y(y) = \begin{cases} -\ln y, & 0 < y < 1 \\ 0, & \text{其他} \end{cases}$$

(3) $P\{X + Y > 1\} = \displaystyle\iint\limits_{X+Y>1} f(x,y)\mathrm{d}x\mathrm{d}y = \int_{\frac{1}{2}}^1 \mathrm{d}x\int_{1-x}^x \frac{1}{x}\mathrm{d}y = \int_{\frac{1}{2}}^1 \left(2 - \frac{1}{x}\right)\mathrm{d}x = 1 - \ln 2.$

例 27 (2005,数学一) 从数 1,2,3,4 中任取一个数,记为 X,再从 $1,\cdots,X$ 中任取一个数,记为 Y, 则 $P\{Y = 2\} =$ ________.

解

$$\begin{aligned} P\{Y = 2\} &= P\{X = 1, Y = 2\} + P\{X = 2, Y = 2\} + \\ &\quad P\{X = 3, Y = 2\} + P\{X = 4, Y = 2\} \\ &= 0 + \frac{1}{4} \times \frac{1}{2} + \frac{1}{4} \times \frac{1}{3} + \frac{1}{4} \times \frac{1}{4} = \frac{13}{48} \end{aligned}$$

例 28 (2005,数学一) 设二维随机变量 (X,Y) 的概率分布为

X	Y = 0	Y = 1
0	0.4	a
1	b	0.1

已知随机事件 $\{X = 0\}$ 与 $\{X + Y = 1\}$ 互相独立,则________.

A. $a = 0.2, b = 0.3$ B. $a = 0.4, b = 0.1$ C. $a = 0.3, b = 0.2$ D. $a = 0.1, b = 0.4$

解 由概率密度性质可知 $a + b = 0.5$, $P\{X = 0\} = a + 0.4$, $P\{X + Y = 1\} = a + b =$

0.5, $P\{X=0,X+Y=1\}=\{X=0,Y=1\}=a$，因此 $a=(a+b)(a+0.4)\Rightarrow a=0.4,b=0.1$，因此选 B.

例 29 （2005，数学一）设二维随机变量 (X,Y) 的概率密度函数为

$$f(x,y)=\begin{cases}1, & 0<x<1,0<y<2x\\ 0, & \text{其他}\end{cases}$$

求：(1) (X,Y) 的边缘概率密度；(2) $Z=2X-Y$ 的概率密度函数 $f_Z(z)$；(3) $P\left\{Y\leqslant\frac{1}{2}\middle|X\leqslant\frac{1}{2}\right\}$.

解 （1）由题意可知

$$f_X(x)=\int_{-\infty}^{+\infty}f(x,y)\,\mathrm{d}y=\begin{cases}\int_0^{2x}1\,\mathrm{d}y=2x, & 0<x<1\\ 0, & \text{其他}\end{cases}$$

$$f_Y(y)=\int_{-\infty}^{+\infty}f(x,y)\,\mathrm{d}x=\begin{cases}\int_{y/2}^{1}1\,\mathrm{d}x=1-\frac{y}{2}, & 0<y<2\\ 0, & \text{其他}\end{cases}$$

（2）
$$F_Z(z)=P\{Z\leqslant z\}=P\{2X-Y\leqslant z\}=\iint\limits_{2x-y\leqslant z}f(x,y)\,\mathrm{d}x\mathrm{d}y$$

当 $z<0$ 时，$F(z)=0$；当 $z\geqslant 2$ 时，$F(z)=1$.

当 $0\leqslant z<2$ 时

$$F_Z(z)=\iint\limits_{2x-y\leqslant z}f(x,y)\,\mathrm{d}x\mathrm{d}y=\frac{S_{\text{积分区域}}}{S_D}=\frac{1-\frac{1}{2}\left(1-\frac{z}{2}\right)(2-z)}{1}=1-\left(1-\frac{z}{2}\right)^2$$

所以

$$f_Z(z)=F'_Z(z)=\begin{cases}1-\frac{z}{2}, & 0\leqslant z<2\\ 0, & \text{其他}\end{cases}$$

$$(3)\ P\left\{Y\leqslant\frac{1}{2}\middle|X\leqslant\frac{1}{2}\right\}=\frac{P\left\{X\leqslant\frac{1}{2},Y\leqslant\frac{1}{2}\right\}}{P\left\{X\leqslant\frac{1}{2}\right\}}=\frac{\iint\limits_{x\leqslant\frac{1}{2},y\leqslant\frac{1}{2}}f(x,y)\,\mathrm{d}x\mathrm{d}y}{\iint\limits_{x\leqslant\frac{1}{2}}f(x,y)\,\mathrm{d}x\mathrm{d}y}=\frac{\frac{3}{16}}{\frac{1}{4}}=\frac{3}{4}$$

例 30 （2006，数学一）设随机变量 X 与 Y 相互独立，且均服从区间 $[0,3]$ 上的均匀分布，则 $P\{\max\{X,Y\}\leqslant 1\}=$ ________.

解 $P\{\max\{X,Y\}\leqslant 1\}=P\{X\leqslant 1,Y\leqslant 1\}=P\{X\leqslant 1\}P\{Y\leqslant 1\}$，$f_X(x)=\begin{cases}\frac{1}{3}, & 0\leqslant x\leqslant 3\\ 0, & \text{其他}\end{cases}$，

$P\{X\leqslant 1\}=\int_0^1\frac{1}{3}\mathrm{d}x=\frac{1}{3}$,因此 $P\{\max\{X,Y\}\leqslant 1\}=\frac{1}{9}$.

例 31 (2006,数学一)随机变量 X 的概率密度函数为

$$f_X(x)=\begin{cases}\frac{1}{2}, & -1<x<0\\ \frac{1}{4}, & 0\leqslant x<2\\ 0, & \text{其他}\end{cases}$$

令 $Y=X^2$,$F(x,y)$ 为二维随机变量 (X,Y) 的分布函数. 求:

(1) Y 的概率密度函数 $f_Y(y)$;(2) $F(-\frac{1}{2},4)$.

解 (1) $F_Y(y)=P\{Y\leqslant y\}=P\{X^2\leqslant y\}=\begin{cases}0, & y<0\\ \text{①式}, & 0\leqslant y<1\\ \text{②式}, & 1\leqslant y<4\\ 1, & 4\leqslant y\end{cases}$

其中:

$$\text{①式}=P\{-\sqrt{y}\leqslant X\leqslant\sqrt{y}\}=\int_{-\sqrt{y}}^{0}\frac{1}{2}\mathrm{d}x+\int_0^{\sqrt{y}}\frac{1}{4}\mathrm{d}x=\frac{3}{4}\sqrt{y}$$

$$\text{②式}=P\{-\sqrt{y}\leqslant X\leqslant\sqrt{y}\}=\int_{-1}^{0}\frac{1}{2}\mathrm{d}x+\int_0^{\sqrt{y}}\frac{1}{4}\mathrm{d}x=\frac{1}{2}+\frac{1}{4}\sqrt{y}$$

所以

$$f_Y(y)=F'_Y(y)=\begin{cases}\frac{3}{8\sqrt{y}}, & 0<y<1\\ \frac{1}{8\sqrt{y}}, & 1\leqslant y<4\\ 0, & \text{其他}\end{cases}$$

$$\begin{aligned}(2)F\left(-\frac{1}{2},4\right)&=P\left\{X\leqslant-\frac{1}{2},Y\leqslant 4\right\}=P\left\{X\leqslant-\frac{1}{2},X^2\leqslant 4\right\}\\&=P\left\{X\leqslant-\frac{1}{2},-2\leqslant X\leqslant 2\right\}=P\left\{-2\leqslant X\leqslant-\frac{1}{2}\right\}\\&=\int_{-1}^{-\frac{1}{2}}\frac{1}{2}\mathrm{d}x=\frac{1}{4}\end{aligned}$$

例 32 (2007,数学一)设随机变量 (X,Y) 服从二维正态分布,且 X 与 Y 不相关,$f_X(x)$,$f_Y(y)$ 分别表示 X,Y 的概率密度函数,则在 $Y=y$ 的条件下,X 的条件概率密度函数 $f_{X|Y}(x|y)$ 为________.

A. $f_X(x)$　　　B. $f_Y(y)$　　　C. $f_X(x)f_Y(y)$　　　D. $\dfrac{f_X(x)}{f_Y(y)}$

解　$f_{X|Y}(x|y)=\dfrac{f(x,y)}{f_Y(y)}=\dfrac{f_X(x)f_Y(y)}{f_Y(y)}=f_X(x)$，因此选 A.

例 33　(2007，数学一) 在区间(0,1)中随机地取两个数，则这两个数之差的绝对值小于 $\frac{1}{2}$ 的概率为________.

解　$P\left\{|Y-X|<\dfrac{1}{2}\right\}=\iint\limits_{|x-y|<\frac{1}{2}}f(x,y)\,\mathrm{d}x\mathrm{d}y=\int_0^{\frac{1}{2}}\mathrm{d}x\int_0^{x+\frac{1}{2}}\mathrm{d}y+\int_{\frac{1}{2}}^1\mathrm{d}x\int_{x-\frac{1}{2}}^1\mathrm{d}y=\dfrac{3}{4}$

例 34　(2007，数学一) 设二维随机变量(X,Y)的概率密度函数为

$$f(x,y)=\begin{cases}2-x-y, & 0<x<1,0<y<1\\ 0, & \text{其他}\end{cases}$$

(1) 求$P\{X>2Y\}$；(2) 求$Z=X+Y$的概率密度函数.

解　(1)

$$\begin{aligned}P\{X>2Y\}&=\iint\limits_{x>2y}f(x,y)\,\mathrm{d}x\mathrm{d}y=\int_0^1\left[\int_0^{\frac{x}{2}}(2-x-y)\,\mathrm{d}y\right]\mathrm{d}x\\&=\int_0^1\left[x-\frac{5}{8}x^2\right]\mathrm{d}x=\frac{7}{24}\end{aligned}$$

(2) $F_Z(z)=P\{X+Y\leqslant z\}$

$$=\begin{cases}0, & z<0\\ \int_0^z\left[\int_0^{z-x}(2-x-y)\,\mathrm{d}y\right]\mathrm{d}x=z^2-\frac{1}{3}z^3, & 0\leqslant z<1\\ 1-P\{X+Y>z\}=1-\int_{z-1}^1\left[\int_{z-x}^1(2-x-y)\,\mathrm{d}y\right]\mathrm{d}x=1-\frac{1}{3}(2-z)^3, & 1\leqslant z<2\\ 1, & z\geqslant 2\end{cases}$$

从而

$$f_Z(z)=F'_Z(z)=\begin{cases}2z-z^2, & 0\leqslant z<1\\ (2-z)^2, & 1\leqslant z<2\\ 0, & \text{其他}\end{cases}$$

例 35　(2008，数学一) 随机变量X,Y独立同分布，且X的分布函数为$F(x)$，则$Z=\max\{X,Y\}$的分布函数为________.

A. $F^2(z)$　　B. $F(x)F(y)$　　C. $1-[1-F(x)]^2$　　D. $[1-F(x)][1-F(y)]$

解　$F(z)=P\{Z\leqslant z\}=P\{X\leqslant z,Y\leqslant z\}=P\{X\leqslant z\}P\{Y\leqslant z\}=F(z)F(z)$，因此选 A.

例 36　(2008，数学一) 设随机变量X与Y相互独立，X的概率分布为$P\{X=i\}=\dfrac{1}{3}$ $(i=-1,0,1)$，Y的概率密度函数为$f_Y(y)=\begin{cases}1, & 0\leqslant y<1\\ 0, & \text{其他}\end{cases}$. 记$Z=X+Y$. 求：

(1)$P\left\{Z \leqslant \frac{1}{2} \middle| X=0\right\}$;(2)$Z$ 的概率密度函数.

解 (1)$P\left\{Z \leqslant \frac{1}{2} \middle| X=0\right\}=\dfrac{P\left\{Z \leqslant \frac{1}{2}, X=0\right\}}{P\{X=0\}}=\dfrac{P\left\{Y \leqslant \frac{1}{2}\right\} P\{X=0\}}{P\{X=0\}}=\int_0^{\frac{1}{2}} \mathrm{d} y=\frac{1}{2}$.

(2) 设 Z 的分布函数为 $F(z)$,则其值域非零时 z 的区间为$[-1,2)$.

当 $z<-1$ 时,$F(z)=0$;

当 $z>2$ 时,$F(z)=1$;

当 $-1 \leqslant z<2$ 时

$$\begin{aligned} F(z) &= P\{Z<z\}=P\{X+Y<Z\} \\ &= P\{X+Y<z \mid X=-1\} P\{X=-1\}+P\{X+Y<z \mid X=0\} P\{X=0\}+ \\ &\quad P\{X+Y<z \mid X=1\} P\{X=1\} \\ &= \frac{1}{3}[P\{Y<z+1\}+P\{Y<z\}+P\{Y<z-1\}] \\ &= \frac{1}{3}[F_Y(z+1)+F_Y(z)+F_Y(z-1)] \end{aligned}$$

所以 Z 的概率密度函数为

$$f(z)=F'(z)=\frac{1}{3}[f_Y(z+1)+f_Y(z)+f_Y(z-1)]=\begin{cases}\frac{1}{3}, & -1 \leqslant z<2 \\ 0, & \text{其他}\end{cases}$$

例 37 (2009,数学一) 设随机变量 X 和 Y 相互独立,且 X 服从标准正态分布 $N(0,1)$,Y 的概率分布为 $P\{Y=0\}=P\{Y=1\}=\frac{1}{2}$,记 $F_Z(z)$ 为随机变量 $Z=XY$ 的分布函数,则 $F_Z(z)$ 的间断点个数为________.

A. 0 B. 1 C. 2 D. 3

解 由于

$$\begin{aligned} F_Z(z) &= P\{Z \leqslant z\}=P\{XY \leqslant z\} \\ &= P\{XY \leqslant z \mid Y=0\} P\{Y=0\}+P\{XY \leqslant z \mid Y=1\} P\{Y=1\} \\ &= \frac{1}{2} P\{X \cdot 0 \leqslant z \mid Y=0\}+\frac{1}{2} P\{X \cdot 1 \leqslant z \mid Y=1\} \end{aligned}$$

因为 X,Y 独立,则 $F_Z(z)=\frac{1}{2}[P\{X \cdot 0 \leqslant z\}+P\{X \cdot 1 \leqslant z\}]$

(1)$z<0$ 时,$F_Z(z)=\frac{1}{2} \Phi(z)$

(2)$z \geqslant 0$ 时,$F_Z(z)=\frac{1}{2}[1+\Phi(z)]$

$z=0$ 为间断点,因此选 B.

例 38 (2009,数学一) 袋中有1个红色球,2个黑色球与3个白色球,现有回放地从袋中取两次,每次取一球,以 X,Y,Z 分别表示从袋中两次取球所得的红、黑、白球个数.

求:(1)$P\{X=1\mid Z=0\}$;(2) 二维随机变量(X,Y) 的概率密度函数.

解 (1) 在没有取白球的情况下取了一次红球,利用压缩样本空间,则相当于只有一个红球与2个黑球,放回摸两次,其中摸了一个红球,所以

$$P\{X=1\mid Z=0\}=\frac{2\times1\times2}{3\times3}=\frac{4}{9}$$

(2)X,Y 的可能取值为0,1,2,且

$$P\{X=0,Y=0\}=\frac{3\times3}{6\times6}=\frac{1}{4},P\{X=1,Y=0\}=\frac{2\times1\times3}{6\times6}=\frac{1}{6}$$

$$P\{X=2,Y=0\}=\frac{1\times1}{6\times6}=\frac{1}{36},P\{X=0,Y=1\}=\frac{2\times2\times3}{6\times6}=\frac{1}{3}$$

$$P\{X=1,Y=1\}=\frac{2\times1\times2}{6\times6}=\frac{1}{9},P\{X=2,Y=1\}=0,P\{X=0,Y=2\}=\frac{1}{9}$$

$P\{X=1,Y=2\}=0,P\{X=2,Y=2\}=0$,因此联合分布律如下:

y	X		
	0	1	2
0	1/4	1/6	1/36
1	1/3	1/9	0
2	1/9	0	0

例 39 (2009,数学一) 设二维随机变量(X,Y) 的概率密度函数$f(x,y)=\begin{cases}e^{-x}, & 0<y<x\\0, & \text{其他}\end{cases}$,求:(1) 条件概率密度函数$f_{Y|X}(y\mid x)$;(2) 条件概率 $P\{X\leqslant1\mid Y\leqslant1\}$.

解 (1) 由$f(x,y)=\begin{cases}e^{-x}, & 0<y<x\\0, & \text{其他}\end{cases}$,得其边缘密度函数为

$$f_X(x)=\begin{cases}\int_0^x e^{-x}dy=xe^{-x}, & x>0\\0, & x\leqslant0\end{cases}$$

当 $x>0$ 时

$$f_{Y|X}(y\mid x)=\frac{f(x,y)}{f_X(x)}=\begin{cases}\dfrac{1}{x}, & 0<y<x\\0, & \text{其他}\end{cases}$$

（2）
$$P\{X\leqslant 1\mid Y\leqslant 1\}=\frac{P\{X\leqslant 1,Y\leqslant 1\}}{P\{Y\leqslant 1\}}$$

其中
$$P\{X\leqslant 1,Y\leqslant 1\}=\iint\limits_{\substack{x\leqslant 1\\ y\leqslant 1}}f(x,y)\,\mathrm{d}x\mathrm{d}y=\int_0^1\mathrm{d}x\int_0^x\mathrm{e}^{-x}\mathrm{d}y=\int_0^1 x\mathrm{e}^{-x}\mathrm{d}x=1-2\mathrm{e}^{-1}$$

$$P\{Y\leqslant 1\}=\iint\limits_{y\leqslant 1}f(x,y)\,\mathrm{d}x\mathrm{d}y=\int_0^1\mathrm{d}y\int_y^{+\infty}\mathrm{e}^{-x}\mathrm{d}x=\int_0^1\mathrm{e}^{-y}\mathrm{d}y=1-\mathrm{e}^{-1}$$

所以
$$P\{X\leqslant 1\mid Y\leqslant 1\}=\frac{1-2\mathrm{e}^{-1}}{1-\mathrm{e}^{-1}}=\frac{\mathrm{e}-2}{\mathrm{e}-1}$$

例 40　（2010，数学一）设二维随机变量(X,Y)的联合密度函数为
$$f(x,y)=A\mathrm{e}^{-2x^2+2xy-y^2}\quad(-\infty<x<+\infty,-\infty<y<+\infty)$$
求：A 及 $f_{Y\mid X}(y\mid x)$.

解　由于
$$\int_{-\infty}^{+\infty}\mathrm{d}x\int_{-\infty}^{+\infty}f(x,y)\,\mathrm{d}y=1$$
$$\int_{-\infty}^{+\infty}\mathrm{d}x\int_{-\infty}^{+\infty}f(x,y)\,\mathrm{d}y=A\int_{-\infty}^{+\infty}\mathrm{d}x\int_{-\infty}^{+\infty}\mathrm{e}^{-2x^2+2xy-y^2}\mathrm{d}y$$
$$=A\int_{-\infty}^{+\infty}\mathrm{e}^{-x^2}\mathrm{d}x\int_{-\infty}^{+\infty}\mathrm{e}^{-(y-x)^2}\mathrm{d}(y-x)$$

又
$$\int_{-\infty}^{+\infty}\mathrm{e}^{-(y-x)^2}\mathrm{d}(y-x)=\int_{-\infty}^{+\infty}\mathrm{e}^{-x^2}\mathrm{d}x=\sqrt{\pi}$$
$$\int_{-\infty}^{+\infty}\mathrm{d}x\int_{-\infty}^{+\infty}f(x,y)\,\mathrm{d}y=A\sqrt{\pi}\int_{-\infty}^{+\infty}\mathrm{e}^{-x^2}\mathrm{d}x=A\pi=1$$

于是
$$A=\frac{1}{\pi}$$
$$f_X(x)=\int_{-\infty}^{+\infty}f(x,y)\,\mathrm{d}y=\frac{1}{\pi}\mathrm{e}^{-x^2}\int_{-\infty}^{+\infty}\mathrm{e}^{-(y-x)^2}\mathrm{d}(y-x)=\frac{1}{\sqrt{\pi}}\mathrm{e}^{-x^2}$$
$$f_{Y\mid X}(y\mid x)=\frac{f(x,y)}{f_X(x)}=\frac{1}{\sqrt{\pi}}\mathrm{e}^{-(x-y)^2}\quad(-\infty<x<+\infty,-\infty<y<+\infty)$$

例 41　（2011，数学三）设二维随机变量(X,Y)服从区域 G 上的均匀分布，其中 G 是由 $x-y=0,x+y=2$ 与 $y=0$ 所围成的区域.

求：（1）边缘概率密度函数$f_X(x)$；（2）条件密度函数$f_{X\mid Y}(x\mid y)$.

解　（1）当$0<x<1$时
$$f_X(x)=\int_{-\infty}^{+\infty}f(x,y)\,\mathrm{d}y=\int_0^x 1\mathrm{d}y=x$$

当$1\leqslant x<2$时

$$f_X(x) = \int_{-\infty}^{+\infty} f(x,y)\,\mathrm{d}y = \int_0^{2-x} 1\mathrm{d}y = 2 - x$$

所以

$$f_X(x) = \begin{cases} x, & 0 < x < 1 \\ 2 - x, & 1 \leqslant x < 2 \\ 0, & \text{其他} \end{cases}$$

（2）当 $0 < y < 1$ 时，Y 的边缘概率密度函数为

$$f_Y(y) = \int_{-\infty}^{+\infty} f(x,y)\,\mathrm{d}x = \int_y^{2-y} 1\mathrm{d}x = 2 - 2y$$

当 $0 < y < 1$ 时，$f_{X|Y}(x|y)$ 有意义，有

$$f_{X|Y}(x|y) = \frac{f(x,y)}{f_Y(y)} = \begin{cases} \dfrac{1}{2-2y}, & y < x < 2 - y \\ 0, & \text{其他} \end{cases}$$

3.3 同步训练题

一、填空题

1. 若随机变量 (X,Y) 分布函数为 $F(x,y) = \begin{cases} (1-\mathrm{e}^{-3x})(1-\mathrm{e}^{-y}), & x > 0, y > 0 \\ 0, & \text{其他} \end{cases}$，则 (X,Y) 的概率密度函数为 $f(x,y) =$ ________.

2. 设 (X,Y) 的概率密度函数为

$$f(x,y) = \begin{cases} \mathrm{e}^{-x-y}, & x > 0, y > 0 \\ 0, & \text{其他} \end{cases}$$

则 $P\{X > 2 | Y \leqslant 4\} =$ ________.

3. 设随机变量 (X,Y) 的概率密度函数为

$$f(x,y) = \begin{cases} \dfrac{1}{8}(6 - x - y), & 0 < x < 2, 2 < y < 4 \\ 0, & \text{其他} \end{cases}$$

则 $P\{X + Y \leqslant 4\} =$ ________.

4. 设随机变量 X 与 Y 独立，且具有同一分布律

X	1	2
P	0.5	0.5

则随机变量 $U = \min(X,Y)$ 的分布律为________.

5. 设随机变量(X,Y)在区域$G=\{(x,y)\mid 0\leqslant x\leqslant 1,0\leqslant y\leqslant 2\}$上服从均匀分布，则$P\{Y>X^2\}=$______.

二、单项选择题

1. 设随机变量(X,Y)的概率密度函数$f(x,y)=\begin{cases}\frac{1}{8}(6-x-y), & 0<x<2,2<y<4\\ 0, & 其他\end{cases}$,则$P\{X<1.5\}=($　　).

A. $\frac{27}{48}$　　B. $\frac{5}{9}$　　C. $\frac{19}{27}$　　D. $\frac{27}{32}$

2. 设随机变量X服从正态分布$N(0,1)$. 随机变量Y服从正态分布$N(1,1)$分布,且X与Y相互独立,则(　　).

A. $P\{X+Y\leqslant 0\}=\frac{1}{2}$　　B. $P\{X+Y\leqslant 1\}=\frac{1}{2}$

C. $P\{X-Y\leqslant 0\}=\frac{1}{2}$　　D. $P\{X-Y\leqslant 1\}=\frac{1}{2}$

3. 设二维随机变量概率密度$f(x,y)=\begin{cases}2e^{-(2x+y)}, & x>0,y>0\\ 0, & 其他\end{cases}$,则$P\{Y\leqslant X\}=($　　).

A. $\frac{1}{3}$　　B. $\frac{2}{3}$　　C. $\frac{1}{4}$　　D. $\frac{3}{4}$

4. 设随机变量X和Y分别服从正态分布$N(\mu,6^2)$和$N(\mu,8^2)$正态分布,记$P_1=P\{X\leqslant\mu-6\}$,$P_2=P\{Y\geqslant\mu+8\}$,则(　　).

A. 对任何实数M都有$P_1=P_2$　　B. 对任何实数M都有$P_1<P_2$

C. 只对M的个别值才有$P_1=P_2$　　D. 对任何实数M都有$P_1>P_2$

5. 设随机变量(X,Y)的联合概率密度函数$f(x,y)=\begin{cases}x^2+\frac{xy}{3}, & 0\leqslant x\leqslant 1,0\leqslant y\leqslant 2\\ 0, & 其他\end{cases}$,则$P\{X+Y\geqslant 1\}=($　　).

A. $\frac{3}{4}$　　B. $\frac{19}{27}$　　C. $\frac{65}{72}$　　D. $\frac{35}{48}$

三、计算题

1. 甲乙两人分别独立进行两次射击,甲命中率为0.2,乙命中率为0.5,X,Y分别表示甲、乙命中次数,求X和Y的联合分布律.

2. 设随机变量(X,Y)在$0<x<1,|y|<x$内均匀分布,求(X,Y)的边缘概率密度函数.

3. 设随机变量(X,Y)的概率密度$f(x,y)=\begin{cases}6e^{-2x-3y}, & x>0,y>0\\ 0, & 其他\end{cases}$,求$P\{X+2Y\leqslant 1\}$.

4. 设随机变量(X,Y)的概率密度为$f(x,y)=\begin{cases}1, & |y|<x,0<x<1 \\ 0, & 其他\end{cases}$,求条件概率密度函数$f_{X|Y}(x|y)$, $f_{Y|X}(y|x)$.

5. 设随机变量(X,Y)的联合概率密度函数$f(x,y)=\begin{cases}3x, & 0<x<1,0<y<x \\ 0, & 其他\end{cases}$,求函数$Z=X-Y$的概率密度.

6. 设X,Y为独立同分布的离散随机变量,概率分布为$P\{X=n\}=P\{Y=n\}=\frac{1}{2^n}$, $n=1,2,\cdots$,求函数$Z=X+Y$的分布律.

3.4 测 验 题

一、填空题

1. 设二维随机变量(X,Y)相互独立,且都服从区间$[0,1]$上的均匀分布,则$P\{X+Y\leqslant\frac{1}{2}\}=$________.

2. 设X和Y为两个随机变量,且满足$P\{X\leqslant 0\}=P\{Y\leqslant 0\}=\frac{3}{5}$, $P\{X\leqslant 0,Y\leqslant 0\}=\frac{2}{5}$,则$P\{\min(X,Y)\leqslant 0\}=$________.

3. 设二维随机变量(X,Y)的概率密度函数为$f(x,y)=\begin{cases}c(R-\sqrt{x^2+y^2}), & x^2+y^2\leqslant R^2 \\ 0, & 其他\end{cases}$,则$c=$________.

4. 对某种电子装备的输出测量了4次,得观测值X_1,X_2,X_3,X_4,设它们相互独立且同服从$N(1,\sigma^2)$,则概率$P\{\max(X_1,X_2,X_3,X_4)>1\}=$________.

5. 设随机变量X与Y相互独立均服从$N(0,1)$分布,则$Z=X-Y$的概率密度函数为________.

6. 设随机变量X与Y相互独立均服从$N\left(0,\frac{1}{2}\right)$分布,则$Z=X+Y$的概率密度函数为________.

二、单项选择题

1. 设二维随机变量(X,Y)的概率密度函数$f(x,y)=\begin{cases}cy(2-x), & 0\leqslant x\leqslant 1,0\leqslant y\leqslant x \\ 0, & 其他\end{cases}$,则$c=$(　　).

A. 4.8　　B. 2.4　　C. 3.2　　D. 3.6

2. 设两个随机变量 X 与 Y 相互独立且同分布：$P\{X=-1\}=P\{Y=-1\}=\dfrac{1}{2}$，$P\{X=1\}=P\{Y=1\}=\dfrac{1}{2}$，则下列成立的是(　　).

A. $P\{X=Y\}=\dfrac{1}{2}$　　B. $P\{X=Y\}=1$

C. $P\{X+Y=0\}=\dfrac{1}{4}$　　D. $P\{XY=1\}=\dfrac{1}{4}$

3. 设 X,Y 是相互独立的随机变量，其分布函数分别为 $F_X(x)$，$F_Y(y)$，则 $Z=\min\{X,Y\}$ 的分布函数是(　　).

A. $F_Z(z)=F_X(z)$　　B. $F_Z(z)=F_Y(z)$

C. $F_Z(z)=\min\{F_X(z),F_Y(z)\}$　　D. $F_Z(z)=1-[1-F_X(z)][1-F_Y(z)]$

4. 设随机变量 X 和 Y 都服从正态分布，其相关系数 $\rho_{XY}=0$，则下列结论错误的是(　　).

A. X 和 Y 一定独立　　B. X 和 Y 服从二维正态分布

C. X 和 Y 未必独立　　D. $X+Y$ 服从一维正态分布

5. 设随机变量 (X,Y) 的分布函数连续，为

$$F(x,y)=\begin{cases}(A-e^{-3x})(B-e^{-4y}), & x\geqslant 0,y\geqslant 0\\ 0, & \text{其他}\end{cases}$$

则(　　).

A. $A=1,B=1$　　B. $A=2,B=\dfrac{1}{2}$

C. $A=3,B=\dfrac{1}{3}$　　D. $A=3,B=4$

6. 设 X_1,X_2 是两个相互独立的随机变量，它们的概率密度函数分别为 $f_1(x)$ 和 $f_2(x)$，分布函数分别为 $F_1(x)$ 和 $F_2(x)$，则(　　).

A. $f_1(x)+f_2(x)$ 必为某一随机变量的概率密度函数

B. $f_1(x)f_2(x)$ 必为某一随机变量的概率密度函数

C. $F_1(x)+F_2(x)$ 必为某一随机变量的分布函数

D. $F_1(x)F_2(x)$ 必为某一随机变量的分布函数

三、计算题

1. 设二维随机变量 (X,Y) 具有概率密度函数 $f(x,y)=\begin{cases}2e^{-(2x+y)}, & x>0,y>0\\ 0, & \text{其他}\end{cases}$. 求：(1) X 与 Y 的联合分布函数；(2) $P\{Y\leqslant X\}$.

2. 设二维随机变量 (X,Y) 的概率密度函数 $f(x,y)=\begin{cases}8xy, & 0<x<y<1\\ 0, & \text{其他}\end{cases}$，试判定 X,Y

是否相互独立？

3. 已知 X 和 Y 的联合分布律如下：

Y	X		
	1	2	3
1	0.2	0	0.2
2	0.2	0.2	0.2

求 $Z = \max(X,Y)$ 的分布律.

4. 一批弹药，如果在规定的距离内试射 5 发而没有一发落在离开靶心 2 m 之外，就可认为合格予以接收. 在每次试射时，弹着点与靶心距离 r 的密度函数为

$$f(r) = \frac{2re^{-r^2}}{1-e^{-9}} \quad (0 < r < 3)$$

问该批弹药被接收的概率是多少？

5. 设 (X,Y) 的联合分布函数 $F(x,y) = \begin{cases} 1 - e^{-0.01x} - e^{-0.01y} + e^{-0.01(x+y)}, & x > 0, y > 0 \\ 0, & \text{其他} \end{cases}$，

求：(1) X 和 Y 是否相互独立；(2) $P\{X > 120, Y > 120\}$.

6. 将一硬币抛掷三次，以 X 表示在三次中出现正面的次数，以 Y 表示三次中出现正面次数与出现反面次数之差的绝对值. 试写出 X 和 Y 的联合分布律.

7. 设二维随机变量 (X,Y) 的联合分布函数为

$$F(x,y) = \begin{cases} \sin x \sin y, & 0 \leqslant x \leqslant \dfrac{\pi}{2}, 0 \leqslant y \leqslant \dfrac{\pi}{2} \\ 0, & \text{其他} \end{cases}$$

求随机量 (X,Y) 落在长方形区域 $\left\{0 < x \leqslant \dfrac{\pi}{4}, \dfrac{\pi}{6} < y \leqslant \dfrac{\pi}{3}\right\}$ 内的概率.

8. 设随机变量 X,Y 相互独立，都服从参数为 n,p 的二项分布，求：$Z = X + Y$ 的概率分布.

9. 设二维随机变量 (X,Y) 的联合概率密度函数 $f(x,y) = \begin{cases} \dfrac{21}{4}x^2y, & x^2 \leqslant y \leqslant 1 \\ 0, & \text{其他} \end{cases}$，求 $f_{X|Y}(x|y)$，特别是当 $Y = \dfrac{1}{2}$ 时，求 X 的条件概率密度函数.

10. 设二维随机变量 (X,Y) 的联合概率密度函数 $f(x,y) = \begin{cases} xe^{-x(1+y)}, & x > 0, y > 0 \\ 0, & \text{其他} \end{cases}$，求 $Z = XY$ 的概率密度函数.

11. 设二维随机变量 (X,Y) 的联合概率密度函数 $f(x,y) = \begin{cases} 2e^{-(x+2y)}, & x > 0, y > 0 \\ 0, & \text{其他} \end{cases}$，求

$Z = 2X + Y$ 的概率密度函数.

12. 设 X,Y 为相互独立的随机变量,概率密度函数为

$$f_X(x) = \begin{cases} \lambda e^{-\lambda x}, & x \geqslant 0 \\ 0, & x < 0 \end{cases},\quad f_Y(y) = \begin{cases} \mu e^{-\mu y}, & y \geqslant 0 \\ 0, & y < 0 \end{cases}$$

令

$$Z = \begin{cases} 1, & X \leqslant Y \\ 0, & X > Y \end{cases}$$

求:(1) 条件概率密度函数 $f_{X|Y}(x|y)$;(2) 求 Z 的分布律和分布函数.

13. 设 X,Y 是独立同分布的随机变量,且已知 $P\{X=1\} = p > 0, P\{X=0\} = 1-p > 0$,随机变量 $Z = \begin{cases} 0, & X+Y = \text{偶数} \\ 1, & X+Y = \text{奇数} \end{cases}$,$p$ 为何值时 X 和 Y 独立?

3.5　同步训练题答案

一、填空题

1. $f(x,y) = \dfrac{\partial^2 F(x,y)}{\partial x \partial y} = \begin{cases} 3e^{-3x-y}, & x > 0, y > 0 \\ 0, & \text{其他} \end{cases}$

2. e^{-2}

3. $\dfrac{2}{3}$

4.

U	0	1
p	0.75	0.25

5. $\dfrac{5}{6}$

二、单项选择题

1. D　　2. B　　3. A　　4. A　　5. C

三、计算题

X	Y		
	0	1	2
0	0.16	0.32	0.16
1	0.08	0.16	0.08
2	0.01	0.02	0.01

2. $f_X(x)=\begin{cases}2x, & 0<x<1\\ 0, & 其他\end{cases}, f_Y(y)=\begin{cases}1-|y|, & |y|<1\\ 0, & 其他\end{cases}$

3. $P\{X+2Y\leqslant 1\}=1+3e^{-2}-4e^{-\frac{3}{2}}$

4. $f_{Y|X}(y|x)=\begin{cases}\dfrac{1}{2x}, & |y|<x<1\\ 0, & 其他\end{cases}; f_{X|Y}(x|y)=\begin{cases}\dfrac{1}{1-y}, & y<x<1\\ \dfrac{1}{1+y}, & -y<x<1\\ 0, & 其他\end{cases}$

5. $f_Z(z)=\begin{cases}\dfrac{3}{2}(1-z^2), & 0<z\leqslant 1\\ 0, & 其他\end{cases}$

6. $P\{z=n\}=\sum_{k=1}^{n-1}P\{X=k,Y=n-k\}=\sum_{k=1}^{n-1}P\{X=k\}P\{Y=n-k\}$

$=\sum_{k=1}^{n-1}\dfrac{1}{2^k}\cdot\dfrac{1}{2^{n-k}}=\dfrac{n-1}{2^n}\quad(n=2,3,4,\cdots)$

3.6 测验题答案

一、填空题

1. $\dfrac{1}{8}$　2. $\dfrac{4}{5}$　3. $c=\dfrac{3}{\pi R^3}$　4. $1-\dfrac{1}{2^4}$

5. $\dfrac{1}{\sqrt{2\pi}\sqrt{2}}e^{-\frac{z^2}{4}}\quad(-\infty<z<+\infty)$

6. $\dfrac{1}{\sqrt{2\pi}}e^{-\frac{z^2}{2}}\quad(-\infty<z<+\infty)$

二、单项选择题

1. A　2. A　3. D　4. C　5. A　6. D

三、计算题

1. $F(x,y)=\begin{cases}(1-e^{-2x})(1-e^{-y}), & x>0,y>0\\ 0, & 其他\end{cases}$；(2) $P\{Y\leqslant X\}=\dfrac{1}{3}$

2. 不独立

3.

Z	1	2	3
P	0.2	0.4	0.4

4. $P\{r<2\}=\dfrac{1-e^{-4}}{1-e^{-9}}$

5. (1) X 和 Y 相互独立；(2) $P\{X>120,Y>120\}=e^{-2.4}$

6. X 和 Y 的联合分布律如下表所示：

Y	X			
	0	1	2	3
1	0	3/8	3/8	0
3	1/8	0	0	1/8

7. $P\left\{0<X\leqslant\dfrac{\pi}{4},\dfrac{\pi}{6}<Y\leqslant\dfrac{\pi}{3}\right\}=\dfrac{\sqrt{2}}{4}(\sqrt{3}-1)$

8. $Z=0,1,\cdots,2n,\ P\{Z=k\}=C_{2n}^{k}p^{k}(1-p)^{2n-k}(k=0,1,\cdots,2n)$

9. $f_{X|Y}\left(x\,\middle|\,\frac{1}{2}\right)=\begin{cases}3\sqrt{2}x^2, & -\dfrac{\sqrt{2}}{2}<x<\dfrac{\sqrt{2}}{2}\\ 0, & \text{其他}\end{cases}$

10. $f_Z(z)=\begin{cases}e^{-z}, & z>0\\ 0, & z\leqslant 0\end{cases}$

11. $f_Z(z)=\begin{cases}1+2e^{-\frac{z}{2}}+3e^{-z}, & z>0\\ 0, & z\leqslant 0\end{cases}$

12. (1) $f_{X|Y}(x|y)=f_X(x)$

(2) $P\{Z=1\}=\dfrac{\lambda}{\lambda+\mu},P\{Z=0\}=\dfrac{\mu}{\lambda+\mu},F_Z(z)=\begin{cases}0, & z<0\\ \dfrac{\mu}{\lambda+\mu}, & 0\leqslant z<1\\ 1, & z\geqslant 1\end{cases}$

13. $p=\dfrac{1}{2}$

3.7 教材同步精选习题精解

3-1 在一箱子里装有12只开关,其中2只是次品,在其中随机地取两次,每次取一只.考虑两种试验:(1) 放回抽样,(2) 不放回抽样.我们定义随机变量 X,Y 如下:

$$X=\begin{cases}0, & \text{若第一次取出的是正品}\\ 1, & \text{若第一次取出的是次品}\end{cases},Y=\begin{cases}0, & \text{若第二次取出的是正品}\\ 1, & \text{若第二次取出的是次品}\end{cases}$$

试分别就(1)(2) 两种情况,写出 X 和 Y 的联合分布律.

解 (1) 放回抽样情况

$$P\{X=0,Y=0\}=\frac{10}{12}\times\frac{10}{12}=\frac{25}{36},\ P\{X=1,Y=0\}=\frac{2}{12}\times\frac{10}{12}=\frac{5}{36}$$

$$P\{X=0,Y=1\}=\frac{10}{12}\times\frac{2}{12}=\frac{25}{36},\ P\{X=1,Y=1\}=\frac{2}{12}\times\frac{2}{12}=\frac{1}{36}$$

因此

Y	X	
	0	1
0	$\frac{25}{36}$	$\frac{5}{36}$
1	$\frac{5}{36}$	$\frac{1}{36}$

(2) 不放回抽样的情况

$$P\{X=0,Y=0\}=\frac{10}{12}\times\frac{9}{11}=\frac{45}{66},\ P\{X=1,Y=0\}=\frac{2}{12}\times\frac{10}{11}=\frac{10}{66}$$

$$P\{X=0,Y=1\}=\frac{10}{12}\times\frac{2}{11}=\frac{10}{66},\ P\{X=1,Y=1\}=\frac{2}{12}\times\frac{1}{11}=\frac{1}{66}$$

因此

Y	X	
	0	1
0	$\frac{45}{66}$	$\frac{10}{66}$
1	$\frac{10}{66}$	$\frac{1}{66}$

3 - 2 盒子里装有 3 只黑球、2 只红球、2 只白球,在其中任取 4 只球,以 X 表示取到黑球的只数,以 Y 表示取到白球的只数,求 X,Y 的联合分布律.

解 X 的可能取值为 0,1,2,3,Y 的可能取值为 0,1,2,且

$$P\{X=0,Y=0\}=0,P\{X=1,Y=0\}=0$$

$$P\{X=2,Y=0\}=\frac{C_3^2}{C_7^4}=\frac{3}{35},P\{X=3,Y=0\}=\frac{C_2^1}{C_7^4}=\frac{2}{35}$$

$$P\{X=0,Y=1\}=0,P\{X=1,Y=1\}=0$$

$$P\{X=2,Y=0\}=\frac{C_3^2}{C_7^4}=\frac{3}{35},P\{X=3,Y=0\}=\frac{C_2^1}{C_7^4}=\frac{2}{35}$$

Y	X			
	0	1	2	3
0	0	0	$\frac{3}{35}$	$\frac{2}{35}$
1	0	$\frac{6}{35}$	$\frac{12}{35}$	$\frac{2}{35}$
2	$\frac{1}{35}$	$\frac{6}{35}$	$\frac{3}{35}$	0

3－3　设随机变量(X,Y)的概率密度函数为

$$f(x,y)=\begin{cases}k(6-x-y), & 0<x<2,2<y<4\\ 0, & \text{其他}\end{cases}$$

(1) 确定常数k;(2) 求$P\{X<1,Y<3\}$;

(3) 求$P\{X<1.5\}$;(4) 求$P\{X+Y\leqslant 4\}$.

解　(1) 由$\iint\limits_D f(x,y)\mathrm{d}x\mathrm{d}y=\int_0^2\int_2^4 k(6-x-y)\mathrm{d}x\mathrm{d}y=1$,得$k=\frac{1}{8}$

(2)$P\{X<1,Y<3\}=\int_0^1\mathrm{d}x\int_2^3\frac{1}{8}(6-x-y)\mathrm{d}y=\frac{3}{8}$

(3)$P\{X\leqslant 1.5\}=P\{X\leqslant 1.5,Y<+\infty\}=\int_0^{1.5}\mathrm{d}x\int_2^4\frac{1}{8}(6-x-y)\mathrm{d}y=\frac{27}{32}$

(4)$P\{X+Y\leqslant 4\}=\int_0^2\mathrm{d}x\int_0^{4-x}\frac{1}{8}(6-x-y)\mathrm{d}y=\frac{2}{3}$

3－4　(1) 求题3－1的随机变量(X,Y)的边缘分布律;(2) 求3－2题中的随机变量(X,Y)的边缘分布律.

解　(1)① 放回抽样(题3－1)

X	0	1
$p_{i\cdot}$	$\frac{5}{6}$	$\frac{1}{6}$

Y	0	1
$p_{\cdot j}$	$\frac{5}{6}$	$\frac{1}{6}$

② 不放回抽样(题3－1)

X	0	1
$p_{i\cdot}$	$\frac{5}{6}$	$\frac{1}{6}$

Y	0	1
$p_{\cdot j}$	$\frac{5}{6}$	$\frac{1}{6}$

(2)(题3-2)

X,Y 的边缘分布律分别如下:

X	0	1	2	3
$p_{i\cdot}$	$\frac{1}{8}$	$\frac{3}{8}$	$\frac{3}{8}$	$\frac{1}{8}$

Y	1	3
$p_{\cdot j}$	$\frac{6}{8}$	$\frac{2}{8}$

3-5　设二维随机变量(X,Y)的概率密度函数为

$$f(x,y)=\begin{cases}4.8y(2-x), & 0\leqslant x\leqslant 1,0\leqslant y\leqslant x\\ 0, & 其他\end{cases}$$

求边缘概率密度函数.

解　由题意可知

$$f_X(x)=\int_{-\infty}^{+\infty}f(x,y)\mathrm{d}y=\begin{cases}\int_0^x 4.8y(2-x)\mathrm{d}y=2.4x^2(2-x), & 0\leqslant x\leqslant 1\\ 0, & 其他\end{cases}$$

$$f_Y(y)=\int_{-\infty}^{+\infty}f(x,y)\mathrm{d}x=\begin{cases}\int_y^1 4.8y(2-x)\mathrm{d}x=2.4y(3-4y+y^2), & 0\leqslant y\leqslant 1\\ 0, & 其他\end{cases}$$

3-6　设二维随机变量(X,Y)的概率密度为$f(x,y)=\begin{cases}\mathrm{e}^{-y}, & 0<x<y\\ 0, & 其他\end{cases}$,求边缘概率密度函数.

解　由题意可知

$$f_X(x)=\int_{-\infty}^{+\infty}f(x,y)\mathrm{d}y=\begin{cases}\int_x^{+\infty}\mathrm{e}^{-y}\mathrm{d}y=\mathrm{e}^{-x}, & x>0\\ 0, & x\leqslant 0\end{cases}$$

$$f_Y(y)=\int_{-\infty}^{+\infty}f(x,y)\mathrm{d}x=\begin{cases}\int_0^y\mathrm{e}^{-y}\mathrm{d}x=y\mathrm{e}^{-y}, & y>0\\ 0, & y\leqslant 0\end{cases}$$

3-7　设二维随机变量(X,Y)的概率密度函数为$f(x,y)=\begin{cases}cx^2y, & x^2\leqslant y\leqslant 1\\ 0, & 其他\end{cases}$.(1)试确定常数$c$;(2)求边缘概率密度函数.

解　由题意可知

$$1=\int_{-\infty}^{+\infty}\int_{-\infty}^{+\infty}f(x,y)\mathrm{d}x\mathrm{d}y=\int_0^1\mathrm{d}y\int_{-\sqrt{y}}^{+\sqrt{y}}cx^2y\mathrm{d}x=c\int_0^1\frac{2}{3}y^{\frac{5}{2}}\mathrm{d}y=\frac{4}{21}c\Rightarrow c=\frac{21}{4}$$

$$f_X(x)=\begin{cases}\int_{x^2}^{1}\frac{21}{4}x^2y\mathrm{d}y=\frac{21}{8}x^2(1-x^4), & -1\leqslant x\leqslant 1\\ 0, & \text{其他}\end{cases}$$

$$f_Y(y)=\begin{cases}\int_{-\sqrt{y}}^{\sqrt{y}}\frac{21}{4}x^2y\mathrm{d}x=\frac{7}{2}y^{\frac{5}{2}}, & 0\leqslant y\leqslant 1\\ 0, & \text{其他}\end{cases}$$

3－8　设二维随机变量(X,Y)在区域G上服从均匀分布,其中

$$G=\{(x,y)\mid 0\leqslant x\leqslant 1,x^2\leqslant y<x\}$$

试求(X,Y)的联合概率密度函数及X和Y的边缘概率密度函数.

解　由题意可知

$$G=\{(x,y)\mid 0\leqslant x\leqslant 1,x^2\leqslant y<x\},A=\int_0^1(x-x^2)\mathrm{d}x=\frac{1}{6}$$

因此(X,Y)的联合概率密度函数为

$$f(x,y)=\begin{cases}6, & 0\leqslant x\leqslant 1,x^2\leqslant y<x\\ 0, & \text{其他}\end{cases}$$

X和Y的边缘概率密度函数为

$$f_X(x)=\int_{-\infty}^{+\infty}f(x,y)\mathrm{d}y=\begin{cases}6(x-x^2), & 0\leqslant x\leqslant 1\\ 0, & \text{其他}\end{cases}$$

$$f_Y(y)=\int_{-\infty}^{+\infty}f(x,y)\mathrm{d}x=\begin{cases}6(\sqrt{y}-y), & 0\leqslant y\leqslant 1\\ 0, & \text{其他}\end{cases}$$

3－9　设随机变量(X,Y)的分布律为

Y	X					
	0	1	2	3	4	5
0	0	0.01	0.03	0.05	0.07	0.09
1	0.01	0.02	0.04	0.05	0.06	0.08
2	0.01	0.03	0.05	0.05	0.05	0.06
3	0.01	0.02	0.04	0.06	0.06	0.05

(1) 求$P\{X=2\mid Y=2\}$,$P\{Y=3\mid X=0\}$;

(2) 求$V=\max\{X,Y\}$的分布律;

(3) 求$U=\min\{X,Y\}$的分布律;

(4) 求$W=X+Y$的分布律.

解　由题意可知

(1)$P\{X=2 \mid Y=2\}=\frac{1}{2}, P\{Y=3 \mid X=0\}=\frac{1}{3}$

(2)V 的分布律为

$V=\max\{X,Y\}$	0	1	2	3	4	5
p	0	0.04	0.16	0.28	0.24	0.28

(3)U 的分布律为

$U=\min\{X,Y\}$	0	1	2	3
p	0.28	0.30	0.25	0.17

(4) 类似上述过程，有

$W=X+Y$	0	1	2	3	4	5	6	7	8
p	0	0.02	0.06	0.13	0.19	0.24	0.19	0.12	0.05

3－10　设随机变量(X,Y)的概率密度函数为

$$f(x,y)=\begin{cases}1, & |y|<x, 0<x<1\\ 0, & \text{其他}\end{cases}$$

求条件概率密度函数$f_{X|Y}(x \mid y), f_{Y|X}(y \mid x)$.

解　由题意可知

$$f_X(x)=\int_{-\infty}^{+\infty} f(x,y)\mathrm{d}y=\begin{cases}2x, & 0 \leqslant x \leqslant 1\\ 0, & \text{其他}\end{cases}$$

$$f_Y(y)=\int_{-\infty}^{+\infty} f(x,y)\mathrm{d}x=\begin{cases}1-|y|, & 0 \leqslant y \leqslant 1\\ 0, & \text{其他}\end{cases}$$

因此当$0<x<1$时

$$f_{Y|X}(y \mid x)=\frac{f(x,y)}{f_X(x)}=\begin{cases}\frac{1}{2x}, & -x<y<x\\ 0, & \text{其他}\end{cases}$$

当$|y|<1$时

$$f_{X|Y}(x \mid y)=\frac{f(x,y)}{f_Y(y)}=\begin{cases}\frac{1}{1-y}, & y<x<1\\ \frac{1}{1+y}, & -y<x<1\\ 0, & \text{其他}\end{cases}$$

3－11　设二维随机变量(X,Y)的联合概率密度函数为

$$f(x,y)=\begin{cases}\dfrac{6}{(x+y+1)^4}, & x\geqslant 0,y\geqslant 0\\ 0, & \text{其他}\end{cases}$$

试求:(1) 条件概率密度函数$f_{X|Y}(x|y)$;(2) 概率$P\{0\leqslant X\leqslant 1|Y=1\}$.

解　由题意可知

$$(1)f_Y(y)=\int_{-\infty}^{+\infty}f(x,y)\mathrm{d}x=\begin{cases}\dfrac{2}{(y+1)^3}, & y\geqslant 0\\ 0, & \text{其他}\end{cases}$$

因此
$$f_{X|Y}(x|y)=\frac{f(x,y)}{f_Y(y)}=\begin{cases}\dfrac{3(y+1)^3}{(x+y+1)^4}, & x\geqslant 0\\ 0, & x<0\end{cases}$$

$$(2)P\{0\leqslant X\leqslant 1|Y=1\}=\int_0^1 f_{X|Y}(x|y)\mathrm{d}x=\int_0^1\frac{24}{(x+2)^4}\mathrm{d}x=\frac{19}{27}$$

3－12　第3－1题中的随机变量X和Y是否相互独立.

解　由离散型随机变量独立性判断定理可知放回抽样的情况,X和Y是独立的. 不放回抽样的情况:

$$P\{X=0,Y=0\}\neq P\{X=0\}P\{Y=0\}$$

因此X,Y不独立.

3－13　设X和Y是两个相互独立的随机变量,X在$(0,1)$上服从均匀分布,Y的概率密度函数为$f_Y(y)=\begin{cases}\frac{1}{2}\mathrm{e}^{-\frac{y}{2}}, & y>0\\ 0, & \text{其他}\end{cases}$. (1) 求$X$和$Y$的联合密度;(2) 设含有$a$的二次方程为$a^2+2Xa+Y=0$,试求有实根的概率.

解　由题意可知

$$(1)\qquad f(x,y)=f_X(x)f_Y(y)=\begin{cases}\dfrac{1}{2}\mathrm{e}^{-\frac{y}{2}}, & 0<x<1,y>0\\ 0, & \text{其他}\end{cases}$$

(2) 由有实根判断条件可知,有实根的区间为

$$D=\{(x,y)|0<x<1,0<y\leqslant x^2\}$$

$$\begin{aligned}P\{Y\leqslant X^2\}&=\iint_D f(x,y)\mathrm{d}x\mathrm{d}y=\int_0^1\mathrm{d}x\int_0^{x^2}\frac{1}{2}\mathrm{e}^{-\frac{y}{2}}\mathrm{d}y=-\int_0^1\mathrm{d}x\int_0^{x^2}\mathrm{d}\mathrm{e}^{-\frac{y}{2}}\\&=1-\int_0^1\mathrm{e}^{\frac{-x^2}{2}}\mathrm{d}x=1-\sqrt{2\pi}\int_0^1\frac{1}{\sqrt{2\pi}}\mathrm{e}^{-\frac{x^2}{2}}\mathrm{d}x\\&=1-\sqrt{2\pi}[\Phi(1)-\Phi(0)]=0.144\ 5\end{aligned}$$

（1）求待定系数 k；

（2）求 X 和 Y 的边缘概率密度函数；

（3）判定 X 和 Y 的独立性.

解 由题意可知

（1）$\int_{-\infty}^{+\infty}\int_{-\infty}^{+\infty}\frac{k}{(1+y^2)(1+x^2)}\mathrm{d}x\mathrm{d}y=1$，因此 $k=\frac{1}{\pi^2}$；

（2）$f_Y(y)=\int_{-\infty}^{+\infty}f(x,y)\mathrm{d}x=\frac{1}{\pi(1+y^2)}$；

（3）又由 $f_X(x)=\int_{-\infty}^{+\infty}f(x,y)\mathrm{d}y=\frac{1}{\pi(1+x^2)}$，因此 $f(x,y)=f_X(x)f_Y(y)$，所以 X 和 Y 相互独立.

3－15　已知 $P\{X=k\}=\frac{a}{k}$，$P\{Y=-k\}=\frac{b}{k^2}$，$k=1,2,3$，X 和 Y 独立，试确定 a,b 的值；并求出 X 和 Y 的联合分布律以及 $Z=X+Y$ 的分布律.

解 由概率的归一性可知 $a=6/11$，$b=36/49$，$Z=X+Y$ 的可能取值为 -2，-1，0，1，2，因此

$Z=X+Y$	-2	-1	0	1	2	其中 $\alpha=\frac{1}{539}$
P	24α	66α	251α	126α	72α	

3－16　设某种商品一周的需要量是一个随机变量，其概率密度函数为

$$f(t)=\begin{cases}te^{-t}, & t>0\\ 0, & t\leqslant 0\end{cases}$$

并设各周的需要量是相互独立的，试求：（1）两周的需要量的概率密度函数；（2）三周的需要量的概率密度函数.

解 （1）两周的需要量为第一周加上第二周需要量，即 $Z=T_1+T_2$，由卷积公式

$$f_z(z)=\int_{-\infty}^{+\infty}f(z-y\cdot y)\mathrm{d}y=\begin{cases}\int_0^z(z-y)e^{y-z}\cdot ye^{-y}\mathrm{d}y=\frac{z^3}{6}e^{-z}, & z>0\\ 0, & 其他\end{cases}$$

$$f_u(u)=\int_{-\infty}^{+\infty}f(u-y\cdot y)\mathrm{d}y=\begin{cases}\int_0^u(u-y)e^{y-u}\cdot ye^{-y}\mathrm{d}y=\frac{u^5}{120}e^{-u}, & u>0\\ 0, & 其他\end{cases}$$

（2）三周的需要量为前两周加上第三周需要量，即 $U=Z+T_3$，由卷积公式可知

$$f_U(u)=\begin{cases}\frac{u^5}{120}e^{-u}, & u>0\\ 0, & u\leqslant 0\end{cases}$$

3 - 17　已知二维随机变量(X,Y)的联合概率密度函数为

$$f(x,y)=\begin{cases}Ae^{-(2x+y)}, & x>0,y>0\\ 0, & 其他\end{cases}$$

试求:(1) 待定系数A;(2) 概率$P\{X>2,Y>1\}$;(3) 分布函数$F_Z(z)$,其中$Z=X+Y$.

解　由题意可知

(1) $\iint\limits_D f(x,y)\mathrm{d}x\mathrm{d}y=1$,则$A=2$;

(2) $P\{X>2,Y>1\}=\int_2^{+\infty}\int_1^{+\infty}f(x,y)\mathrm{d}x\mathrm{d}y=e^{-5}$;

(3) 由分布函数法可得

$$F_Z(z)=P\{Z\leqslant z\}=\int_0^z\int_0^{z-x}e^{-(2x+y)}\mathrm{d}x\mathrm{d}y=\begin{cases}(1-e^{-z})^2, & z>0\\ 0, & 其他\end{cases}$$

3 - 18　设某种型号的电子管的寿命(单位:h)近似地服从正态分布$N(160,20^2)$,随机地选取4只,求其中没有一只寿命小于180 h的概率.

解　设$N=\min\{X_1,X_2,X_3,X_4\}$,因此

$$\begin{aligned}P\{N>180\}&=P\{X_1>180,X_2>180,X_3>180,X_4>180\}\\&=P\{X>180\}^4=[1-p\{X<180\}]^4=0.158\,7^4=0.000\,63\end{aligned}$$

3 - 19　设随机变量(X,Y)的概率密度函数为

$$f(x,y)=\begin{cases}be^{-(x+y)}, & 0<x<1,0<y<+\infty\\ 0, & 其他\end{cases}$$

(1) 试确定常数b;

(2) 求边缘概率密度函数;

(3) 求函数$U=\max\{X,Y\}$的分布函数.

解　由题意可知

(1)
$$\iint\limits_D f(x,y)\mathrm{d}x\mathrm{d}y=1,则\ b=\frac{1}{1-e^{-1}}$$

(2)
$$f_X(x)=\int_{-\infty}^{+\infty}f(x,y)\mathrm{d}y=\begin{cases}\dfrac{e^{-x}}{1-e^{-1}}, & 0<x<1\\ 0, & 其他\end{cases}$$

$$f_Y(y)=\int_{-\infty}^{+\infty}f(x,y)\mathrm{d}x=\begin{cases}\int_0^1 be^{-(x+y)}\mathrm{d}x=e^{-y}, & y>0\\ 0, & 其他\end{cases}$$

(3)
$$F_U(u)=P\{\max(X,Y)\leqslant u\}=\int_{-\infty}^{u}\int_{-\infty}^{u}f(x,y)\mathrm{d}x\mathrm{d}y=\begin{cases}\dfrac{(1-e^{-u})^2}{1-e^{-1}}, & 0\leqslant u<1\\ 1-e^{-u}, & u\geqslant 1\\ 0, & 其他\end{cases}$$

3－20　雷达的圆形屏幕半径为R,设目标出现点(X,Y)在屏幕上服从均匀分布.

(1) 求$P\{Y>0 \mid Y>X\}$;

(2) 设$M=\max\{X,Y\}$,求$P\{M>0\}$.

解　随机变量X和Y的联合概率密度函数为

$$f(x,y)=\begin{cases}\dfrac{1}{\pi R^2}, & x^2+y^2\leqslant R^2\\ 0, & 其他\end{cases}$$

$$(1)P\{Y>0 \mid Y>X\}=\frac{P\{Y>0,Y>X\}}{P\{Y>X\}}=\frac{3}{4}$$

$$(2)P\{M>0\}=P\{\max(X,Y)>0\}=1-P\{\max(X,Y)\leqslant 0\}=1-P\{X\leqslant 0,Y\leqslant 0\}=\frac{3}{4}$$

3－21　设(X,Y)的联合概率密度函数为$f(x,y)=\dfrac{1}{2\pi}\mathrm{e}^{-\frac{x^2+y^2}{2}}$,试求$Z=\sqrt{X^2+Y^2}$的概率密度函数.

解　由分布函数法可知

$$F(z)=P\{Z\leqslant z\}=P\{\sqrt{X^2+Y^2}\leqslant z\}$$

$$=\frac{1}{2\pi}\int_0^{2\pi}\mathrm{d}\theta\int_0^z r\mathrm{e}^{-\frac{r^2}{2}}\mathrm{d}r=\begin{cases}1-\mathrm{e}^{-\frac{z^2}{2}}, & z>0\\ 0, & 其他\end{cases}$$

3－22　设随机变量X和Y独立,其中X为离散型随机变量,分布律为

X	1	2
p	0.3	0.7

Y为连续型随机变量,其概率密度函数为$f(y)$,求随机变量$U=X+Y$的概率密度$g(u)$.

解　由题意可知

$$\begin{aligned}G(u)&=P\{X+Y\leqslant u\}=0.3\cdot P\{X+Y\leqslant u \mid X=1\}+0.7\cdot P\{X+Y\leqslant u \mid X=2\}\\&=0.3\cdot P\{Y\leqslant u-1 \mid X=1\}+0.7\cdot P\{Y\leqslant u-2 \mid X=2\}\end{aligned}$$

由于X,Y独立,则

$$G(u)=0.3\cdot\{Y\leqslant u-1\}+0.7\cdot\{Y\leqslant u-2\}=0.3F(u-1)+0.7F(u-2)$$

由此得U的概率密度为

$$g(u)=G'(u)=0.3F'(u-1)+0.7F'(u-2)=0.3f(u-1)+0.7f(u-2)$$

3－23　对某种电子装置的输出测量了5次,得到的观察值X_1,X_2,X_3,X_4,X_5,设它们是相互独立的随机变量,且都服从参数$\sigma=2$的瑞利(Rayleigh)分布,即概率密度函数为

$$f(x)=\begin{cases}\dfrac{x}{\sigma^2}\mathrm{e}^{-\frac{x^2}{2\sigma^2}}, & x>0\\ 0, & x\leqslant 0\end{cases}$$

(1) 求 $U = \max\{X_1, X_2, X_3, X_4, X_5\}$ 的分布函数;

(2) 求 $V = \min\{X_1, X_2, X_3, X_4, X_5\}$ 的分布函数;

(3) 计算 $P\{U > 4\}$.

解　由题意可知

$$(1) F_U(u) = [F_X(u)]^5 = \begin{cases} [1 - e^{-\frac{u^2}{8}}]^5, & u \geqslant 0 \\ 0, & u < 0 \end{cases}$$

$$(2) F_V(v) = 1 - [1 - F_X(v)]^5 = \begin{cases} 1 - e^{-\frac{5v^2}{8}}, & v \geqslant 0 \\ 0, & v < 0 \end{cases}$$

$$(3) P\{U > 4\} = \int_4^{+\infty} f_U(u)\mathrm{d}u = 0.516\ 7$$

3 - 24　设 X 和 Y 分别表示两个不同电子器件的寿命(单位:h),并设 X 和 Y 相互独立,且服从同一分布,其概率密度函数为

$$f(x) = \begin{cases} \dfrac{1\ 000}{x^2}, & x > 1\ 000 \\ 0, & \text{其他} \end{cases}$$

求 $Z = \dfrac{X}{Y}$ 的概率密度函数.

解　因为 $F(t) = P\{T \leqslant t\} = P\left\{\dfrac{X}{Y} \leqslant t\right\}$,当 $t \leqslant 0$ 时,$F(t) = 0$,当 $0 < t \leqslant 1$ 时

$$F(t) = P\left\{\frac{X}{Y} \leqslant t\right\} = 1\ 000^2\int_{1\ 000}^{+\infty} \frac{\mathrm{d}x}{x^2}\int_{\frac{x}{t}}^{+\infty} \frac{\mathrm{d}y}{y^2} = 1\ 000^2\int_{1\ 000}^{+\infty} \frac{t}{x^3}\mathrm{d}x = \frac{t}{2}$$

当 $t > 1$ 时

$$F(t) = P\left\{\frac{X}{Y} \leqslant t\right\} = 1\ 000^2\int_{1\ 000}^{+\infty} \frac{\mathrm{d}y}{y^2}\int_{1\ 000}^{ty} \frac{\mathrm{d}x}{x^2} = 1 - \frac{1}{2t}$$

所以,T 的概率密度函数为

$$f(t) = F'(t) = \begin{cases} 0, & t \leqslant 0 \\ \dfrac{1}{2}, & 0 < t \leqslant 1 \\ \dfrac{1}{2t^2}, & t > 1 \end{cases}$$

3 - 25　设随机变量 (X,Y) 的概率密度函数为 $f(x,y) = \begin{cases} e^{-(x+y)}, & x > 0, y > 0 \\ 0, & \text{其他} \end{cases}$,试求 $Z = \dfrac{X+Y}{2}$ 的概率密度函数.

解　由分布函数法求概率密度函数可知

$$F_Z(z) = P\{Z \leqslant z\} = P\left\{\frac{X+Y}{2} \leqslant z\right\} = P\{X+Y \leqslant 2z\}$$

$$= \int_0^{2z} \mathrm{d}x \int_0^{2z-x} \mathrm{e}^{-(x+y)} \mathrm{d}y = 1 - \mathrm{e}^{-2z} - 2z\mathrm{e}^{-2z}$$

因此

$$f_Z(z) = F'_Z(z) = \begin{cases} 4z\mathrm{e}^{-2z}, & z > 0 \\ 0, & z \leqslant 0 \end{cases}$$

第 4 章　随机变量的数字特征

【本章基本要求】

1. 理解数学期望和方差的概念，掌握它们的性质与计算；

2. 掌握二项分布、泊松分布、均匀分布、指数分布和正态分布的数学期望和方差；

3. 了解矩、协方差和相关系数的概念和性质，并会计算.

【本章重点】

数学期望与方差的概念、性质与计算方法；二项分布、泊松分布、正态分布和指数分布的数学期望和方差；协方差与相关系数的概念、性质和计算.

【本章难点】

数学期望与方差的计算方法；随机变量的函数的数学期望的计算方法；条件数学期望的概念和性质；矩的概念、性质及计算方法.

4.1　知 识 要 点

4.1.1　一维随机变量的数字特征

表 4 - 1　一维随机变量的数字特征

<table>
<tr><th></th><th>X 为离散型随机变量</th><th>X 为连续型随机变量</th></tr>
<tr><td rowspan="2">数学期望</td><td>(1) X 的分布
$$\begin{array}{c|ccccc} X & x_1 & x_2 & \cdots & x_i & \cdots \\ \hline P & p_1 & p_2 & \cdots & p_i & \cdots \end{array}$$
$P\{X = x_i\} = p_i$, $E(X) = \sum_i x_i p_i$
(2) 随机变量函数 $Y = g(X)$
$$E(Y) = \sum_i g(x_i) p_i$$
注：① 两个级数均要绝对收敛
②$g(X)$ 是 X 的连续函数</td><td>(1) X 的概率密度为 $f(x)$
$$E(X) = \int_{-\infty}^{+\infty} x f(x) \mathrm{d}x$$
(2) 随机变量函数 $Y = g(X)$
$$E(Y) = \int_{-\infty}^{+\infty} g(x) f(x) \mathrm{d}x$$
注：① 两个广义积分均要绝对收敛
②$g(X)$ 是 X 的连续函数</td></tr>
<tr><td colspan="2">$E(X)$ 的性质：
(ⅰ) $E(C) = C$ (C 为常数)
(ⅱ) $E(CX) = CE(X)$
(ⅲ) $E(X + Y) = E(X) + E(Y)$
(ⅳ) 若 X 与 Y 相互独立，则 $E(XY) = E(X)E(Y)$</td></tr>
</table>

表 4-1(续)

<table>
<tr><th></th><th>X 为离散型随机变量</th><th>X 为连续型随机变量</th></tr>
<tr><td rowspan="4">方差</td><td colspan="2">$D(X) \triangleq E[X-E(X)]^2$</td></tr>
<tr><td>$D(X)=\sum_i [x_i-E(X)]^2 p_i$</td><td>$D(X)=\int_{-\infty}^{+\infty}[x-E(X)]^2 f(x)\mathrm{d}x$</td></tr>
<tr><td colspan="2">$D(X)$ 的一个重要的计算公式　$D(X)=E(X^2)-[E(X)]^2$</td></tr>
<tr><td colspan="2">$D(X)$ 的性质：
（ⅰ）$D(C)=0$（C 为常数）　（ⅱ）$D(CX)=C^2D(X)$
（ⅲ）若 X 与 Y 相互独立，则 $D(X\pm Y)=D(X)+D(Y)$</td></tr>
<tr><td>矩</td><td>(1) X 的 k 阶原点矩 u_k 为
$u_k=E(X^k)=\sum_i x_i^k p_i$
(2) X 的 k 阶中心矩 v_k 为
$v_k=E[X-E(X)]^k=\sum_i (x_i-u_1)^k p_i$</td><td>(1) X 的 k 阶原点矩 u_k 为
$u_k=E(X^k)=\int_{-\infty}^{+\infty}x^k f(x)\mathrm{d}x$
(2) X 的 k 阶中心矩 v_k 为
$v_k=E[X-E(X)]^k$
$=\int_{-\infty}^{+\infty}(x-u_1)^k f(x)\mathrm{d}x$</td></tr>
</table>

4.1.2　几种重要分布的数学期望与方差

表 4-2　几种重要分布的数学期望与方差

分布	分布律或概率密度	数学期望	方差
两点分布 $X\sim B(1,p)$	$P\{X=k\}=\binom{1}{k}p^k(1-p)^{1-k}$ $(0<p<1)$　$(k=0,1)$	p	$p(1-p)$
二项分布 $X\sim B(n,p)$	$P\{X=k\}=\binom{n}{k}p^k(1-p)^{n-k}$ $k=0,1,2,\cdots,n$　$(0<p<1)$	np	$np(1-p)$
泊松分布 $X\sim P(\lambda)$	$P\{X=k\}=\dfrac{\lambda^k e^{-\lambda}}{k!}$ $k=0,1,2,\cdots$　$(\lambda>0)$	λ	λ
均匀分布 $X\sim U(a,b)$	$f(x)=\begin{cases}\dfrac{1}{b-a}, & a<x<b \\ 0, & \text{其他}\end{cases}$	$\dfrac{a+b}{2}$	$\dfrac{(b-a)^2}{12}$

表 4 - 2(续)

分布	分布律或概率密度	数学期望	方差
正态分布 $X \sim N(\mu,\sigma^2)$	$f(x)=\frac{1}{\sqrt{2\pi}\sigma}e^{-\frac{(x-\mu)^2}{2\sigma^2}}$ $(-\infty<x<+\infty)$	μ	σ^2
指数分布 $X \sim E(\lambda)$	$f(x)=\begin{cases}\lambda e^{-\lambda x}, & x>0\\ 0, & x\leqslant 0\end{cases}(\lambda>0)$	$\frac{1}{\lambda}$	$\frac{1}{\lambda^2}$

4.1.3 二维随机变量的数字特征

表 4 - 3 二维随机变量的数字特征

	(X,Y) 为离散型随机变量	(X,Y) 为连续型随机变量
已知二维随机变量 (X,Y) 的联合分布律或联合概率密度	设 (X,Y) 的联合分布律为 $P\{X=x_i,Y=y_j\}=p_{ij}(i,j,=1,2,\cdots)$ 或写成表格的形式为 $\begin{array}{c\|ccccc} X \backslash Y & y_1 & y_2 & \cdots & y_j & \cdots \\ \hline x_1 & p_{11} & p_{12} & \cdots & p_{1j} & \cdots \\ x_2 & p_{21} & p_{22} & \cdots & p_{2j} & \cdots \\ \vdots & \vdots & \vdots & & \vdots & \\ x_i & p_{i1} & p_{i2} & \cdots & p_{ij} & \cdots \\ \vdots & \vdots & \vdots & & \vdots & \end{array}$ 则(1) $E(X)=\sum_{i=1}^{\infty}x_ip_{i\cdot}=\sum_{i=1}^{\infty}\sum_{j=1}^{\infty}x_ip_{ij}$ $E(Y)=\sum_{j=1}^{\infty}y_jp_{\cdot j}=\sum_{j=1}^{\infty}\sum_{i=1}^{\infty}y_jp_{ij}$ (2) $D(X)=\sum_{i=1}^{\infty}\sum_{j=1}^{\infty}[x_i-EX]^2p_{ij}$ $D(Y)=\sum_{i=1}^{\infty}\sum_{j=1}^{\infty}[y_j-EY]^2p_{ij}$	设 (X,Y) 的联合概率密度为 $f(x,y)$ 则 (1) $E(X)=\int_{-\infty}^{+\infty}xf_X(x)\mathrm{d}x$ $=\int_{-\infty}^{+\infty}\int_{-\infty}^{+\infty}xf(x,y)\mathrm{d}x\mathrm{d}y$ $E(Y)=\int_{-\infty}^{+\infty}yf_Y(y)\mathrm{d}y$ $=\int_{-\infty}^{+\infty}\int_{-\infty}^{+\infty}yf(x,y)\mathrm{d}x\mathrm{d}y$ (2) $D(X)=\int_{-\infty}^{+\infty}(x-EX)^2f_X(x)\mathrm{d}x$ $=\int_{-\infty}^{+\infty}\int_{-\infty}^{+\infty}(x-EX)^2f(x,y)\mathrm{d}x\mathrm{d}y$ $D(Y)=\int_{-\infty}^{+\infty}[y-EY]^2f_Y(y)\mathrm{d}y$ $=\int_{-\infty}^{+\infty}\int_{-\infty}^{+\infty}(y-EY)^2f(x,y)\mathrm{d}x\mathrm{d}y$

表 4－3(续)

<table>
<tr><th></th><th>(X,Y) 为离散型随机变量</th><th>(X,Y) 为连续型随机变量</th></tr>
<tr><td>二维随机变量(X,Y)的函数 $Z=g(X,Y)$ 的期望</td><td>$E(Z)=E[g(X,Y)]=\sum\limits_{i=1}^{\infty}\sum\limits_{j=1}^{\infty}g(x_i,y_j)p_{ij}$
($g(\cdot)$ 是连续函数)</td><td>$E(Z)=E[g(X,Y)]$
$=\int_{-\infty}^{+\infty}\int_{-\infty}^{+\infty}g(x,y)f(x,y)\mathrm{d}x\mathrm{d}y$</td></tr>
<tr><td rowspan="2">协方差
$\mathrm{Cov}(X,Y)$</td><td colspan="2">$\mathrm{Cov}(X,Y)\triangleq E[(X-E(X))(Y-E(Y))]$
$=E(XY)-E(X)E(Y)$</td></tr>
<tr><td colspan="2">性质:(ⅰ)$\mathrm{Cov}(X,X)=D(X)$　(ⅱ)$\mathrm{Cov}(X,Y)=\mathrm{Cov}(Y,X)$
(ⅲ)$\mathrm{Cov}(aX,bY)=ab\mathrm{Cov}(X,Y)$
(ⅳ)$\mathrm{Cov}(X_1+X_2,Y)=\mathrm{Cov}(X_1,Y)+\mathrm{Cov}(X_2,Y)$</td></tr>
<tr><td rowspan="2">相关系数
ρ_{XY}</td><td colspan="2">$\rho_{XY}\triangleq\dfrac{\mathrm{Cov}(X,Y)}{\sqrt{D(X)}\sqrt{D(Y)}}=\dfrac{E(XY)-E(X)E(Y)}{\sqrt{D(X)}\sqrt{D(Y)}}$</td></tr>
<tr><td colspan="2">性质:(ⅰ)$-1\leqslant\rho_{XY}\leqslant 1$
(ⅱ)若 X 与 Y 相互独立,则 $\rho_{XY}=0$
(ⅲ)$\lvert\rho_{XY}\rvert=1\Leftrightarrow X$ 与 Y 以概率 1 线性相关,即存在常数 a,b,使
$P\{Y=aX+b\}=1(a\neq 0)$</td></tr>
<tr><td>(X,Y) 的
协方差矩阵</td><td colspan="2">(X,Y) 的协方差矩阵 $\triangleq\begin{pmatrix}C_{11} & C_{12}\\ C_{21} & C_{22}\end{pmatrix}$
其中　$C_{11}=E[X-E(X)]^2=D(X)$
$C_{12}=E[X-E(X)][Y-E(Y)]=\mathrm{Cov}(X,Y)$
$C_{21}=E[Y-E(Y)][X-E(X)]=\mathrm{Cov}(Y,X)$
$C_{22}=E[Y-E(Y)]^2=D(Y)$</td></tr>
</table>

4.1.4　几个重要结论

(1) $\mathrm{Cov}(X,Y)=0\Leftrightarrow\rho_{XY}=0\Leftrightarrow E(XY)=E(X)E(Y)\Leftrightarrow D(X+Y)=D(X)+D(Y)$

(2) 若 X 与 Y 相互独立,则 X 与 Y 不相关,即 X 与 Y 相互独立 $\Rightarrow\rho_{XY}=0$,反之不成立.

(3) 若$(X,Y)\sim N(\mu_1,\mu_2,\sigma_1^2,\sigma_2^2,\rho)$,则

①X 与 Y 相互独立 $\Leftrightarrow\rho=\rho_{XY}=0$,即 X,Y 不相关与 X,Y 相互独立等价.

② 设 $Z=aX+bY$,则随机变量 Z 也服从正态分布.

③$E(X)=\mu_1,E(Y)=\mu_2,D(X)=\sigma_1^2,D(Y)=\sigma_2^2,\rho_{XY}=\rho,\mathrm{Cov}(X,Y)=\rho\sigma_1\sigma_2$.

(4) $[E(XY)]^2\leqslant E(X^2)E(Y^2)$.

(5) 设 X,Y 为两个任意随机变量,则

$$D(X+Y)=D(X)+D(Y)+2\mathrm{Cov}(X,Y)$$

4.1.5　几个常用公式

(1) $a+aq+aq^2+\cdots+aq^{n-1}+\cdots=\dfrac{a}{1-q}\quad(|q|<1)$;

(2) $a+2aq+3aq^2+\cdots+naq^{n-1}+\cdots=\dfrac{a}{(1-q)^2}\quad(|q|<1)$;

(3) $a+2^2aq+3^2aq^2+\cdots+n^2aq^{n-1}+\cdots=\dfrac{a(1+q)}{(1-q)^3}\quad(|q|<1)$;

(4) $1+\lambda+\dfrac{1}{2!}\lambda^2+\cdots+\dfrac{1}{n!}\lambda^n+\cdots=\mathrm{e}^{\lambda}$;

(5) $\int_0^{+\infty}\mathrm{e}^{-\frac{x^2}{2}}\mathrm{d}x=\sqrt{\dfrac{\pi}{2}}$.

4.2　典型例题

例1　(2010,数学一)设随机变量 X 的分布为 $P\{X=k\}=\dfrac{C}{k!}$,$k=0,1,\cdots$,其中 C 为未知的常数,则 $E(X^2)=$ ________.

分析　先求出随机变量 X 分布中的未知数 C,再分别计算 $E(X)$ 和 $D(X)$,然后根据 $E(X^2)=D(X)+[E(X)]^2$ 求出 $E(X^2)$.

根据随机变量分布律的性质 $\sum\limits_{k=0}^{\infty}P\{X=k\}=1$,有 $\sum\limits_{k=0}^{\infty}\dfrac{C}{k!}=1$,即 $C\sum\limits_{k=0}^{\infty}\dfrac{1}{k!}=1$,由于 $\sum\limits_{k=0}^{\infty}\dfrac{1}{k!}=\mathrm{e}$,可得 $C=\mathrm{e}^{-1}$,则随机变量 X 的分布律为

$$P\{X=k\}=\frac{\mathrm{e}^{-1}}{k!}\quad(k=0,1,\cdots)$$

由此可以看出 X 服从参数为1的泊松分布,则

$$E(X)=1,D(X)=1,\ E(X^2)=DX+[E(X)]^2=2$$

解　2.

例2　(2011,数学一)设二维随机变量 (X,Y) 服从正态分布 $N(\mu,\mu,\sigma^2,\sigma^2;0)$,则 $E(XY^2)=$ ________.

分析　$(X,Y)\sim N(\mu,\mu,\sigma^2,\sigma^2;0)$,则 $E(X)=E(Y)=\mu$,$D(X)=D(Y)=\sigma^2$,且 X 与 Y 不相关,由于二维正态分布 X 与 Y 不相关和 X 与 Y 相互独立等价,则 X 与 Y 相互独立,X 与 Y^2

也相互独立,那么

$$E(XY^2) = E(X)E(Y^2) = E(X)[D(Y) + (EY)^2] = \mu(\sigma^2 + \mu^2)$$

解 $\mu(\sigma^2 + \mu^2)$.

例 3 设两个随机变量 X,Y 相互独立,且都服从均值为0,方差为$\frac{1}{2}$的正态分布,则 $D(|X-Y|) =$ ________.

分析 因为 $E(X) = E(Y) = 0, D(X) = D(Y) = \frac{1}{2}, \rho_{XY} = 0$,有

$$E(X-Y) = 0,\ D(X-Y) = D(X) + D(Y) = 1$$

设 $Z = X - Y$,则 Z 也服从正态分布,且 $Z \sim N(0,1)$,故

$$E(|Z|) = \int_{-\infty}^{+\infty} |z| f_Z(z)\mathrm{d}z = \frac{1}{\sqrt{2\pi}}\int_{-\infty}^{+\infty} |z| \cdot \mathrm{e}^{-\frac{z^2}{2}}\mathrm{d}z$$

$$= \frac{2}{\sqrt{2\pi}}\int_0^{+\infty} z\mathrm{e}^{-\frac{z^2}{2}}\mathrm{d}z = \frac{2}{\sqrt{2\pi}} = \sqrt{\frac{2}{\pi}}$$

$$D(|Z|) = E(|Z|)^2 - [E(|Z|)]^2 = E(Z^2) - \left(\sqrt{\frac{2}{\pi}}\right)^2$$

$$= D(Z) + [E(Z)]^2 - \frac{2}{\pi} = 1 + 0 - \frac{2}{\pi}$$

$$= 1 - \frac{2}{\pi}$$

解 $1 - \frac{2}{\pi}$.

例 4 (2004,数学一) 设随机变量 X 服从参数为 $\lambda(\lambda > 0)$ 的指数分布,则 $P\{X > \sqrt{D(X)}\} =$ ________.

分析 由于 X 服从参数为 λ 的指数分布,则 X 的概率密度函数为

$$f(x) = \begin{cases} \lambda\mathrm{e}^{-\lambda x}, & x > 0 \\ 0, & x \leqslant 0 \end{cases}$$

且 $E(X) = \frac{1}{\lambda}, D(X) = \frac{1}{\lambda^2}$,那么

$$P\{X > \sqrt{D(X)}\} = P\{X > \frac{1}{\lambda}\} = \int_{\frac{1}{\lambda}}^{+\infty} \lambda\mathrm{e}^{-\lambda x}\mathrm{d}x = \frac{1}{\mathrm{e}}$$

解 $\frac{1}{\mathrm{e}}$.

例 5 (2008,数学一) 设随机变量 X 服从参数为1的泊松分布,则 $P\{X = E(X^2)\} =$ ________.

分析　因为 X 服从参数为 1 的泊松分布，所以 $E(X)=D(X)=1$. 从而

$$E(X^2)=D(X)+[E(X)]^2=2$$

故

$$P\{X=E(X^2)\}=P\{X=2\}=\frac{1^2\cdot e^{-1}}{2!}=\frac{1}{2e}$$

解　$\frac{1}{2e}$.

例6　(2008，数学一) 随机变量 X 服从正态分布 $N(0,1)$，Y 服从正态分布 $N(1,4)$，且相关系数 $\rho_{XY}=1$，则(　　).

A. $P\{Y=-2X-1\}=1$　　B. $P\{Y=2X-1\}=1$

C. $P\{Y=-2X+1\}=1$　　D. $P\{Y=2X+1\}=1$

分析　由相关系数的性质得，$\rho_{XY}=1\Rightarrow P\{Y=aX+b\}=1$，其中 $a>0$，即随机变量 X 与 Y 正相关，那么排除选项 A 和 C，然后根据已知，由于 $X\sim N(0,1)$，则 $E(X)=0$，$D(X)=1$，由于 $Y\sim N(1,4)$，则 $E(Y)=1$，$D(Y)=4$，而 $E(Y)=E(aX+b)=aE(X)+b=b$，得 $b=1$，故应选 D.

解　D.

例7　(2009，数学一) 设随机变量 X 的分布函数 $F(x)=0.3\Phi(x)+0.7\Phi\left(\frac{x-1}{2}\right)$，其中 $\Phi(x)$ 为标准正态随机变量分布函数，则 $E(X)=$(　　).

A. 0　　B. 0.3　　C. 0.7　　D. 1

分析　由已知 $F(x)=0.3\Phi(x)+0.7\Phi\left(\frac{x-1}{2}\right)$，得 X 的概率密度函数为

$$f(x)=F'(x)=0.3\Phi'(x)+\frac{0.7}{2}\Phi'\left(\frac{x-1}{2}\right)$$

其中 $\Phi'(x)=\frac{1}{\sqrt{2\pi}}e^{-\frac{x^2}{2}}$，为标准正态随机变量的概率密度，所以

$$\begin{aligned}E(X)&=\int_{-\infty}^{+\infty}xF'(x)\,dx=\int_{-\infty}^{+\infty}x\left[0.3\Phi'(x)+0.35\Phi'\left(\frac{x-1}{2}\right)\right]dx\\&=0.3\int_{-\infty}^{+\infty}x\Phi'(x)\,dx+0.35\int_{-\infty}^{+\infty}x\Phi'\left(\frac{x-1}{2}\right)dx\end{aligned}$$

由于 $\int_{-\infty}^{+\infty}x\Phi'(x)\,dx=\int_{-\infty}^{+\infty}x\frac{1}{\sqrt{2\pi}}e^{-\frac{x^2}{2}}dx=0$. 计算 $\int_{-\infty}^{+\infty}x\Phi'\left(\frac{x-1}{2}\right)dx$，令 $\frac{x-1}{2}=u$，得

$$上式=2\int_{-\infty}^{+\infty}(2u+1)\Phi'(u)\,du=2\int_{-\infty}^{+\infty}2u\Phi'(u)\,du+2\int_{-\infty}^{+\infty}\Phi'(u)\,du=2$$

所以 $E(X)=0+0.35\times 2=0.7$.

解　C.

例8 （2011,数学一）设随机变量 X 与 Y 相互独立，且 $E(X)$ 与 $E(Y)$ 存在，记 $U=\max\{X,Y\}$，$V=\min\{X,Y\}$，则 $E(UV)=$（　　）.

A. $E(U)E(V)$　　　B. $E(X)E(Y)$　　　C. $E(U)E(Y)$　　　D. $E(X)E(V)$

分析　$U=\max\{X,Y\}=\frac{1}{2}(X+Y+|X-Y|)$，$V=\min\{X,Y\}=\frac{1}{2}(X+Y-|X-Y|)$，则

$$E(UV)=E\left[\frac{1}{4}(X+Y+|X-Y|)(X+Y-|X-Y|)\right]=\frac{1}{4}E[(X+Y)^2-|X-Y|^2]$$

$$=\frac{1}{4}E(4XY)=E(XY)$$

由于 X 与 Y 相互独立，所以 $E(XY)=E(X)E(Y)$，即 $E(UV)=E(X)E(Y)$.

解　B.

例9　对于任意随机变量 X 和 Y，若 $E(XY)=E(X)E(Y)$，则（　　）.

A. $D(XY)=D(X)D(Y)$　　　B. X 和 Y 独立

C. $D(X+Y)=D(X)+D(Y)$　　　D. X 和 Y 不独立

分析　若 X 与 Y 独立，则一定有 $E(XY)=E(X)E(Y)$.

而若 $E(XY)=E(X)E(Y)$，则 X 和 Y 不一定相互独立. 从而 B，D 不正确. 又

$$D(X+Y)=D(X)+D(Y)+2[E(XY)-E(X)E(Y)]$$
$$\Rightarrow D(X+Y)=D(X)+D(Y)$$

故 C 正确.

至于选项 A，由于 $D(XY)=E[(XY)-E(XY)]^2=E(XY)^2-[E(XY)]^2$，而

$$D(X)D(Y)=\{E(X^2)-[E(X)]^2\}\{E(Y^2)-[E(Y)]^2\}$$
$$=E(X^2)E(Y^2)-E(X^2)[E(Y)]^2-[E(X)]^2E(Y^2)+[E(X)]^2[E(Y)]^2$$

所以
$$D(XY)\neq D(X)D(Y)$$

故 A 也不成立.

解　C.

例10　设随机变量 X 和 Y 的方差存在且不等于 0，则 $D(X+Y)=D(X)+D(Y)$ 是 X 和 Y（　　）.

A. 不相关的充分条件，但不是必要条件

B. 独立的充分条件，但不是必要条件

C. 不相关的充分必要条件

D. 独立的充分必要条件

分析　若 X 与 Y 独立，则一定有 $D(X+Y)=D(X)+D(Y)$. 但若 $D(X+Y)=D(X)+D(Y)$，则 X 与 Y 不一定独立. 因此，$D(X+Y)=D(X)+D(Y)$ 是 X 和 Y 独立的必要条件，但不是充分条件. 因此，B 不正确，从而 D 也不正确. 又若 X 与 Y 不相关，从而

$$\mathrm{Cov}(X,Y)=0\Rightarrow D(X+Y)=D(X)+D(Y)$$

反之,若

$$D(X+Y)=D(X)+D(Y)\Rightarrow \mathrm{Cov}(X,Y)=0\Rightarrow \rho_{XY}=0$$

从而 X 与 Y 不相关,这样就得出 $D(X+Y)=D(X)+D(Y)$ 是 X 与 Y 不相关的充分必要条件,故 C 正确.

解　C.

例 11　将一枚硬币重复掷 n 次,以 X 和 Y 分别表示正面和反面出现的次数,则 X 和 Y 的相关系数等于(　　).

A. -1　　B. 0　　C. $\frac{1}{2}$　　D. 1

分析　方法一:由题设可知 $X+Y=n$,即 $Y=n-X$,且

$$X\sim B(n,\frac{1}{2}),\quad Y\sim B(n,\frac{1}{2})$$

于是

$$E(X)=E(Y)=\frac{n}{2},\quad D(X)=D(Y)=\frac{n}{4}$$

$$\begin{aligned}\mathrm{Cov}(X,Y)&=E(XY)-E(X)E(Y)\\&=E(nX-X^2)-\frac{n^2}{4}\\&=nE(X)-E(X^2)-\frac{n^2}{4}\\&=nE(X)-\{D(X)+[E(X)]^2\}-\frac{n^2}{4}\\&=\frac{n^2}{2}-\left(\frac{n}{4}+\frac{n^2}{4}\right)-\frac{n^2}{4}\\&=-\frac{n}{4}\end{aligned}$$

故

$$\rho_{XY}=\frac{\mathrm{Cov}(X,Y)}{\sqrt{D(X)}\sqrt{D(Y)}}=\frac{-\frac{n}{4}}{\sqrt{\frac{n}{4}}\sqrt{\frac{n}{4}}}=-1$$

方法二:由于 $X+Y=n,Y=-X+n$,X 与 Y 为负相关,所以 $\rho_{XY}=-1$.

解　A.

例 12　(2007,数学四)设随机变量 X 与 Y 相互独立且同分布,已知 X 的分布律为

X	1	2
P	$\frac{2}{3}$	$\frac{1}{3}$

记 $U=\max\{X,Y\}$，$V=\min\{X,Y\}$.

(1) 求(U,V)的联合分布律；

(2) 求 U,V 的协方差 $\mathrm{Cov}(U,V)$.

解　(1) 由于 X,Y 是离散型随机变量，且可能的取值只有1和2，那么(U,V)的可能取值为$(1,1)$，$(1,2)$，$(2,1)$，$(2,2)$，且

$$P\{U=1,V=1\}=P\{X=1,Y=1\}=P\{X=1\}P\{Y=1\}=\frac{4}{9}$$

$$P\{U=1,V=2\}=0$$

$$P\{U=2,V=2\}=P\{X=2,Y=2\}=P\{X=2\}P\{Y=2\}=\frac{1}{9}$$

$$P\{U=2,V=1\}=P\{X=1,Y=2\}+P\{X=2,Y=1\}=\frac{4}{9}$$

所以(U,V)的联合分布律为

V	U	
	1	2
1	$\frac{4}{9}$	$\frac{4}{9}$
2	0	$\frac{1}{9}$

(2) 由上述(U,V)的分布律可求得

U	1	2
P	$\frac{4}{9}$	$\frac{5}{9}$

V	1	2
P	$\frac{8}{9}$	$\frac{1}{9}$

UV	1	2	4
P	$\frac{4}{9}$	$\frac{4}{9}$	$\frac{1}{9}$

从而 $E(U)=\frac{14}{9}$，$E(V)=\frac{10}{9}$，$E(UV)=\frac{16}{9}$，$\mathrm{Cov}(U,V)=E(UV)-E(U)E(V)=\frac{4}{81}$.

例13　(2010，数学三) 箱内有6个球，其中红、白、黑球的个数分别为1，2，3个，现从箱子中随机地取出2个球，设 X 为取出的红球个数，Y 为取出的白球个数.

(1) 求随机变量(X,Y)的联合分布律；

(2) 求 $\mathrm{Cov}(X,Y)$.

分析　此题为综合题，涉及第1章古典概型，第3章二维离散型随机变量以及第4章协方差的

相关知识,首先利用第1章古典概型求出随机变量(X,Y)的联合分布律,由于是离散型随机变量,需要求出(X,Y)所有可能的取值及相应概率,然后根据(X,Y)的联合分布律求$\mathrm{Cov}(X,Y)$.

解 (1) 根据题意(X,Y)所有可能的取值只有$(0,0),(0,1),(0,2),(1,0),(1,1)$,其中$\{X=0,Y=0\}$表示现从箱子中随机地取出2个球都是黑色,则$P\{X=0,Y=0\}=\frac{C_3^2}{C_6^2}=\frac{1}{5}$,同理可求出$(X,Y)$的分布律如下:

X	Y			
	0	1	2	$p_{i\cdot}$
0	$\frac{1}{5}$	$\frac{2}{5}$	$\frac{1}{15}$	$\frac{2}{3}$
1	$\frac{1}{5}$	$\frac{2}{15}$	0	$\frac{1}{3}$
$p_{\cdot j}$	$\frac{2}{5}$	$\frac{8}{15}$	$\frac{1}{15}$	

(2)$E(X)=\frac{1}{3},E(Y)=\frac{2}{3},E(XY)=\frac{2}{15},\mathrm{Cov}(X,Y)=E(XY)-E(X)E(Y)=-\frac{4}{45}$.

例 14 (2011,数学一)设随机变量X与Y的概率分布分别如下:

X	0	1
P	$\frac{1}{3}$	$\frac{2}{3}$

Y	-1	0	1
P	$\frac{1}{3}$	$\frac{1}{3}$	$\frac{1}{3}$

且$P\{X^2=Y^2\}=1$.

(1) 求二维随机变量(X,Y)的分布律;

(2) 求$Z=XY$的分布律;

(3) 求X与Y的相关系数ρ_{XY}.

解 (1)$P\{X^2=Y^2\}=1\Rightarrow P\{X^2\neq Y^2\}=0$,即

$$P\{X=0,Y=1\}=P\{X=0,Y=-1\}=P\{X=1,Y=0\}=0$$

又由于$P\{Y=1\}=P\{X=0,Y=1\}+P\{X=1,Y=1\}=\frac{1}{3}$,所以$P\{X=1,Y=1\}=\frac{1}{3}$.

同理可得其他联合分布律如下:

X	Y			
	−1	0	1	$p_{i\cdot}$
0	0	$\frac{1}{3}$	0	$\frac{1}{3}$
1	$\frac{1}{3}$	0	$\frac{1}{3}$	$\frac{2}{3}$
$p_{\cdot j}$	$\frac{1}{3}$	$\frac{1}{3}$	$\frac{1}{3}$	1

(2) 由于 $Z=XY$,所以 Z 的取值为 $-1,0,1$.

$$P\{Z=-1\}=P\{XY=-1\}=P\{X=1,Y=-1\}=\frac{1}{3}$$

$$P\{Z=0\}=P\{XY=0\}=P\{X=0,Y=0\}+P\{X=0,Y=1\}+$$
$$P\{X=0,Y=-1\}+P\{X=1,Y=0\}=\frac{1}{3}$$

$$P\{Z=1\}=P\{XY=1\}=P\{X=1,Y=1\}=\frac{1}{3}$$

所以 Z 的分布律为

Z	−1	0	1
P	$\frac{1}{3}$	$\frac{1}{3}$	$\frac{1}{3}$

(3) $E(X)=\frac{2}{3}, E(Y)=0, E(XY)=E(Z)=0, \rho_{XY}=\frac{E(XY)-E(X)E(Y)}{\sqrt{D(X)}\sqrt{D(Y)}}=0$

例 15 设随机变量 X 与 Y 相互独立,且 X 服从正态分布 $N(0,\sigma^2)$,Y 服从正态分布 $N(0,\sigma^2)$,求 $E(\sqrt{X^2+Y^2}), D(\sqrt{X^2+Y^2})$.

解 由题设可知

$$f_X(x)=\frac{1}{\sqrt{2\pi}\sigma}e^{-\frac{x^2}{2\sigma^2}}, f_Y(y)=\frac{1}{\sqrt{2\pi}\sigma}e^{-\frac{y^2}{2\sigma^2}}$$

又由于 X 与 Y 相互独立,所以 (X,Y) 的联合概率密度为

$$f(x,y)=f_X(x)f_Y(y)=\frac{1}{2\pi\sigma^2}e^{-\frac{x^2+y^2}{2\sigma^2}}$$

于是

$$E(\sqrt{X^2+Y^2})=\int_{-\infty}^{+\infty}\int_{-\infty}^{+\infty}\sqrt{x^2+y^2}f(x,y)\mathrm{d}x\mathrm{d}y=\int_{-\infty}^{+\infty}\int_{-\infty}^{+\infty}\sqrt{x^2+y^2}\frac{1}{2\pi\sigma^2}e^{-\frac{x^2+y^2}{2\sigma^2}}\mathrm{d}x\mathrm{d}y$$

$$\overset{\text{化为极坐标}}{=\!=\!=}\int_0^{2\pi}\int_0^{+\infty}\frac{1}{2\pi\sigma^2}re^{-\frac{r^2}{2\sigma^2}}r\mathrm{d}r\mathrm{d}\theta=\frac{1}{\sigma^2}\int_0^{+\infty}r^2e^{-\frac{r^2}{2\sigma^2}}\mathrm{d}r$$

$$= -\int_0^{+\infty} r\mathrm{e}^{-\frac{r^2}{2\sigma^2}}\mathrm{d}\left(-\frac{r^2}{2\sigma^2}\right) = -\int_0^{+\infty} r\mathrm{d}\mathrm{e}^{-\frac{r^2}{2\sigma^2}}$$

$$= -\left(r\mathrm{e}^{-\frac{r^2}{2\sigma^2}}\Big|_0^{+\infty} - \int_0^{+\infty}\mathrm{e}^{-\frac{r^2}{2\sigma^2}}\mathrm{d}r\right) = \int_0^{+\infty}\mathrm{e}^{-\frac{r^2}{2\sigma^2}}\mathrm{d}r$$

$$\xlongequal{令\frac{r}{\sigma}=u} \int_0^{+\infty}\mathrm{e}^{-\frac{u^2}{2}}\sigma\mathrm{d}u = \frac{\sqrt{2\pi}}{2}\sigma$$

$$\begin{aligned}D(\sqrt{X^2+Y^2}) &= E[(\sqrt{X^2+Y^2})^2] - [E(\sqrt{X^2+Y^2})]^2 \\ &= E(X^2+Y^2) - \left(\frac{\sqrt{2\pi}}{2}\sigma\right)^2 \\ &= \int_{-\infty}^{+\infty}\int_{-\infty}^{+\infty}(x^2+y^2)\frac{1}{2\pi\sigma^2}\mathrm{e}^{-\frac{x^2+y^2}{2\sigma^2}}\mathrm{d}x\mathrm{d}y - \frac{\pi}{2}\sigma^2 \\ &= \int_0^{2\pi}\mathrm{d}\theta\int_0^{+\infty} r^2\frac{1}{2\pi\sigma^2}\mathrm{e}^{-\frac{r^2}{2\sigma^2}}r\mathrm{d}r - \frac{\pi}{2}\sigma^2 \\ &= 2\sigma^2 - \frac{\pi}{2}\sigma^2\end{aligned}$$

例 16 设二维正态随机变量 (X,Y) 服从正态分布 $N(0,0,1,1,\rho)$，求 $\max(X,Y)$ 的数学期望.

分析 由于很难求出 $\max(X,Y)$ 的概率密度，所以利用 $\max(X,Y) = \frac{1}{2}(X+Y+|X-Y|)$ 求 $E[\max(X,Y)]$，即

$$E[\max(X,Y)] = E\left[\frac{1}{2}(X+Y+|X-Y|)\right] = \frac{1}{2}[E(X)+E(Y)+E(|X-Y|)]$$

由于 $(X,Y) \sim N(0,0,1,1,\rho)$，二维正态分布的线性组合 $X-Y$ 仍服从正态分布，故 $X-Y$ 的概率密度相对容易求出，进而求出 $E(|X-Y|)$.

解 由于 $(X,Y) \sim N(0,0,1,1,\rho)$，所以 $E(X)=E(Y)=0, D(X)=D(Y)=1$，因此

$$\begin{aligned}E[\max(X,Y)] &= E\left[\frac{1}{2}(X+Y+|X-Y|)\right] \\ &= \frac{1}{2}[E(X)+E(Y)+E(|X-Y|)] \\ &= \frac{1}{2}E(|X-Y|)\end{aligned}$$

因为

$$E(X-Y) = E(X)-E(Y) = 0-0 = 0$$

而

$$\begin{aligned}D(X-Y) &= D(X)+D(Y)-2\mathrm{Cov}(X,Y) = D(X)+D(Y)-2\rho\sqrt{D(X)}\sqrt{D(Y)} \\ &= 1+1-2\rho = 2(1-\rho)\end{aligned}$$

所以

$$Z = X - Y \sim N(0, 2(1-\rho))$$

则 Z 的概率密度为

$$f_Z(z) = \frac{1}{\sqrt{2\pi}\sqrt{2(1-\rho)}} e^{-\frac{z^2}{4(1-\rho)}}$$

故

$$E(|X-Y|) = E(|Z|) = \frac{1}{\sqrt{2\pi}\sqrt{2(1-\rho)}} \int_{-\infty}^{+\infty} |z| e^{-\frac{z^2}{4(1-\rho)}} dz$$

$$= \frac{1}{\sqrt{\pi(1-\rho)}} \int_0^{+\infty} z e^{-\frac{z^2}{4(1-\rho)}} dz = 2\sqrt{\frac{1-\rho}{\pi}}$$

于是

$$E[\max(X,Y)] = \frac{1}{2}E(|X-Y|) = \sqrt{\frac{1-\rho}{\pi}}$$

例 17 假设一部机器在一天内发生故障的概率为 0.2. 机器发生故障时，全天停止工作，若一周 5 个工作日里无故障，可获得利润 10 万元，发生一次故障仍可获利 5 万元；发生两次故障所获得利润为 0 元；发生三次或三次以上故障就要亏损 2 万元. 求一周期望利润是多少？

解 设 X 表示一周五天内发生故障的天数，则 $X \sim B(5, 0.2)$，即 X 的分布律为

$$P\{X = k\} = C_5^k (0.2)^k (0.8)^{5-k} \quad (k = 0, 1, \cdots, 5)$$

于是

$P\{X = 0\} = (0.8)^5 = 0.327$

$P\{X = 1\} = C_5^1 (0.2) \times (0.8)^4 = 0.410$

$P\{X = 2\} = C_5^2 (0.2)^2 \times (0.8)^3 = 0.205$

$P\{X \geqslant 3\} = 1 - P\{X = 0\} - P\{X = 1\} - P\{X = 2\} = 0.058$

以 Y 表示所获得的利润，则

$$Y = g(X) = \begin{cases} 10, & X = 0 \\ 5, & X = 1 \\ 0, & X = 2 \\ -2, & X \geqslant 3 \end{cases}$$

因此一周期望的利润是

$$E(Y) = 10 \times 0.327 + 5 \times 0.410 + 0 \times 0.205 + (-2) \times 0.058$$
$$= 5.204(\text{万元})$$

例 18 地铁到达一站时间为每个整点的第 5 分、25 分、55 分. 设一乘客在早 8:00 到 9:00 之间随时到达，求候车时间的数学期望.

解 设 X 表示乘客在 8:00 到 9:00 间的第 X 分到达车站，则 X 在 $[0,60]$ 上服从均匀分布，其概率密度为

$$f(x)=\begin{cases}\dfrac{1}{60}, & 0\leqslant x\leqslant 60\\ 0, & 其他\end{cases}$$

设 Y 是乘客候车时间(单位:min),则

$$Y=g(X)=\begin{cases}5-X, & 0<X\leqslant 5\\ 25-X, & 5<X\leqslant 25\\ 55-X, & 25<X\leqslant 55\\ 60-X+5, & 55<X\leqslant 60\end{cases}$$

因此

$$\begin{aligned}E(Y)&=E[g(X)]=\int_{-\infty}^{+\infty}g(x)f(x)\mathrm{d}x=\frac{1}{60}\int_0^{60}g(x)\mathrm{d}x\\&=\frac{1}{60}\left[\int_0^5(5-x)\mathrm{d}x+\int_5^{25}(25-x)\mathrm{d}x+\int_{25}^{55}(55-x)\mathrm{d}x+\int_{55}^{60}(65-x)\mathrm{d}x\right]\\&=11.67\end{aligned}$$

例 19 设随机变量 X 的分布律为

$$P\left\{X=(-1)^{k+1}\cdot\frac{3^k}{k}\right\}=\frac{2}{3^k}\quad(k=1,2,\cdots)$$

证明 X 的数学期望 $E(X)$ 不存在.

证明 由于 $\sum\limits_{k=1}^{\infty}|x_kp_k|=\sum\limits_{k=1}^{\infty}\left|(-1)^{k+1}\cdot\dfrac{3^k}{k}\cdot\dfrac{2}{3^k}\right|=\sum\limits_{k=1}^{\infty}\dfrac{2}{k}=+\infty$,所以级数 $\sum\limits_{k=1}^{\infty}|x_kp_k|$ 发散,进而 $\sum\limits_{k=1}^{\infty}x_kp_k$ 非绝对收敛,故由数学期望的定义可知 X 的数学期望 $E(X)$ 不存在.

例 20 证明在一次试验中,事件 A 发生的次数 X 的方差 $D(X)\leqslant\dfrac{1}{4}$.

证明 设事件 A 在一次试验中发生的概率为 p,则不发生的概率为 $1-p$. 用 X 表示事件 A 在一次试验中发生的次数,则 X 的分布律为

X	0	1
P	$1-p$	p

故 $D(X)=p(1-p)=p-p^2=\dfrac{1}{4}-\left(\dfrac{1}{2}-p\right)^2\leqslant\dfrac{1}{4}$.

例 21 设 A,B 是两个随机事件,随机变量

$$X=\begin{cases}1, & 若 A 出现\\ -1, & 若 A 不出现\end{cases},\quad Y=\begin{cases}1, & 若 B 出现\\ -1, & 若 B 不出现\end{cases}$$

试证明随机变量 X 和 Y 不相关的充分必要条件是随机事件 A 与 B 相互独立.

证明 记 $P(A)=p_1,P(B)=p_2,P(AB)=p_{12}$. 由数学期望的定义可得

$$E(X)=1\cdot P(A)+(-1)\cdot P(\bar{A})=p_1-(1-p_1)=2p_1-1$$

同理
$$E(Y)=2p_2-1$$

现在求 $E(XY)$,由于 XY 只有两个可能值 1 和 -1,且

$$\begin{aligned}P\{XY=1\}&=P\{X=1,Y=1\}+P\{X=-1,Y=-1\}=P(AB)+P(\bar{A}\bar{B})\\&=P(AB)+P(\overline{A\cup B})=P(AB)+1-P(A\cup B)\\&=P(AB)+1-P(A)-P(B)+P(AB)=2p_{12}+1-p_1-p_2\end{aligned}$$

$$P\{XY=-1\}=1-P\{XY=1\}=p_1+p_2-2p_{12}$$

于是

$$\begin{aligned}E(XY)&=1\cdot P\{XY=1\}+(-1)\cdot P\{XY=-1\}=2p_{12}+1-p_1-p_2-p_1-p_2+2p_{12}\\&=4p_{12}-2p_1-2p_2+1\end{aligned}$$

$$\begin{aligned}\mathrm{Cov}(X,Y)&=E(XY)-E(X)E(Y)=4p_{12}-2p_1-2p_2+1-(2p_1-1)(2p_2-1)\\&=4p_{12}-4p_1p_2=4(p_{12}-p_1p_2)\end{aligned}$$

因此,$\mathrm{Cov}(X,Y)=0$,当且仅当

$$p_{12}=p_1\cdot p_2\Leftrightarrow P(AB)=P(A)P(B)$$

故 X 与 Y 不相关当且仅当事件 A 和 B 相互独立.

4.3 同步训练题

一、填空题

1. 已知 X 服从正态分布 $N(-2,0.4^2)$,则 $E(X+3)^2=$ ________.

2. 设 X 服从正态分布 $N(10,0.6)$,Y 服从正态分布 $N(1,2)$,且 X 与 Y 相互独立,则 $D(3X-Y)=$ ________.

3. 设随机变量 X_1,X_2,X_3 相互独立,其中 X_1 在$[0,6]$上服从均匀分布,X_2 服从正态分布 $N(0,2^2)$,X_3 服从参数为 $\lambda=3$ 的泊松分布,记 $Y=X_1-2X_2+3X_3$,则 $D(Y)=$ ________.

4. 设 $D(X)=25,D(Y)=36,\rho_{XY}=0.4$,则 $D(X+Y)=$ ________.

5. 若随机变量 X 服从参数为 1 的指数分布,则 $E(X+\mathrm{e}^{-2X})=$ ________.

二、单项选择题

1. 设随机变量 X 和 Y 相互独立且同分布,记 $U=X-Y,V=X+Y$,则随机变量 U 和 V 必然(　　).

A. 独立　　　　B. 不独立

C. 相关系数不为零　　　　　　　　D. 相关系数为零

2. 设 X_1, X_2, X_3 相互独立同服从于参数 $\lambda = 3$ 的泊松分布，令 $Y = \frac{1}{3}(X_1 + X_2 + X_3)$，则 $E(Y^2) = ($　　$)$.

A. 1　　B. 9　　C. 10　　D. 6

3. 设 $X \sim P(\lambda)$，且 $E[(X-1)(X-2)] = 1$，则 $\lambda = ($　　$)$.

A. 1　　B. 2　　C. 3　　D. 0

4. 掷一颗均匀的骰子600次，那么出现"一点"次数的均值为(　　).

A. 50　　B. 100　　C. 120　　D. 150

三、计算题

1. 设 X 的密度函数为 $f(x) = \begin{cases} 2x, & 0 \leqslant x \leqslant 1 \\ 0, & \text{其他} \end{cases}$，求 $E(X), D(X)$.

2. 设连续型随机变量 X 的分布函数 $F(x) = \begin{cases} 0, & x < -1 \\ a + b\arcsin x, & -1 \leqslant x < 1 \\ 1, & x \geqslant 1 \end{cases}$，求 a, b，$E(X), D(X)$.

3. 设 (X,Y) 的分布律如下：

Y \ X	1	2	3
−1	0.2	0.1	0
0	0.1	0	0.3
1	0.1	0.1	0.1

(1) 求 $E(X), E(Y)$；

(2) 设 $Z = \frac{Y}{X}$，求 $E(Z)$；

(3) 设 $U = (X-Y)^2$，求 $E(U)$.

4. 设随机变量 (X,Y) 的概率密度函数为

$$f(x,y) = \begin{cases} 24xy, & 0 \leqslant x \leqslant 1, 0 \leqslant y \leqslant 1, x + y \leqslant 1 \\ 0, & \text{其他} \end{cases}$$

求 $E(X), E(Y), E(XY)$.

5. 设随机变量 (X,Y) 的概率密度函数为

$$f(x,y) = \begin{cases} 1/2, & |y| < 2x, 0 < x < 1 \\ 0 & \text{其他} \end{cases}$$

验证 X 和 Y 是不相关的，但 X 和 Y 不是相互独立的.

四、应用题

1. 已知甲、乙两箱中装有同种产品，其中甲箱中装有 3 件合格品和 3 件次品，乙箱中仅装有 3 件合格品，从甲箱中任取 3 件产品放入乙箱后，求：

(1) 乙箱中次品件数 X 的数学期望；

(2) 从乙箱中任取一件产品是次品的概率.

2. 设国际市场上对我国某种出口商品的每年需求量是随机变量 X(单位:t)，它服从区间 $[2\,000,4\,000]$ 上的均匀分布，每销售出一吨商品，可为国家赚取外汇 3 万元；若销售不出，则每吨商品需另付储存费 1 万元，问应组织多少货源，才能使国家收益最大？

4.4 测 验 题

一、填空题

1. 设 X 表示10次独立重复射击命中目标的次数，每次射中目标的概率为0.4，则 X^2 的数学期望 $E(X^2)=$ ________.

2. 设 X 的概率密度为 $f(x)=\frac{1}{\sqrt{\pi}}e^{-x^2}$，则 $E(X)=$ ________，$D(X)=$ ________.

3. 设 $E(X)=1, E(Y)=2, D(X)=1, D(Y)=4, \rho_{XY}=0.6$，则 $E(2X-Y+1)^2=$ ________.

4. 设随机变量 X 服从参数为 λ 的泊松分布，且 $P\{X=1\}=P\{X=2\}$，则 $E(X)=$ ________，$D(X)=$ ________.

5. 设随机变量 X 服从二项分布 $B(n,p)$，且 $E(X)=6, D(X)=3.6$，则 $n=$ ________，$p=$ ________.

二、单项选择题

1. 设离散型随机变量 X 仅取两个可能值：x_1 和 x_2，而且 $x_2>x_1$，X 取 x_1 的概率为0.6，又已知 $E(X)=1.4, D(X)=0.24$，则 X 的分布律为(　　).

A.

X	0	1
P	0.6	0.4

B.

X	a	b
P	0.6	0.4

C.

X	n	$n-1$
P	0.6	0.4

D.

X	1	2
P	0.6	0.4

2. 将长度为 1 m 的木棒随机地截成两段，则两段长度的相关系数为(　　).

A. 1　　B. $\frac{1}{2}$　　C. $-\frac{1}{2}$　　D. -1

3. 设随机变量 $X, E(X)=\mu, D(X)=\sigma^2(\mu,\sigma>0$,为常数$)$,则对任意常数 C,有(　　).

A. $E[(X-C)^2]=E[(X)^2]-C^2$　　B. $E[(X-C)^2]=E[(X-\mu)^2]$

C. $E[(X-C)^2]<E[(X-\mu)^2]$　　D. $E[(X-C)^2]\geqslant E[(X-\mu)^2]$

4. 设两个相互独立的随机变量 X 服从正态分布 $N(0,1)$ 和 Y 服从正态分布 $N(1,1)$,则(　　).

A. $P\{X+Y\leqslant 0\}=\dfrac{1}{2}$　　B. $P\{X+Y\leqslant 1\}=\dfrac{1}{2}$

C. $P\{X-Y\leqslant 0\}=\dfrac{1}{2}$　　D. $P\{X-Y\leqslant 1\}=\dfrac{1}{2}$

三、计算题

1. 设 X 的概率密度函数为 $f(x)=\dfrac{1}{2}e^{-|x|}(-\infty<x<+\infty)$,求:

(1) $E(X), D(X)$;

(2) $\mathrm{Cov}(X,|X|)$, X 与 $|X|$ 是否相关;

(3) X 与 $|X|$ 是否独立.

2. 设随机变量 X 和 Y 的联合分布律为

Y	X		
	-1	0	1
-1	$\frac{1}{8}$	$\frac{1}{8}$	$\frac{1}{8}$
0	$\frac{1}{8}$	0	$\frac{1}{8}$
1	$\frac{1}{8}$	$\frac{1}{8}$	$\frac{1}{8}$

问:随机变量 X, Y 是否相关,是否独立.

3. 设二维随机变量 (X,Y) 的概率密度函数为

$$f(x,y)=\begin{cases}x+y, & 0\leqslant x\leqslant 1, 0\leqslant y\leqslant 1\\ 0, & \text{其他}\end{cases}$$

求 $E(X), E(Y), D(X), D(Y), E(XY), \mathrm{Cov}(X,Y), \rho_{XY}$.

4. 已知随机变量 X, Y 不相关,且数学期望都为零,方差都为1,令 $U=X, V=X+Y$,试求 UV 的相关系数 ρ_{UV}.

四、应用题

1. 盒中有7个球,其中4个白球,3个黑球,从中任意抽取3个球,求抽到白球数 X 的数学期望 $E(X)$ 和方差 $D(X)$.

2. 有 n 把看上去样子相同的钥匙，其中只有一把能打开门上的锁，用它们去试开门上的锁. 设抽取钥匙是相互独立的，等可能性的. 若每把钥匙经试开一次后除去，求试开次数 X 的数学期望.

4.5 同步训练题答案

一、填空题

1. 1.16　　2. 7.4　　3. 46　　4. 85　　5. $\frac{4}{3}$

二、单项选择题

1. D　　2. C　　3. A　　4. B

三、计算题

1. 解

$$E(X) = \int_{-\infty}^{+\infty} xf(x)\,dx = \int_0^1 2x^2\,dx = \frac{2}{3}$$

$$E(X^2) = \int_{-\infty}^{+\infty} x^2 f(x)\,dx = \int_0^1 2x^3\,dx = \frac{1}{2}$$

故

$$D(X) = E(X^2) - (E(X))^2 = \frac{1}{2} - \left(\frac{2}{3}\right)^2 = \frac{1}{18}$$

2. 解　因为 X 为连续型随机变量，所以 $F(x)$ 为连续函数. 所以

$$\lim_{x \to -1^-} F(x) = F(-1) \Rightarrow a - \frac{\pi}{2}b = 0$$

$$\lim_{x \to 1^-} F(x) = F(1) \Rightarrow a + \frac{\pi}{2}b = 1$$

可解得 $a = \frac{1}{2}, b = \frac{1}{\pi}$.

X 的概率密度函数为

$$f(x) = F'(x) = \begin{cases} \frac{1}{\pi\sqrt{1-x^2}}, & -1 \leqslant x < 1 \\ 0, & \text{其他} \end{cases}$$

$$E(X) = \int_{-\infty}^{+\infty} xf(x)\,dx = \int_{-1}^{1} \frac{x}{\pi\sqrt{1-x^2}}\,dx = 0$$

$$D(X) = E(X^2) - [E(X)]^2 = \int_{-1}^{1} \frac{x^2}{\pi\sqrt{1-x^2}}\,dx = \frac{2}{\pi}\int_0^1 \frac{x^2}{\sqrt{1-x^2}}\,dx$$

令 $x = \sin t$，则

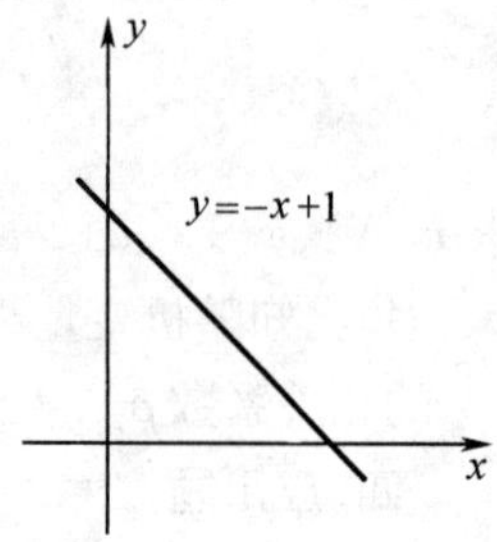

图 4－1

$$D(X) = \frac{2}{\pi}\int_0^{\frac{\pi}{2}} \sin^2 t\mathrm{d}t = \frac{1}{2}$$

3. (1) $E(X) = 2, E(Y) = 0$；(2) $E(Z) = -\frac{1}{15}$；(3) $E(U) = 5$.

4. **解** 如图4－1所示，有

$$E(X) = \iint_D x \cdot 24xy\mathrm{d}x\mathrm{d}y = \int_0^1 24x^2\int_0^{1-x} y\mathrm{d}y\mathrm{d}x$$
$$= \int_0^1 24x^2 \cdot \frac{1}{2}(1-x)^2\mathrm{d}x$$
$$= \int_0^1 (12x^2 - 24x^3 + x^4)\mathrm{d}x$$
$$= \left(4x^3 - 6x^4 + \frac{12}{5}x^5\right)\Big|_0^1$$
$$= \frac{2}{5}$$
$$E(Y) = \iint_D y \cdot 24xy\mathrm{d}x\mathrm{d}y = \int_0^1 24y^2\int_0^{1-y} x\mathrm{d}x\mathrm{d}y = \frac{2}{5}$$
$$E(XY) = \iint_D xy \cdot 24xy\mathrm{d}x\mathrm{d}y = \int_0^1 24x^2\int_0^{1-x} y^2\mathrm{d}y\mathrm{d}x = \frac{2}{15}$$

5. **证明** 如图4－2所示，由于 $f(x,y)$ 的非零区域为 $D: 0 < x < 1$，$|y| < 2x$，因此有

$$E(X) = \iint_D xf(x,y)\mathrm{d}x\mathrm{d}y = \int_0^1 \mathrm{d}x\int_{-2x}^{2x} \frac{1}{2}x\mathrm{d}y = \int_0^1 2x^2\mathrm{d}x = \frac{2}{3}$$
$$E(Y) = \iint_D yf(x,y)\mathrm{d}x\mathrm{d}y = \int_0^1 \mathrm{d}x\int_{-2x}^{2x} \frac{1}{2}y\mathrm{d}y = 0$$
$$E(XY) = \iint_D xyf(x,y)\mathrm{d}x\mathrm{d}y = \int_0^1 \mathrm{d}x\int_{-2x}^{2x} \frac{1}{2}xy\mathrm{d}y = 0$$

所以 $\mathrm{Cov}(X,Y) = 0$，从而 $\rho_{XY} = \dfrac{\mathrm{Cov}(x,y)}{\sqrt{D(x)}\ \sqrt{D(y)}} = 0$，因此 X 和 Y 不相关.

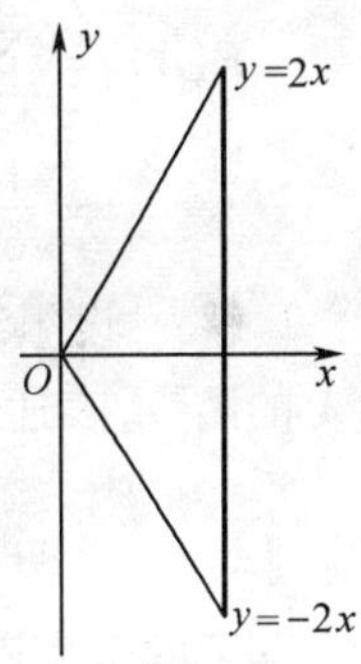

图4－2

$$f_X(x) = \int_{-\infty}^{+\infty} f(x,y)\mathrm{d}y = \begin{cases} \int_{-2x}^{2x} \frac{1}{2}\mathrm{d}y = 2x, & 0 < x < 1 \\ 0, & \text{其他} \end{cases}$$

$$f_Y(y)=\int_{-\infty}^{+\infty}f(x,y)\mathrm{d}x=\begin{cases}\int_{-\frac{y}{2}}^{1}\frac{1}{2}\mathrm{d}x=\frac{1}{2}+\frac{y}{4}, & -2<y<0\\ \int_{\frac{y}{2}}^{1}\frac{1}{2}\mathrm{d}x=\frac{1}{2}-\frac{y}{4}, & 0\leqslant y<2\\ 0, & \text{其他}\end{cases}$$

所以 $f(x,y)\neq f_X(x)f_Y(y)$，故 X 和 Y 不独立.

四、应用题

1. **解**　(1) X 的可能取值为 0,1,2,3，X 的概率分布律为

$$P\{X=k\}=\frac{C_3^kC_3^{3-k}}{C_6^3}\quad(k=0,1,2,3)$$

即

X	0	1	2	3
P	$\frac{1}{20}$	$\frac{9}{20}$	$\frac{9}{20}$	$\frac{1}{20}$

因此

$$E(X)=0\times\frac{1}{20}+1\times\frac{9}{20}+2\times\frac{9}{20}+3\times\frac{1}{20}=\frac{3}{2}$$

(2) 设 A 表示事件“从乙箱中任取一件产品是次品”，由于 $\{X=0\}$，$\{X=1\}$，$\{X=2\}$，$\{X=3\}$ 构成完备事件组，因此根据全概率公式，有

$$P(A)=\sum_{k=0}^{3}P\{X=k\}P\{A\mid X=k\}=\sum_{k=0}^{3}P\{X=k\}\cdot\frac{k}{6}=\frac{1}{6}\sum_{k=0}^{3}kP\{X=k\}$$
$$=\frac{1}{6}E(X)=\frac{1}{6}\cdot\frac{3}{2}=\frac{1}{4}$$

2. **解**　设组织货源 t 吨，显然应要求 $2\,000\leqslant t\leqslant4\,000$，国家收益 Y（单位：万元）是需求量 X 的函数，表达式为

$$Y=g(X)=\begin{cases}3t, & X\geqslant t\\ 3X-(t-X)=4X-t, & X<t\end{cases}$$

设 X 的概率密度函数为 $f(x)$，又由已知，需求量 X 服从区间 $[2\,000,4\,000]$ 上的均匀分布，则 X 的概率密度函数为

$$f(x)=\begin{cases}1/2\,000, & 2\,000\leqslant x\leqslant4\,000\\ 0, & \text{其他}\end{cases}$$

于是 Y 的期望为

$$E(Y)=\int_{-\infty}^{+\infty}g(x)f(x)\mathrm{d}x=\int_{2\,000}^{4\,000}\frac{1}{2\,000}g(x)\mathrm{d}x=\frac{1}{2\,000}\left[\int_{2\,000}^{t}(4x-t)\mathrm{d}x+\int_{t}^{4\,000}3t\mathrm{d}x\right]$$
$$=\frac{1}{2\,000}(-2t^2+14\,000t-8\times10^6)$$

考虑t的取值使$E(Y)$达到最大，易得$t^*=3\,500$，因此组织3 500 t商品时国家收益最大.

4.6　测验题答案

一、填空题

1. 18.4　　2. 0,1/2　　3. 4.2　　4. 2,2　　5. 15,0.4

二、单项选择题

1. D　　2. D　　3. D　　4. B

三、计算题

1. (1)$E(X)=0, D(X)=2$;

(2)$\mathrm{Cov}(X,|X|)=0$, X与$|X|$不相关;

(3)X与$|X|$不独立.

2. X,Y不相关;X,Y不独立.

3. $E(X)=\frac{7}{12}, D(X)=\frac{11}{144}, E(Y)=\frac{7}{12}, D(Y)=\frac{11}{144}, E(XY)=\frac{1}{3}, \mathrm{Cov}(X,Y)=-\frac{1}{144}$,

$\rho_{XY}=-\frac{1}{11}$.

4. $\rho_{UV}=\frac{1}{\sqrt{2}}$.

四、应用题

1. $E(X)=\frac{12}{7}, D(X)=\frac{24}{49}$

2. $\frac{n+1}{2}$

4.7　教材同步精选习题精解

4-1　设随机变量X的分布律为

X	-1	0	1	2
P	$\frac{1}{8}$	$\frac{1}{2}$	$\frac{1}{8}$	$\frac{1}{4}$

求$E(X)$, $E(X^2)$, $E(2X+3)$.

解　(1)$E(X)=(-1)\times\frac{1}{8}+0\times\frac{1}{2}+1\times\frac{1}{8}+2\times\frac{1}{4}=\frac{1}{2}$

$$(2)E(X^2)=(-1)^2\times\frac{1}{8}+0^2\times\frac{1}{2}+1^2\times\frac{1}{8}+2^2\times\frac{1}{4}=\frac{5}{4}$$

$$(3)E(2X+3)=2E(X)+3=2\times\frac{1}{2}+3=4$$

4－2　设随机变量 X 的概率密度函数为

$$f(x)=\frac{1}{\pi(1+x^2)}\quad(-\infty<x<+\infty)$$

求 $E[\min(|X|,1)]$.

解　$$\begin{aligned}E[\min(|X|,1)]&=\int_{-\infty}^{\infty}\min(|x|,1)\frac{1}{\pi(1+x^2)}\mathrm{d}x\\&=\int_{-\infty}^{-1}\frac{1}{\pi(1+x^2)}\mathrm{d}x+\int_{-1}^{1}|x|\frac{1}{\pi(1+x^2)}\mathrm{d}x+\int_{1}^{+\infty}\frac{1}{\pi(1+x^2)}\mathrm{d}x\\&=\frac{1}{2}+\frac{1}{\pi}\ln 2\end{aligned}$$

4－3　假设有10只同种电气元件，其中两只废品，从这批元件中任取一只，如果是废品，则扔掉重新取一只，如仍是废品，则扔掉再取一只，试求在取到正品之前，已取出的废品只数的数学期望和方差.

解　设在取到正品之前，已取出的废品只数为随机变量 X，则 X 的所有可能的取值为0，1，2，且相应的概率分别为

$$P\{X=0\}=\frac{8}{10},P\{X=1\}=\frac{2}{10}\times\frac{8}{9}=\frac{8}{45},P\{X=2\}=\frac{2}{10}\times\frac{1}{9}\times\frac{8}{8}=\frac{1}{45}$$

则
$$E(X)=0\times\frac{8}{10}+1\times\frac{8}{45}+2\times\frac{1}{45}=\frac{2}{9}$$

$$E(X^2)=0^2\times\frac{8}{10}+1^2\times\frac{8}{45}+2^2\times\frac{1}{45}=\frac{12}{45}$$

$$D(X)=E(X^2)-[E(X)]^2=\frac{12}{45}-\left(\frac{2}{9}\right)^2=\frac{88}{405}$$

4－4　袋中有 N 只球，其中的白球个数 X 为一随机变量，已知 $E(X)=n$，求从袋中任取一球得到的是白球的概率.

解　记 $A=\{$从袋中任取一球为白球$\}$，则

$$\begin{aligned}P(A)&\xlongequal{\text{全概率公式}}\sum_{k=0}^{N}P\{A\mid X=k\}P\{X=k\}\\&=\sum_{k=0}^{N}\frac{k}{N}P\{X=k\}=\frac{1}{N}\sum_{k=0}^{N}kP\{X=k\}\\&=\frac{1}{N}E(X)=\frac{n}{N}\end{aligned}$$

4 - 5　一工厂生产某种设备的寿命 X（以年计）服从指数分布，概率密度函数为

$$f(x)=\begin{cases}\frac{1}{4}e^{-\frac{x}{4}}, & x>0\\ 0, & x\leqslant 0\end{cases}$$

为确保消费者的利益，工厂规定出售的设备若在一年内损坏可以调换. 若售出一台设备，工厂获利 100 元，而调换一台则损失 200 元，试求工厂出售一台设备盈利的数学期望.

解　设厂方出售一台设备盈利 Y 元，且 Y 只有两个值：100 和 -200，则

$$P\{Y=100\}=P\{X\geqslant 1\}=\int_1^{+\infty}\frac{1}{4}e^{-x/4}dx=e^{-1/4}$$

$$P\{Y=-200\}=P\{X<1\}=1-e^{-1/4}$$

故

$$E(Y)=100\times e^{-1/4}+(-200)\times(1-e^{-1/4})=300e^{-1/4}-200=33.64\text{ 元}$$

4 - 6　某车间生产的圆盘直径服从 (a,b) 上的均匀分布. 试求圆盘面积的数学期望.

解　设圆盘直径为 X，且 $X\sim U(a,b)$，所以 X 的概率密度函数为

$$f(x)=\begin{cases}\frac{1}{b-a}, & a<x<b\\ 0, & \text{其他}\end{cases}$$

设随机变量 Y 表示圆的面积，则 $Y=\frac{\pi}{4}X^2$，所以

$$E(Y)=E\left(\frac{\pi}{4}X^2\right)=\frac{\pi}{4}\int_a^b\frac{x^2}{b-a}dx=\frac{\pi}{12}(a^2+ab+b^2)$$

4 - 7　已知随机变量 X,Y 的联合分布律为

X	Y		
	0	2	4
1	0.10	0.10	0.20
2	0.10	0	0.15
3	0.20	0.15	0

求：(1) $E(X)$；(2) $E(Y)$；(3) $E(X^2+Y)$.

解　根据 X,Y 的联合分布律，得出 X,Y 的边缘分布律分别如下：

X	1	2	3
P	0.4	0.25	0.35

Y	0	2	4
P	0.4	0.25	0.35

则　$E(X)=1\times 0.4+2\times 0.25+3\times 0.35=1.95$

$E(Y) = 0 \times 0.4 + 2 \times 0.25 + 4 \times 0.35 = 1.9$

$E(X^2) = 1^2 \times 0.4 + 2^2 \times 0.25 + 3^2 \times 0.35 = 4.55$

$E(X^2 + Y) = E(X^2) + E(Y) = 4.55 + 1.9 = 6.45$

4－8　设随机变量(X,Y)的概率密度函数为

$$f(x,y) = \begin{cases} k, & 0 < x < 1, 0 < y < x \\ 0, & \text{其他} \end{cases}$$

试确定常数k,并求$E(XY)$.

解　如图4－3所示,由

$$\int_{-\infty}^{+\infty}\int_{-\infty}^{+\infty} f(x,y)\,\mathrm{d}x\mathrm{d}y = 1$$

$$\Rightarrow \int_0^1 \mathrm{d}x \int_0^x k\mathrm{d}y = \frac{k}{2} = 1$$

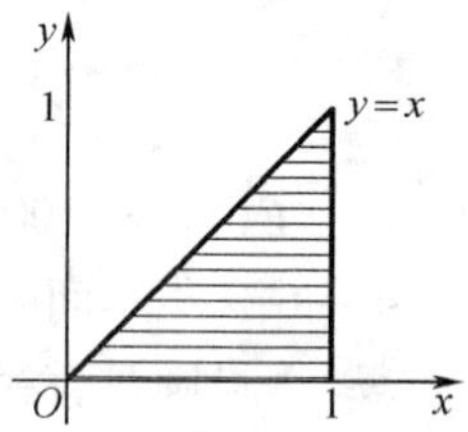

图4－3

所以$k = 2$.故

$$E(XY) = \int_{-\infty}^{+\infty}\int_{-\infty}^{+\infty} xyf(x,y)\,\mathrm{d}x\mathrm{d}y = 2\int_0^1 x\mathrm{d}x\int_0^x y\mathrm{d}y = \frac{1}{4}$$

4－9　设随机变量X,Y的概率密度函数分别为

$$f_X(x) = \begin{cases} 2\mathrm{e}^{-2x}, & x > 0 \\ 0, & x \leqslant 0 \end{cases} \quad f_Y(y) = \begin{cases} 4\mathrm{e}^{-4y}, & y > 0 \\ 0, & y \leqslant 0 \end{cases}$$

(1) 求$E(X+Y)$,$E(2X-3Y^2)$;

(2) 当X,Y相互独立时,求$E(XY)$.

解　(1)$E(X+Y) = E(X) + E(Y) = \int_{-\infty}^{+\infty} xf_X(x)\,\mathrm{d}x + \int_{-\infty}^{+\infty} yf_Y(y)\,\mathrm{d}y$

$$= 2\int_0^{+\infty} x\mathrm{e}^{-2x}\mathrm{d}x + 4\int_0^{+\infty} y\mathrm{e}^{-4y}\mathrm{d}y$$

$$= \frac{1}{2} + \frac{1}{4} = \frac{3}{4}$$

$$E(2X-3Y^2) = 2E(X) - 3E(Y^2) = 2 \times \frac{1}{2} - 3\int_0^{+\infty} y^2 \cdot 4\mathrm{e}^{-4y}\mathrm{d}x$$

$$= 1 - \frac{3}{8} = \frac{5}{8}$$

(2) 当X,Y相互独立时,$E(XY) = E(X)E(Y) = \frac{1}{2} \times \frac{1}{4} = \frac{1}{8}$.

4－10　设二维随机变量(X,Y)的联合概率密度函数为

$$f(x,y) = \begin{cases} \dfrac{3}{2x^3y^2}, & \dfrac{1}{x} < y < x, x > 1 \\ 0, & \text{其他} \end{cases}$$

求 $E(Y)$ 和 $E\left(\frac{1}{XY}\right)$.

解 $$E(Y)=\int_{-\infty}^{+\infty}\int_{-\infty}^{+\infty}yf(x,y)\,\mathrm{d}y\mathrm{d}x=\int_{1}^{+\infty}\mathrm{d}x\int_{\frac{1}{x}}^{x}\frac{3}{2x^3y}\mathrm{d}y=3\int_{1}^{+\infty}\frac{\ln x}{x^3}\mathrm{d}x=\frac{3}{4}$$

$$E\left(\frac{1}{XY}\right)=\int_{-\infty}^{+\infty}\int_{-\infty}^{+\infty}\frac{1}{xy}f(x,y)\,\mathrm{d}y\mathrm{d}x=\int_{1}^{+\infty}\mathrm{d}x\int_{\frac{1}{x}}^{x}\frac{3}{2x^4y^3}\mathrm{d}y=\frac{3}{5}$$

4-11 将 n 个球（$1\sim n$ 号）随机地放进 n 个盒子（$1\sim n$ 号）中去，一个盒子装一个球. 将一只球装入与球同号的盒子中，称为一个配对，记 X 为配对的个数，求 $E(X)$.

解 引入随机变量 $X_i=\begin{cases}1, & \text{第 } i \text{ 号盒装第 } i \text{ 号球}\\ 0, & \text{第 } i \text{ 号盒装非 } i \text{ 号球}\end{cases}\quad(i=1,2,\cdots,n)$

则球盒对号的总配对数为

$$X=\sum_{i=1}^{n}X_i$$

X_i 的分布律为

X_i	1	0
P	$\frac{1}{n}$	$\frac{n-1}{n}$

$$E(X_i)=\frac{1}{n}\quad(i=1,2,\cdots,n)$$

$$E(X)=E\left(\sum_{i=1}^{n}X_i\right)=\sum_{i=1}^{n}E(X_i)=n\times\frac{1}{n}=1$$

4-12 r 个人从楼的底层进入电梯，楼上有 n 层，设每个乘客在任何一层楼出电梯的概率相同. 如果某一层无乘客下电梯，电梯就不停. 试求直到电梯的乘客出空为止时，电梯需停次数的数学期望.

解 设电梯停的次数为随机变量 X，又引入随机变量 $X_i=\begin{cases}0, & \text{第 } i \text{ 层没有人下}\\ 1, & \text{在第 } i \text{ 层有人下}\end{cases}$，$i=1,2,\cdots,n$，易知 $X=X_1+X_2+\cdots+X_n$.

按题意，任一乘客不在第 i 层下的概率为 $1-\frac{1}{n}$，因此 r 个乘客都不在第 i 层下的概率为 $\left(1-\frac{1}{n}\right)^r$，在第 i 层有人下的概率为 $1-\left(1-\frac{1}{n}\right)^r$，即

$$P\{X_i=0\}=\left(1-\frac{1}{n}\right)^r,\ P\{X_i=1\}=1-\left(1-\frac{1}{n}\right)^r\quad(i=1,2,\cdots,n)$$

由此 $E(X_i)=1-\left(1-\frac{1}{n}\right)^r(i=1,2,\cdots,n)$. 所以

$$E(X) = E(X_1 + X_2 + \cdots + X_n) = E(X_1) + E(X_2) + \cdots + E(X_n)$$
$$= n\left[1 - \left(1 - \frac{1}{n}\right)^r\right]$$

4－13　一商店经销某种商品，每周进货量 X 与顾客对该种商品的需求量 Y 是相互独立的随机变量，且都服从区间 $[10,20]$ 上的均匀分布. 商店每售出一单位商品可得利润 1 000 元；若需求量超过了进货量，商店可从其他商店调剂供应，这时每单位商品获利润 500 元，试计算此商店经销该种商品每周所得利润的期望值.

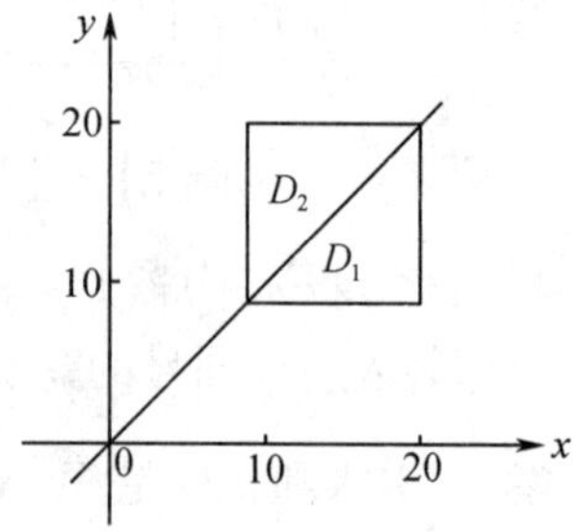

图 4－4

解　设 T 为一周内所得利润，则

$$T = g(X,Y) = \begin{cases} 1\,000Y, & X > Y \\ 1\,000X + 500(Y - X), & X \leqslant Y \end{cases} = \begin{cases} 1\,000Y, & X > Y \\ 500(X + Y), & X \leqslant Y \end{cases}$$

$$E(T) = E[g(X,Y)] = \int_{-\infty}^{+\infty}\int_{-\infty}^{+\infty} g(x,y)f(x,y)\,\mathrm{d}x\mathrm{d}y$$

其中

$$f(x,y) = f_X(x)f_Y(y) = \begin{cases} \dfrac{1}{100}, & 10 \leqslant x \leqslant 20, 10 \leqslant y \leqslant 20 \\ 0, & \text{其他} \end{cases}$$

所以

$$\begin{aligned} E(T) &= \iint\limits_{D_1} 1\,000y \cdot \frac{1}{100}\mathrm{d}x\mathrm{d}y + \iint\limits_{D_2} 500(x + y) \cdot \frac{1}{100}\mathrm{d}x\mathrm{d}y \\ &= 10\int_{10}^{20}\mathrm{d}y\int_{y}^{20} y\mathrm{d}x + 5\int_{10}^{20}\mathrm{d}y\int_{10}^{y}(x + y)\mathrm{d}x \\ &= 10\int_{10}^{20} y(20 - y)\mathrm{d}y + 5\int_{10}^{20}\left(\frac{3}{2}y^2 - 10y - 50\right)\mathrm{d}y \\ &= \frac{20\,000}{3} + 5 \times 1\,500 \approx 14\,166.67(\text{元}) \end{aligned}$$

4－14　设随机变量 $X, E(X) = \mu, D(X) = \sigma^2(\mu, \sigma > 0)$，证明：对任意常数 $c, E[(X - \mu)^2] \leqslant E[(X - c)^2]$，即 $D(X) \leqslant E[(X - c)^2]$. 当且仅当 $c = \mu$ 时等号成立.

证明　因为

$$\begin{aligned} D(X) - E[(X - c)^2] &= E(X^2) - [E(X)]^2 - E(X^2) + 2cE(X) - c^2 \\ &= -\{[E(X)]^2 - 2cE(X) + c^2\} \\ &= -[E(X) - c]^2 \leqslant 0 \end{aligned}$$

当且仅当 $c = \mu$ 时等号成立.

4 - 15　设一次试验成功的概率为 p，现进行 100 次独立重复试验，当 p 为何值时，成功次数的标准差的值最大，并求其最大值.

解　设成功次数为随机变量 X，根据已知得 $X \sim B(100,p)$，则 $D(X) = 100p(1-p)$，求当 p 为何值时，X 的标准差的值最大，即求当 p 为何值时，X 的方差 $D(X) = 100p(1-p)$ 的值最大，令 $\frac{\mathrm{d}D(X)}{\mathrm{d}p} = 100 - 200p = 0$，求得 $p = \frac{1}{2}$ 时，标准差的值最大为 $\sqrt{D(X)} = \sqrt{25} = 5$.

4 - 16　袋中有 n 张卡片，分别记有号码 $1,2,\cdots,n$，从中有放回地任意抽取 k 张，以 X 表示所得号码之和，求 $E(X)$，$D(X)$.

解　设 X_i 为抽取的第 i 张卡片的号码，$i = 1,2,\cdots,k$，则 X_i 的分布律为

X_i	1	2	$\cdots$	n
P	$\frac{1}{n}$	$\frac{1}{n}$	$\cdots$	$\frac{1}{n}$

则

$$E(X_i) = \frac{1}{n}(1+2+\cdots+n) = \frac{n+1}{2}$$

$$E(X_i^2) = \frac{1}{n}(1+4+\cdots+n^2) = \frac{(n+1)(2n+1)}{6}$$

$$D(X_i) = E(X_i^2) - (EX_i)^2 = \frac{(n+1)(2n+1)}{6} - \frac{(n+1)^2}{4} = \frac{n^2-1}{12}$$

由于 $X = \sum_{i=1}^{k} X_i$，则

$$E(X) = \sum_{i=1}^{k} E(X_i) = \frac{k(n+1)}{2},D(X) = \sum_{i=1}^{k} D(X_i) = \frac{k(n^2-1)}{12}$$

4 - 17　在长为 L 的线段上任取两点，求两点距离的数学期望和方差.

解　以线段的左端点为原点建立坐标系，任取两点的坐标分别为 X,Y，则它们均在 $[0,L]$ 上服从均匀分布，且 X,Y 相互独立，所以，

$$f(x,y) = f_X(x) \cdot f_Y(y) = \begin{cases} \frac{1}{L} \cdot \frac{1}{L} = \frac{1}{L^2}, & 0 \leqslant x \leqslant L,\ 0 \leqslant y \leqslant L \\ 0 & \text{其他} \end{cases}$$

则两点间的距离为 $|X-Y|$.

$$E(|X-Y|) = \int_{-\infty}^{+\infty}\int_{-\infty}^{+\infty} |x-y| f(x,y)\,\mathrm{d}x\mathrm{d}y = \int_0^L \mathrm{d}x \int_0^x \frac{1}{L^2}(x-y)\,\mathrm{d}y + \int_0^L \mathrm{d}x \int_x^L \frac{1}{L^2}(y-x)\,\mathrm{d}y$$

$$= \frac{1}{L^2}\left[\int_0^L \left(x^2 - Lx + \frac{L^2}{2}\right)\mathrm{d}x\right] = \frac{L}{3}$$

$$E(|X-Y|^2) = \int_0^L\int_0^L (x-y)^2 \frac{1}{L^2}\mathrm{d}x\mathrm{d}y = \frac{1}{L^2}\left[2\int_0^L\int_0^L x^2\mathrm{d}x\mathrm{d}y - 2\int_0^L\int_0^L xy\mathrm{d}x\mathrm{d}y\right]$$

$$= \frac{1}{L^2}\left[\frac{2}{3}L^4 - \frac{L^4}{2}\right] = \frac{L^2}{6}$$

所以

$$D(|X-Y|) = E(|X-Y|^2) - [E(|X-Y|)]^2 = \frac{L^2}{6} - \frac{L^2}{9} = \frac{L^2}{18}$$

4 - 18　设随机变量 X_1,X_2,X_3 相互独立,且 $E(X_i) = i-1, D(X_i) = 4-i, i = 1,2,3.$ 设 $Y = X_1 - X_2 + 3X_3$,求 $E(Y),D(Y)$.

解　由已知得 $E(X_1) = 0, D(X_1) = 3, E(X_2) = 1, D(X_2) = 2, E(X_3) = 2, D(X_3) = 1$,则

$$E(Y) = E(X_1) - E(X_2) + 3E(X_3) = 5$$

由于 X_1,X_2,X_3 相互独立,所以 $D(Y) = D(X_1) + D(X_2) + 9D(X_3) = 14.$

4 - 19　设随机变量 X,Y 相互独立, 且 X 服从正态分布 $N(0,1)$, Y 服从正态分布 $N(1,4)$,求:

(1) $U = 2X + Y, V = X - Y$ 的分布;

(2) $P\{X > Y - 1\}$.

解　(1) 由于 X,Y 相互独立, 且 $X \sim N(0,1), Y \sim N(1,4)$,又因为独立的正态分布的线性组合仍然是正态分布,所以 $U = 2X + Y, V = X - Y$ 都服从正态分布,其中

$E(U) = E(2X + Y) = 1, D(U) = D(2X + Y) = 4 + 4 = 8$,所以 $U \sim N(1,8)$

$E(V) = E(X - Y) = -1, D(V) = D(X - Y) = 1 + 4 = 5$,所以 $V \sim N(-1,5)$

(2) 由于 $X - Y \sim N(-1,5)$,所以 $P\{X > Y - 1\} = P\{X - Y > -1\} = 0.5$

4 - 20　设随机变量 X 和 Y 的联合分布律为:

X \ Y	-1	0	1
0	0.2	0.1	0
1	0.1	0	0.2
2	0	0.3	0.1

(1) 求 $E(X), E(Y), \mathrm{Cov}(X,Y), \rho_{XY}$;

(2) 证明 X,Y 是否相关,是否独立.

解　(1) X,Y 的边缘分布律分别如下:

X	0	1	2
P	0.3	0.3	0.4

Y	-1	0	1
P	0.3	0.4	0.3

则 $$E(X)=1.1, E(X^2)=1.9, D(X)=E(X^2)-[E(X)^2]=0.69$$
$$E(Y)=0, E(Y^2)=0.6, D(Y)=E(Y^2)-[E(Y)^2]=0.6$$

XY	-1	0	1	2
P	0.1	0.6	0.2	0.1

则 $$E(XY)=0.3, \mathrm{Cov}(X,Y)=E(XY)-E(X)E(Y)=0.3$$
$$\rho_{XY}=\frac{\mathrm{Cov}(X,Y)}{\sqrt{D(X)}\sqrt{D(X)}}=\frac{0.3}{\sqrt{0.69}\sqrt{0.6}}\approx 0.47$$

(2) 由于 $\rho_{XY}\neq 0$,所以 X,Y 相关;又由于 $P\{X=0,Y=-1\}=0.2$,而 $P\{X=0\}=0.3$, $P\{Y=-1\}=0.3$,显然 $P\{X=0,Y=-1\}\neq P\{X=0\}P\{Y=-1\}$,所以 X,Y 不独立.

4－21 设二维随机变量 (X,Y) 的概率密度函数为

$$f(x,y)=\begin{cases}1/\pi, & x^2+y^2<1\\ 0, & \text{其他}\end{cases}$$

(1) X 与 Y 是否相互独立?

(2) X 与 Y 是否相关?

解 X 的边缘概率密度函数为

$$f_X(x)=\int_{-\infty}^{+\infty}f(x,y)\mathrm{d}y=\begin{cases}\int_{-\sqrt{1-x^2}}^{\sqrt{1-x^2}}\frac{1}{\pi}\mathrm{d}y, & |x|<1\\ 0, & \text{其他}\end{cases}=\begin{cases}\frac{2}{\pi}\sqrt{1-x^2}, & |x|<1\\ 0, & \text{其他}\end{cases}$$

同理,Y 的概率密度函数为

$$f_Y(y)=\begin{cases}\frac{2}{\pi}\sqrt{1-y^2}, & |y|<1\\ 0, & \text{其他}\end{cases}$$

因此 $$E(X)=\int_{-\infty}^{+\infty}xf(x)\mathrm{d}x=\int_{-1}^{1}\frac{2}{\pi}x\sqrt{1-x^2}\mathrm{d}x=0$$

同样可得 $$E(Y)=0$$

又 $$E(XY)=\int_{-\infty}^{+\infty}\int_{-\infty}^{+\infty}xyf(x,y)\mathrm{d}x\mathrm{d}y=\frac{1}{\pi}\iint_G xy\mathrm{d}x\mathrm{d}y=0$$

所以 $$\mathrm{Cov}(X,Y)=E(XY)-E(X)E(Y)=0$$

故 X,Y 不相关. 但由于

$$f_X(x)f_Y(y) \neq f(x,y)$$

所以 X 与 Y 不相互独立.

4－22　已知 $D(X)=25, D(Y)=36, \rho_{XY}=0.4$，求 $D(X+Y)$ 及 $D(X-Y)$.

解　$D(X+Y)=D(X)+D(Y)+2\rho_{XY}\sqrt{D(X)}\sqrt{D(Y)}=25+36+24=85$

$$D(X-Y)=D(X)+D(Y)-2\rho_{XY}\sqrt{D(X)}\sqrt{D(Y)}=25+36-24=37$$

4－23　X,Y,Z 为三个随机变量，且 $E(X)=E(Y)=1, E(Z)=-1, D(X)=D(Y)=D(Z)=1, \rho_{XY}=0, \rho_{XZ}=\frac{1}{2}, \rho_{YZ}=-\frac{1}{2}$，若 $W=X+Y+Z$，求 $E(W), D(W)$.

解　$$E(W)=E(X+Y+Z)=E(X)+E(Y)+E(Z)=1$$

$$D(W)=D(X+Y+Z)=D(X)+D(Y)+D(Z)+2\mathrm{Cov}(X,Y)+2\mathrm{Cov}(X,Z)+2\mathrm{Cov}(Y,Z)$$
$$=3+2\times\frac{1}{2}\times 1-2\times\frac{1}{2}\times 1=3$$

4－24　设 X,Y,Z 是三个两两不相关的随机变量，数学期望全为零，方差都是1，求 $X-Y$ 和 $Y-Z$ 的相关系数.

解　$$\mathrm{Cov}(X-Y,Y-Z)=\mathrm{Cov}(X,Y)-\mathrm{Cov}(X,Z)-\mathrm{Cov}(Y,Y)+\mathrm{Cov}(Y,Z)$$
$$=-D(Y)=-1$$
$$D(X-Y)=D(X)+D(Y)=2$$
$$D(Y-Z)=D(Y)+D(Z)=2$$

所以 $X-Y$ 与 $Y-Z$ 的相关系数为

$$\rho=\frac{\mathrm{Cov}(X-Y,Y-Z)}{\sqrt{D(X-Y)D(Y-Z)}}=-\frac{1}{2}$$

4－25　某箱装有100件产品，其中一、二和三等品分别为80件，10件和10件，现从中随机抽取一件，记

$$X_i=\begin{cases}1, & \text{若抽到 } i \text{ 等品} \\ 0, & \text{其他}\end{cases} \quad (i=1,2,3)$$

(1) 求随机变量 X_1 与 X_2 的联合分布律；

(2) 求随机变量 X_1 与 X_2 的相关系数.

解　(1) 由于　$P\{X_1=0,X_2=0\}=P\{X_3=1\}=0.1$

$$P\{X_1=0,X_2=1\}=P\{X_2=1\}=0.1$$
$$P\{X_1=1,X_2=0\}=P\{X_1=1\}=0.8$$
$$P\{X_1=1,X_2=1\}=0$$

得 (X_1,X_2) 的分布律如下：

X_1	X_2	
	0	1
0	0.1	0.1
1	0.8	0

$$E(X_1)=0.8,E(X_2)=0.1,E(X_1X_2)=0,D(X_1)=0.16,D(X_2)=0.09$$

所以 X_1,X_2 的相关系数为

$$\rho=\frac{E(X_1X_2)-E(X_1)E(X_2)}{\sqrt{D(X_1)}\sqrt{D(X_2)}}=\frac{-0.8\times0.1}{\sqrt{0.16}\sqrt{0.09}}=-\frac{0.08}{0.12}=-\frac{2}{3}$$

4－26　设二维随机变量(X,Y)的概率密度函数为$f(x,y)=\begin{cases}Ax, & 0<y<x<1\\ 0, & \text{其他}\end{cases}$.

求:(1)A;(2)$E(X+Y)$;(3)$\mathrm{Cov}(X,Y)$;(4)$D(X)$;(5)ρ_{XY}.

解　(1) 由$\int_{-\infty}^{+\infty}\int_{-\infty}^{+\infty}f(x,y)\mathrm{d}x\mathrm{d}y=1$,得

$$\int_0^1\mathrm{d}x\int_0^x Ax\mathrm{d}y=1$$

即

$$\frac{A}{3}=1\Rightarrow A=3$$

(2)$E(X+Y)=\int_{-\infty}^{+\infty}\int_{-\infty}^{+\infty}(x+y)f(x,y)\mathrm{d}x\mathrm{d}y=\int_0^1\mathrm{d}x\int_0^x(x+y)3x\mathrm{d}y=\frac{9}{8}$

(3) $E(XY)=\int_{-\infty}^{+\infty}\int_{-\infty}^{+\infty}xyf(x,y)\mathrm{d}x\mathrm{d}y=\int_0^1\mathrm{d}x\int_0^x xy3x\mathrm{d}y=\frac{3}{10}$

$E(X)=\int_{-\infty}^{+\infty}\int_{-\infty}^{+\infty}xf(x,y)\mathrm{d}x\mathrm{d}y=\int_0^1\mathrm{d}x\int_0^x x3x\mathrm{d}y=\frac{3}{4}$

$E(Y)=\int_{-\infty}^{+\infty}\int_{-\infty}^{+\infty}yf(x,y)\mathrm{d}x\mathrm{d}y=\int_0^1\mathrm{d}x\int_0^x y3x\mathrm{d}y=\frac{3}{8}$

$\mathrm{Cov}(X,Y)=E(XY)-E(X)E(Y)=\frac{3}{160}$

(4) $E(X^2)=\int_{-\infty}^{+\infty}\int_{-\infty}^{+\infty}x^2f(x,y)\mathrm{d}x\mathrm{d}y=\int_0^1\mathrm{d}x\int_0^x x^2 3x\mathrm{d}y=\frac{3}{5}$

$D(X)=E(X^2)-[E(X)]^2=\frac{3}{80}$

(5) $E(Y^2)=\int_{-\infty}^{+\infty}\int_{-\infty}^{+\infty}y^2f(x,y)\mathrm{d}x\mathrm{d}y=\int_0^1\mathrm{d}x\int_0^x y^2 3x\mathrm{d}y=\frac{1}{5}$

$D(Y)=E(Y^2)-[E(Y)]^2=\frac{19}{320}$

$$\rho_{XY} = \frac{\mathrm{Cov}(X,Y)}{\sqrt{D(X)}\ \sqrt{D(X)}} = \sqrt{\frac{3}{19}}$$

4－27　设二维随机变量(X,Y)的概率密度函数为

$$f(x,y) = \begin{cases} \frac{1}{8}(x+y); & 0<x<2, 0<y<2 \\ 0, & \text{其他} \end{cases}$$

求:(1)$E(X)$,$E(Y)$;(2)$\mathrm{Cov}(X,Y)$;(3)ρ_{XY};(4)$D(X+Y)$.

解　(1)　$E(X) = \int_{-\infty}^{+\infty}\int_{-\infty}^{+\infty} xf(x,y)\,\mathrm{d}x\mathrm{d}y = \frac{1}{8}\int_0^2 \mathrm{d}x\int_0^2 x(x+y)\,\mathrm{d}y = \frac{7}{6}$

由x,y的对称性可得

$$E(Y) = \frac{7}{6}$$

(2)$E(XY) = \int_{-\infty}^{+\infty}\int_{-\infty}^{+\infty} xyf(x,y)\,\mathrm{d}x\mathrm{d}y = \frac{1}{8}\int_0^2 \mathrm{d}x\int_0^2 xy(x+y)\,\mathrm{d}y = \frac{4}{3}$

所以
$$\mathrm{Cov}(X,Y) = E(XY) - E(X)E(Y) = -\frac{1}{36}$$

(3)$E(X^2) = \int_{-\infty}^{+\infty}\int_{-\infty}^{+\infty} x^2 f(x,y)\,\mathrm{d}x\mathrm{d}y = \frac{1}{8}\int_0^2 \mathrm{d}x\int_0^2 x^2(x+y)\,\mathrm{d}y = \frac{5}{3}$

由x,y的对称性可得

$$E(Y^2) = \frac{5}{3}$$

所以
$$D(X) = E(X^2) - [E(X)]^2 = \frac{11}{36},\ D(Y) = \frac{11}{36}$$

故

$$\rho_{XY} = \frac{\mathrm{Cov}(X,Y)}{\sqrt{D(X)D(Y)}} = -\frac{1}{11}$$

(4)$D(X+Y) = D(X) + D(Y) + 2\mathrm{Cov}(X,Y) = \frac{11}{36} + \frac{11}{36} + 2\times\left(-\frac{1}{36}\right) = \frac{5}{9}$

4－28　设二维随机变量(X,Y)在矩形$G = \{(x,y)\mid 0 \leqslant x \leqslant 2, 0 \leqslant y \leqslant 1\}$上服从均匀分布,记

$$U = \begin{cases} 0, & \text{若 } X \leqslant Y \\ 1, & \text{若 } X > Y \end{cases}$$

$$V = \begin{cases} 0, & \text{若 } X \leqslant 2Y \\ 1, & \text{若 } X > 2Y \end{cases}$$

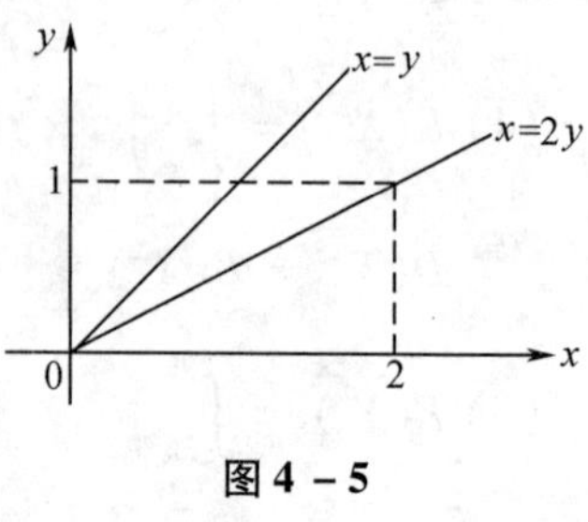

图4－5

求:(1)U和V的联合分布;(2)U和V的相关系数ρ.

解　如图4－5所示,有

(1) $P\{U=0,V=0\}=P\{X\leqslant Y,X\leqslant 2Y\}=P\{X\leqslant Y\}=\dfrac{1}{4}$

$P\{U=0,V=1\}=P\{X\leqslant Y,X>2Y\}=0$

$P\{U=1,V=0\}=P\{X>Y,X\leqslant 2Y\}=P\{Y<X\leqslant 2Y\}=\dfrac{1}{4}$

$P\{U=1,V=1\}=P\{X>Y,X>2Y\}=P\{X>2Y\}=\dfrac{1}{2}$

即(U,V)的分布律为

U	V		
	0	1	$p_{i\cdot}$
0	$\frac{1}{4}$	0	$\frac{1}{4}$
1	$\frac{1}{4}$	$\frac{1}{2}$	$\frac{3}{4}$
$p_{\cdot j}$	$\frac{1}{2}$	$\frac{1}{2}$	

(2) $E(U)=\dfrac{3}{4},D(U)=\dfrac{3}{16},E(V)=\dfrac{1}{2},D(V)=\dfrac{1}{4},E(UV)=\dfrac{1}{2}$,所以$U,V$的相关系数为

$$\rho=\frac{E(UV)-E(U)E(V)}{\sqrt{D(U)}\sqrt{D(V)}}=\frac{1/8}{\sqrt{3}/8}=\frac{1}{\sqrt{3}}$$

4－29　设X服从正态分布$N(\mu,\sigma^2)$,Y服从正态分布$N(\mu,\sigma^2)$,且X,Y相互独立,求$Z_1=\alpha X+\beta Y,Z_2=\alpha X-\beta Y$的相关系数(其中$\alpha,\beta$是不为零的常数).

解　
$$\begin{aligned}\mathrm{Cov}(Z_1,Z_2)&=\mathrm{Cov}(\alpha X+\beta Y,\alpha X-\beta Y)\\&=\mathrm{Cov}(\alpha X,\alpha X)+\mathrm{Cov}(\alpha X,-\beta Y)+\mathrm{Cov}(\beta Y,\alpha X)+\mathrm{Cov}(\beta Y,-\beta Y)\\&=\alpha^2D(X)-\alpha\beta\mathrm{Cov}(X,Y)+\alpha\beta\mathrm{Cov}(Y,X)-\beta^2D(Y)\\&=(\alpha^2-\beta^2)\sigma^2\end{aligned}$$

因为X,Y相互独立,所以

$$D(Z_1)=D(\alpha X+\beta Y)=\alpha^2D(X)+\beta^2D(Y)=(\alpha^2+\beta^2)\sigma^2$$
$$D(Z_2)=D(\alpha X-\beta Y)=\alpha^2D(X)+\beta^2D(Y)=(\alpha^2+\beta^2)\sigma^2$$

所以

$$\rho_{Z_1Z_2}=\frac{\mathrm{Cov}(Z_1,Z_2)}{\sqrt{D(Z_1)}\sqrt{D(Z_2)}}=\frac{\alpha^2-\beta^2}{\alpha^2+\beta^2}$$

4－30　已知随机变量(X,Y)服从二维正态分布,并且X和Y分别服从正态分布$N(1,3^2)$和$N(0,4^2)$,X与Y的相关系数为$\rho_{XY}=-\dfrac{1}{2}$,设$Z=\dfrac{1}{3}X+\dfrac{1}{2}Y$,求:

(1)Z 的数学期望和方差；

(2)X 与 Z 的相关系数 ρ_{XZ}.

解 (1) $$E(Z) = E\left(\frac{X}{3}+\frac{Y}{2}\right) = \frac{1}{3}E(X) + \frac{1}{2}E(Y) = \frac{1}{3}$$

$$D(Z) = D\left(\frac{X}{3}\right)+D\left(\frac{Y}{2}\right)+2\mathrm{Cov}\left(\frac{X}{3},\frac{Y}{2}\right) = \frac{1}{9}\times 9+\frac{1}{4}\times 16+2\times\frac{1}{3}\times\frac{1}{2}\mathrm{Cov}(X,Y)$$

而

$$\mathrm{Cov}(X,Y) = \rho_{XY}\sqrt{D(X)}\sqrt{D(Y)} = \left(-\frac{1}{2}\right)\times 3\times 4 = -6$$

所以

$$D(Z) = 1+4-6\times\frac{1}{3} = 3$$

(2) 因 $$\mathrm{Cov}(X,Z) = \mathrm{Cov}\left(X,\frac{X}{3}+\frac{Y}{2}\right) = \frac{1}{3}\mathrm{Cov}(X,X)+\frac{1}{2}\mathrm{Cov}(X,Y)$$

$$= \frac{1}{3}D(X)+\frac{1}{2}\times(-6) = \frac{9}{3}-3 = 0$$

所以

$$\rho_{XZ} = \frac{\mathrm{Cov}(X,Z)}{\sqrt{D(X)}\sqrt{D(Z)}} = 0$$

4 - 31 设随机变量 X 与 Y 相互独立，且都服从 $N(\mu,\sigma^2)$ 分布，试证：

$$E[\max(X,Y)] = \mu+\frac{\sigma}{\sqrt{\pi}},\quad E[\min(X,Y)] = \mu-\frac{\sigma}{\sqrt{\pi}}$$

证明 利用 $\max(X,Y) = \frac{1}{2}(X+Y+|X-Y|)$，$\min(X,Y) = \frac{1}{2}(X+Y-|X-Y|)$，由于 X 与 Y 相互独立，且都服从 $N(\mu,\sigma^2)$ 分布，则令 $Z = X-Y$，那么 $Z\sim N(0,2\sigma^2)$，且 Z 的概率密度函数为

$$f_Z(z) = \frac{1}{\sqrt{2\pi}\sqrt{2}\sigma}\mathrm{e}^{-\frac{z^2}{4\sigma^2}}$$

$$E(|X-Y|) = E(|Z|) = \int_{-\infty}^{+\infty}|z|\frac{1}{\sqrt{2\pi}\sqrt{2}\sigma}\mathrm{e}^{-\frac{z^2}{4\sigma^2}}\mathrm{d}z = \sigma\frac{2}{\sqrt{\pi}}$$

那么 $$E[\max(X,Y)] = E\left[\frac{1}{2}(X+Y+|X-Y|)\right]$$

$$= \mu+\frac{1}{2}E(|X-Y|)$$

$$= \mu+\frac{\sigma}{\sqrt{\pi}}$$

$$E[\min(X,Y)] = E\left[\frac{1}{2}(X+Y-|X-Y|)\right] = \mu - \frac{\sigma}{\sqrt{\pi}}$$

4－32　设二维随机变量(X,Y)的概率密度函数为

$$f(x,y) = \frac{1}{2}[\varphi_1(x,y) + \varphi_2(x,y)]$$

其中$\varphi_1(x,y)$和$\varphi_2(x,y)$都是二维正态概率密度函数，且它们对应的二维随机变量的相关系数分别为$\frac{1}{3}$和$-\frac{1}{3}$，它们的边缘概率密度函数所对应的随机变量的数学期望都是零，方差都是1.

(1) 求随机变量X和Y的概率密度函数$f_X(x)$和$f_Y(y)$，及X和Y的相关系数ρ_{XY}；

(2) 问X,Y是否独立，为什么？

解　(1)
$$f_X(x) = \int_{-\infty}^{+\infty} f(x,y)\mathrm{d}y = \frac{1}{2}\left[\int_{-\infty}^{+\infty}\varphi_1(x,y)\mathrm{d}y + \int_{-\infty}^{+\infty}\varphi_2(x,y)\mathrm{d}y\right]$$
$$= \frac{1}{2}\left[\frac{1}{\sqrt{2\pi}}\mathrm{e}^{-\frac{x^2}{2}} + \frac{1}{\sqrt{2\pi}}\mathrm{e}^{-\frac{x^2}{2}}\right] = \frac{1}{\sqrt{2\pi}}\mathrm{e}^{-\frac{x^2}{2}}\quad(-\infty < x < +\infty)$$

同理

$$f_Y(y) = \frac{1}{\sqrt{2\pi}}\mathrm{e}^{-\frac{y^2}{2}}\quad(-\infty < y < +\infty)$$

因为$E(X) = E(Y) = 0, D(X) = D(Y) = 1$，所以$X$和$Y$的相关系数为

$$\rho_{XY} = \frac{E(XY) - E(X)E(Y)}{\sqrt{D(X)}\sqrt{D(Y)}} = E(XY) = \int_{-\infty}^{+\infty}\int_{-\infty}^{+\infty} xyf(x,y)\mathrm{d}x\mathrm{d}y$$
$$= \int_{-\infty}^{+\infty}\int_{-\infty}^{+\infty} xy\cdot\frac{1}{2}[\varphi_1(x,y) + \varphi_2(x,y)]\mathrm{d}x\mathrm{d}y$$
$$= \frac{1}{2}\left[\int_{-\infty}^{+\infty}\int_{-\infty}^{+\infty} xy\varphi_1(x,y)\mathrm{d}x\mathrm{d}y + \int_{-\infty}^{+\infty}\int_{-\infty}^{+\infty} xy\varphi_2(x,y)\mathrm{d}x\mathrm{d}y\right]$$

设(X_1,Y_1)对应的概率密度为$\varphi_1(x,y)$，那么

$$\int_{-\infty}^{+\infty}\int_{-\infty}^{+\infty} xy\varphi_1(x,y)\mathrm{d}x\mathrm{d}y = E(X_1Y_1)$$

由于

$$\rho_{X_1Y_1} = \frac{E(X_1Y_1) - E(X_1)E(Y_1)}{\sqrt{D(X_1)}\sqrt{D(Y_1)}} = E(X_1Y_1) = \frac{1}{3}$$

故

$$\int_{-\infty}^{+\infty}\int_{-\infty}^{+\infty} xy\varphi_1(x,y)\mathrm{d}x\mathrm{d}y = \frac{1}{3}$$

同理得

$$\int_{-\infty}^{+\infty}\int_{-\infty}^{+\infty} xy\varphi_2(x,y)\,\mathrm{d}x\mathrm{d}y = -\frac{1}{3}$$

所以

$$\rho_{XY} = 0$$

（2）因为(X,Y)的密度为

$$f(x,y) = \frac{1}{2}[\varphi_1(x,y) + \varphi_2(x,y)] = \frac{1}{2}\left\{\frac{3}{4\sqrt{2}\pi}\left[\mathrm{e}^{-\frac{9}{16}\left(x^2-\frac{2}{3}xy+y^2\right)} + \mathrm{e}^{-\frac{9}{16}\left(x^2+\frac{2}{3}xy+y^2\right)}\right]\right\}$$

$$= \frac{3}{8\sqrt{2}\pi}\mathrm{e}^{-\frac{9}{16}(x^2+y^2)}\left[\mathrm{e}^{\frac{2}{3}xy} + \mathrm{e}^{-\frac{2}{3}xy}\right]$$

而X,Y的边缘概率密度的乘积为

$$f_X(x)f_Y(y) = \frac{1}{2\pi}\mathrm{e}^{-\frac{x^2+y^2}{2}} \neq f(x,y)$$

所以X,Y不独立.

第 5 章　大数定律及中心极限定理

【本章基本要求】

1. 了解随机变量依概率收敛的概念.

2. 掌握契比雪夫不等式.

3. 理解契比雪夫大数定律、贝努利大数定律和辛钦大数定律(独立同分布随机变量序列的大数定律).

4. 掌握德莫佛 - 拉普拉斯中心极限定理(二项分布以正态分布为极限分布)和林德贝格 - 勒维中心极限定理(独立同分布随机变量序列的中心极限定理).

【本章重点】

契比雪夫不等式;契比雪夫大数定律;贝努利大数定律;德莫佛 - 拉普拉斯中心极限定理;林德贝格 - 勒维中心极限定理.

【本章难点】

证明随机变量服从大数定律,中心极限定理及其应用.

5.1　知 识 要 点

5.1.1　大数定律

1. 契比雪夫(Chebyshev)不等式

设随机变量 X 具有数学期望 $E(X)=\mu$ 及方差 $D(X)=\sigma^2$,则对于任意的正数 ε,有

$$P\{|X-\mu|\geqslant\varepsilon\}\leqslant\frac{\sigma^2}{\varepsilon^2}$$

或

$$P\{|X-\mu|<\varepsilon\}\geqslant 1-\frac{\sigma^2}{\varepsilon^2}$$

成立.

2. 依概率收敛的定义及其性质

(1) 依概率收敛的定义

对随机变量 $X_1,X_2,\cdots,X_n,\cdots$,若存在常数 a,使得对任意的 $\varepsilon>0$,有

$$\lim_{n\to\infty}P\{|Y_n-a_n|<\varepsilon\}=1$$

成立,则称序列 $X_1,X_2,\cdots,X_n,\cdots$ 依概率收敛于 a,记为

$$X_n\xrightarrow{P}a$$

(2) 概率收敛的性质

① 若 $X_n\xrightarrow{P}a$,$g(x)$ 在点 $x=a$ 连续,则 $g(X_n)\xrightarrow{P}g(a)$.

② 若 $X_n\xrightarrow{P}a$,$Y_n\xrightarrow{P}b$,$g(x,y)$ 在点 (a,b) 连续,则 $g(X_n,Y_n)\xrightarrow{P}g(a,b)$.

2. 大数定律的定义

设 $X_1,X_2,\cdots,X_n,\cdots$ 是随机变量序列,令 $Y_n=\dfrac{1}{n}\sum\limits_{i=1}^{n}X_i$,若有常数序列 $a_1,a_2,\cdots,a_n,\cdots$,对于任意的正数 ε,有

$$\lim_{n\to\infty}P\{|Y_n-a_n|<\varepsilon\}=1$$

则称序列 $\{X_n\}$ 服从大数定律.

3. 独立同分布随机变量序列的定义

如果对于任意的 $n\geqslant1$,随机变量 $X_1,X_2,\cdots,X_n$ 都是相互独立的,那么称 $X_1,X_2,\cdots,X_n,\cdots$ 随机变量序列是相互独立的. 此时,若所有的 X_n 都具有相同的分布,则称 $X_1,X_2,\cdots,X_n,\cdots$ 是独立同分布的随机变量序列.

4. 几个常用的大数定律

(1) 契比雪夫大数定律

设 $\{X_i\}(i=1,2,\cdots)$ 为两两相互独立的随机变量序列,$E(X_i)$ 存在,且 $D(X_i)\leqslant c(i=1,2,\cdots)$,则对于任意的正数 ε,有

$$\lim_{n\to\infty}P\{|Y_n-E(Y_n)|<\varepsilon\}=1$$

其中 $Y_n=\dfrac{1}{n}\sum\limits_{i=1}^{n}X_i$,$c$ 为常数.

假设 $\{X_i\}(i=1,2,\cdots)$ 是独立同分布的随机变量序列,则契比雪夫大数定律可以归结为如下特殊形式,这也是在处理实际问题时经常用到的形式.

设随机变量序列 $\{X_i\}(i=1,2,\cdots)$ 相互独立,且 $E(X_i)=\mu$ 及 $D(X_i)=\sigma^2(i=1,2,\cdots)$ 均存在,则对于任意的正数 ε,有

$$\lim_{n\to\infty}P\{|Y_n-\mu|<\varepsilon\}=1$$

即 $Y_n\xrightarrow{P}\mu$,其中 $Y_n=\dfrac{1}{n}\sum\limits_{i=1}^{n}X_i$.

(2) 贝努利大数定律

设在 n 次重复试验中,事件 A 以概率 $p(0 < p < 1)$ 发生了 m 次,则对任意的正数 ε,有

$$\lim_{n\to\infty} P\left\{ \left| \frac{m}{n} - p \right| < \varepsilon \right\} = 1$$

即

$$\frac{m}{n} \xrightarrow{P} p$$

(3) 辛钦大数定律

设 $X_1, X_2, \cdots, X_n, \cdots$ 是独立同分布的随机变量序列,$\mu = E(X_i)$ 存在,则对于任意的正数 ε,有

$$\lim_{n\to\infty} P\left\{ \left| \frac{1}{n} \sum_{i=1}^{n} X_i - \mu \right| < \varepsilon \right\} = 1$$

5.1.2 中心极限定理

1. 独立同分布的中心极限定理(林德贝格 - 勒维定理)

设相互独立的随机变量 $X_1, X_2, \cdots, X_n, \cdots$ 服从同一分布且有数学期望 $E(X_i) = \mu$ 及方差 $D(X_i) = \sigma^2 \neq 0 (i = 1,2,\cdots)$,记

$$Y_n = \frac{\sum_{i=1}^{n} X_i - E\left(\sum_{i=1}^{n} X_i\right)}{\sqrt{D\left(\sum_{i=1}^{n} X_i\right)}} = \frac{\sum_{i=1}^{n} X_i - n\mu}{\sqrt{n}\sigma}$$

则随机变量 Y_n 的分布函数 $F_n(x)$ 满足

$$\lim_{n\to\infty} F_n(x) = \lim_{n\to\infty} P\{Y_n \leqslant x\} = \frac{1}{\sqrt{2\pi}} \int_{-\infty}^{x} e^{-\frac{t^2}{2}} dt$$

2. 独立同分布的中心极限定理(李雅普诺夫定理)

设随机变量 $X_1, X_2, \cdots, X_n, \cdots$ 相互独立,且有数学期望 $E(X_i) = \mu$ 及方差 $D(X_i) = \sigma^2 \neq 0$ $(i = 1,2,\cdots)$, 若存在 $\delta > 0$,使得

$$\lim_{n\to\infty} \frac{1}{S_n^{2+\delta}} \sum_{i=1}^{n} E\{ |X_i - \mu_i|^{2+\delta} \} = 0$$

其中

$$S_n^2 = \sum_{i=1}^{n} \sigma_i^2$$

则随机变量

$$Y_n = \frac{\sum_{i=1}^{n} X_i - E\left(\sum_{i=1}^{n} X_i\right)}{\sqrt{D\left(\sum_{i=1}^{n} X_i\right)}} = \frac{\sum_{i=1}^{n} X_i - \sum_{i=1}^{n} \mu_i}{S_n}$$

的分布函数 $F_n(x)$ 对任意的 x，满足

$$\lim_{n\to\infty}F_n(x) = \lim_{n\to\infty}P\{Y_n \leqslant x\} = \frac{1}{\sqrt{2\pi}}\int_{-\infty}^{x} \mathrm{e}^{-\frac{t^2}{2}}\mathrm{d}t$$

3. 德莫佛－拉普拉斯中心极限定理

设随机变量 $\eta_n(n = 1,2,\cdots)$ 服从参数为 $n,p(0 < p < 1)$ 的二项分布，即 $\eta_n \sim b(n,p)$. 则对于任意的 x，有

$$\lim_{n\to\infty}P\left\{\frac{\eta_n - np}{\sqrt{np(1-p)}} \leqslant x\right\} = \frac{1}{\sqrt{2\pi}}\int_{-\infty}^{x} \mathrm{e}^{-\frac{t^2}{2}}\mathrm{d}t$$

5.2 典型例题

例 1 设随机变量 X 的数学期望 $E(X) = \mu$ 及方差 $D(X) = \sigma^2$，则由契比雪夫不等式，有估计 $P\{|X - \mu| < 10\sigma\}$ ________.

分析 取 $\varepsilon = 10\sigma$，根据契比雪夫不等式，得到

$$P\{|X-\mu| < 10\sigma\} = P\{|X-\mu| < \varepsilon\} \geqslant 1 - \frac{\sigma^2}{\varepsilon^2} = 1 - \frac{\sigma^2}{100\sigma^2} = 1 - \frac{1}{100} = \frac{99}{100}$$

解 $\frac{99}{100}$.

例 2 若已知随机变量 X 的数学期望 $E(X) = 10$，方差 $D(X) = 4$，及 $P\{|X - 10| \geqslant k\} \leqslant 0.04$，则根据契比雪夫不等式，$k$ 的最小值为________.

分析 由契比雪夫不等式，有

$$P\{|X - 10| \geqslant k\} \leqslant \frac{D(X)}{k^2} = \frac{4}{k^2}$$

只要满足 $\frac{4}{k^2} \leqslant 0.04$ 即可，此时 $k^2 \geqslant 100, k \geqslant 10$.

解 10.

例 3 将一枚均匀硬币独立地重复投掷200次，则正面出现次数在95到105之间的概率为________.

分析 用 η_n 记正面出现的次数，$p = \frac{1}{2}, n = 200$，则 η_n 服从二项分布，即有 $\eta_n \sim b(n,p)$. 应用德莫佛－拉普拉斯定理，可计算出此概率的近似值.

记 $p = \frac{1}{2}$ 及 $n = 200$，由德莫佛－拉普拉斯定理，得

$$
\begin{aligned}
P\{95 \leqslant \eta_n \leqslant 105\} &= P\left\{-\frac{5}{\sqrt{50}} \leqslant \frac{\eta_n - np}{\sqrt{np(1-p)}} \leqslant \frac{5}{\sqrt{50}}\right\} \\
&\approx \Phi\left(\frac{5}{\sqrt{50}}\right) - \Phi\left(-\frac{5}{\sqrt{50}}\right) = 2\Phi\left(\frac{5}{\sqrt{50}}\right) - 1 \\
&\approx 2\Phi(0.71) - 1 = 2 \times 0.7611 - 1 \\
&= 0.5222
\end{aligned}
$$

解 0.522 2.

例4 若重复称量一质量为a的物体,设各次称量的结果X_n服从正态分布$N(a,0.2^2)$,若用Y_n表示n次称量结果的算术平均值,则为使

$$P\{|Y_n - a| < 0.1\} \geqslant 0.95$$

问至少要称量________次.

分析 由题意知随机变量$X_1,X_2,\cdots,X_n$相互独立并且都服从正态分布$N(a,0.2^2)$,此时$E(X_i) = a,D(X_i) = 0.2^2(i = 1,2,\cdots,n)$.

由独立同分布的中心极限定理(林德贝格 - 勒维定理),得

$$\sum_{i=1}^{n} X_i \sim N(na,0.2^2 n)$$

再由正态分布的性质,有

$$Y_n = \frac{1}{n}\sum_{i=1}^{n} X_i \sim N\left(a,\frac{0.2^2}{n}\right)$$

由所给条件可得

$$
\begin{aligned}
P\{|Y_n - a| < 0.1\} &= P\{-0.1 < Y_n - a < 0.1\} \\
&= P\left\{-\frac{0.1}{0.2}\sqrt{n} < \frac{Y_n - a}{0.2/\sqrt{n}} < \frac{0.1}{0.2}\sqrt{n}\right\} \\
&\approx \Phi\left(\frac{1}{2}\sqrt{n} - \Phi\left(-\frac{1}{2}\sqrt{n}\right)\right. \\
&= 2\Phi\left(\frac{1}{2}\sqrt{n}\right) - 1
\end{aligned}
$$

即

$$\Phi\left(\frac{1}{2}\sqrt{n}\right) \geqslant 0.975$$

查表得$\Phi(1.96) = 0.975$. 由于$\Phi(x)$是增函数,因而

$$\frac{1}{2}\sqrt{n} \geqslant 1.96, n \geqslant 15.36$$

解 16 次.

例5 设随机变量X的方差为25,则根据契比雪夫不等式,有$P\{|X - E(X)| < 10\}$(　　).

A. $\leqslant 0.25$　　B. $\geqslant 0.25$　　C. $\leqslant 0.75$　　D. $\geqslant 0.75$

分析　由契比雪夫不等式,有

$$P\{|X-E(X)|<10\} \geqslant 1-\frac{D(X)}{10^2}=1-0.25=0.75$$

解　D.

例 6　已知随机变量 X 满足 $P\{|X-E(X)|\geqslant 2\}=\frac{1}{16}$,则必有(　　).

A. $D(X)=\frac{1}{4}$　　　　B. $D(X)\geqslant\frac{1}{4}$

C. $P\{|X-E(X)|<2\}<\frac{15}{16}$　　　　D. $D(X)<\frac{1}{4}$

分析　由契比雪夫不等式,得

$$\frac{1}{16}=P\{|X-E(X)|\geqslant 2\}\leqslant\frac{D(X)}{2^2}$$

从而 $D(X)\geqslant\frac{1}{4}$.

解　B.

例 7　设 $X_1,X_2,\cdots,X_n,\cdots$ 是独立同分布的随机变量序列,且服从参数为 λ 的指数分布,则必有(　　).

A. $\lim\limits_{n\to\infty}P\left\{\frac{\lambda\sum\limits_{i=1}^{n}X_i-n}{\sqrt{n}}\leqslant x\right\}=\Phi(x)$　　　　B. $\lim\limits_{n\to\infty}P\left\{\frac{\sum\limits_{i=1}^{n}X_i-n}{\sqrt{n}}\leqslant x\right\}=\Phi(x)$

C. $\lim\limits_{n\to\infty}P\left\{\frac{\sum\limits_{i=1}^{n}X_i-n}{\lambda\sqrt{n}}\leqslant x\right\}=\Phi(x)$　　　　D. $\lim\limits_{n\to\infty}P\left\{\frac{\sum\limits_{i=1}^{n}X_i-n}{\sqrt{\lambda n}}\leqslant x\right\}=\Phi(x)$

分析　由于 $X_i(i=1,2,\cdots)$ 服从指数分布,因而有

$$\mu=E(X_i)=\frac{1}{\lambda},\sigma^2=D(X_i)=\frac{1}{\lambda^2}$$

及

$$\frac{\sum\limits_{i=1}^{n}X_i-n\mu}{\sqrt{n}\sigma}=\frac{\lambda\sum\limits_{i=1}^{n}X_i-n}{\sqrt{n}}$$

根据独立同分布的中心极限定理(林德贝格 - 勒维定理),得结论.

解　A.

例 8　设 $X_1,X_2,\cdots,X_n,\cdots$ 相互独立,且都服从参数为 $\lambda(\lambda>0)$ 的泊松公布,则下列论断正确的是(　　).

A. $\lim\limits_{n\to\infty}P\left\{\dfrac{\sum\limits_{i=1}^{n}X_i-n\lambda}{\sqrt{n}\lambda}\leqslant x\right\}=\Phi(x)$

B. 当 n 充分大时，$\sum\limits_{i=1}^{n}X_i$ 近似服从标准正态分布

C. 当 n 充分大时，$\sum\limits_{i=1}^{n}X_i$ 近似服从正态分布

D. 当 n 充分大时，$P\{\sum\limits_{i=1}^{n}X_i\leqslant x\}=\Phi(x)$

分析　由于 $X_i(i=1,2,\cdots)$ 服从指数分布，故 $\mu=\sigma^2=\lambda$，根据独立同分布的中心极限定理，当 n 充分大时，$\sum\limits_{i=1}^{n}X_i\sim N(n\lambda,n\lambda)$.

解　C.

例9　设在一次试验中，事件 A 发生的概率为0.5，利用契比雪夫不等式估计是否可以用大于0.97的概率确信：在1 000次独立重复试验中，事件 A 发生的次数是在400到600的范围内.

分析　设 $n=1\ 000,p=0.5$，且

$$X_i=\begin{cases}1,\text{第 }k\text{ 次试验中 }A\text{ 发生}\\0,\text{第 }k\text{ 次试验中 }A\text{ 不发生}\end{cases}\quad(i=1,2,\cdots,n)$$

并设在1 000次独立重复试验中，事件 A 发生的次数为 X，则

$$X=X_1+X_2+\cdots+X_n$$

及
$$E(X_i)=p=0.5,\quad D(X_i)=p(1-p)=0.25$$

从而得
$$E(X)=np=500,\quad D(X)=np(1-p)=250$$

利用契比雪夫不等式有

$$P\{|X-E(X)|<100\}\geqslant 1-\frac{D(X)}{100^2}$$

即可计算.

解　设 X 为1 000次独立重复试验中事件 A 发生的次数，有

$$E(X)=500,\quad D(X)=250$$

由契比雪夫不等式，得

$$P\{400<X<600\}=P\{|X-500|<100\}=P\{|X-E(X)|<100\}\geqslant 1-\frac{D(X)}{100^2}$$

$$=1-\frac{250}{100^2}=0.975$$

所以，可用大于0.97的概率确信，事件 A 发生的次数是在400到600的范围内.

例 10　假设随机变量 X 的分布未知，但知道 $E(X)=\mu$ 及 $D(X)=\sigma^2$，试估计 X 落在区间 $(\mu-3\sigma,\mu+3\sigma)$ 内的概率.

分析　由契比雪夫不等式可知，对任意的 $\varepsilon>0$，有

$$P\{|X-\mu|<\varepsilon\}\geqslant 1-\frac{\sigma^2}{\varepsilon^2}$$

取 $\varepsilon=3\sigma$，即得结果.

解　在契比雪夫不等式中，取 $\varepsilon=3\sigma$，得

$$P\{\mu-3\sigma<X<\mu+3\sigma\}=P\{|X-\mu|<3\sigma\}\geqslant 1-\frac{\sigma^2}{9\sigma^2}=\frac{8}{9}=0.888\,9$$

例 11　对某一个物理量进行独立地多次测量，每次测量所产生的随机误差都服从 $(-1,1)$ 内的均匀分布，如果取 n 次测量的算术平均值作为测量的结果，求它与真值的差小于某个很小的正数 ε 的概率.

分析　设 μ 表示所求物理量的真值，$X_i(i=1,2,\cdots,n)$ 表示第 i 次实际测量值，$\varepsilon_i(i=1,2,\cdots,n)$ 表示第 i 次测量所产生的随机误差，则应有 $X_i=\mu+\varepsilon_i$. 由所给条件知，ε_i 在区间 $(-1,1)$ 服从均匀分布，其数学期望与方差已知，由此可计算出 X_i 的数学期望与方差. 又由于 X_i 独立同分布，因此当 n 很大时，由林德贝格 - 勒维定理即可近似地求出此概率.

解　记 μ 为物理量的真值，$X_i,\varepsilon_i(i=1,2,\cdots,n)$ 为第 i 次的实际测量值与误差，则由于 ε_i 在区间$(-1,1)$ 服从均匀分布，及 $X_i=\mu+\varepsilon_i$，有

$$E(\varepsilon_i)=\frac{1-(-1)}{2}=0$$

$$D(\varepsilon_i)=\frac{(1-(-1))^2}{12}=\frac{1}{3}$$

$$E(X_i)=E(\mu+\varepsilon_i)=\mu$$

$$D(X_i)=D(\mu+\varepsilon_i)=\frac{1}{3}\quad(i=1,2,\cdots,n)$$

当 n 很大时，由中心极限定理，有

$$P\left\{\left|\frac{1}{n}\sum_{i=1}^{n}X_i-\mu\right|<\varepsilon\right\}=P\left\{\left|\sum_{i=1}^{n}X_i-n\mu\right|<n\varepsilon\right\}=P\left\{\frac{\left|\frac{1}{n}\sum_{i=1}^{n}X_i-\mu\right|}{\frac{\sqrt{n}}{3}}<\varepsilon\sqrt{3n}\right\}$$

$$\approx 2\Phi(\varepsilon\sqrt{3n})-1$$

例 12　用卡车装运水泥，设每袋水泥的质量 X(以 kg 计) 服从正态分布 $N(50,2.5^2)$，问最多装多少袋水泥，使总质量超过 2 000 kg 的概率不大于 0.05.

分析　设装 n 袋水泥，用 $X_i(i=1,2,\cdots,n)$ 表示第 i 袋水泥的质量，则 n 袋水泥的总质量

$X = \sum_{i=1}^{n} X_i$. 又由于 $X_1, X_2, \cdots, X_n$ 相互独立,并且服从同一正态分布 $N(50, 2.5^2)$,以及

$$E(X_i) = 50, \quad D(X_i) = 2.5^2 \quad (i = 1, 2, \cdots, n)$$

由此即可计算出所装水泥的最多袋数.

解　由上面的分析可知,为使水泥的总质量不少于 2 000 kg,应有

$$P\{X > 2\,000\} = 1 - P\{X \leqslant 2\,000\} = 1 - \Phi\left(\frac{2\,000 - 50n}{2.5\sqrt{n}}\right) \leqslant 0.05$$

成立,即

$$\Phi\left(\frac{2\,000 - 50n}{2.5\sqrt{n}}\right) \geqslant 0.95$$

查正态分布表知 $\Phi(1.65) = 0.95$,因 $\Phi(x)$ 是非减函数,故

$$\frac{2\,000 - 50n}{2.5\sqrt{n}} \geqslant 1.65$$

解得 $n \leqslant 39.7$,即最多装 39 袋水泥,就可满足要求.

例 13　假设某人寿保险公司有 3 000 个同一年龄组的人参加人寿保险. 若在一年中,每人死亡的概率为 0.1%. 参加保险的人在第一天交付保险费 10 元,死亡后,家属可从保险公司领取 2 000 元. 求保险公司亏本的概率.

分析　设一年内死亡 m 人,并设 $A = \{$保险公司亏本$\}$,则

$$P(A) = P\{2\,000m > 3\,000\} = P\{m > 15\}$$

解　设 m 为一年中死亡的人数,则 m 服从参数为 $b(0.001, 3\,000)$ 的二项分布,由德莫佛 - 拉普拉斯定理,有

$$\begin{aligned} P\{m > 15\} &= P\left\{\frac{m - 3\,000 \times 0.001}{\sqrt{3\,000 \times 0.001 \times 0.999}} > \frac{15 - 3\,000 \times 0.001}{\sqrt{3\,000 \times 0.001 \times 0.999}}\right\} \\ &\approx 1 - \Phi\left(\frac{15 - 3\,000 \times 0.001}{\sqrt{3\,000 \times 0.001 \times 0.999}}\right) \\ &= 1 - \Phi(6.932) \approx 0 \end{aligned}$$

即保险公司亏本的情况几乎不存在.

例 14　设随机变量 $X_1, X_2, \cdots, X_n, \cdots$ 独立同分布,且 $E(X_i) = \mu, D(X_i) = \sigma^2 (i = 1, 2, \cdots)$,证明:

$$P\{|\bar{X} - \mu| < \varepsilon\} \approx 2\Phi\left(\frac{\sqrt{n}\varepsilon}{\sigma}\right) - 1$$

其中 $\bar{X} = \frac{1}{n}\sum_{i=1}^{n} X_i$, $\Phi(x)$ 是标准正态分布函数.

证明 $P\{|\bar{X}-\mu|<\varepsilon\}=P\{\left|\sum_{i=1}^{n}X_i-n\mu\right|<n\varepsilon\}=P\{-n\varepsilon<\sum_{i=1}^{n}X_i-n\mu<n\varepsilon\}$

$$=P\left\{-\frac{\sqrt{n}\varepsilon}{\sigma}<\frac{\sum_{i=1}^{n}X_i-n\mu}{\sigma}<\frac{\sqrt{n}\varepsilon}{\sigma}\right\}\approx\Phi\left(\frac{\sqrt{n}\varepsilon}{\sigma}\right)-\Phi\left(-\frac{\sqrt{n}\varepsilon}{\sigma}\right)$$

$$=2\Phi\left(\frac{\sqrt{n}\varepsilon}{\sigma}\right)-1$$

5.3 同步训练题

一、填空题

1. 随机变量 X 的分布未知，但已知 $E(X)=\mu$ 及 $D(X)=\sigma^2$，根据契比雪夫不等式估计 X 落在区间 $(\mu-3\sigma,\mu+3\sigma)$ 内的概率不小于________.

2. 现有一大批种子，其中良种占 $\frac{1}{6}$，现从中任取 6 000 粒，试用契比雪夫不等式估计，在 6 000 粒种子中，良种所占的比例与 $\frac{1}{6}$ 之差的绝对值不小于 0.01 的概率不大于________.

3. 某炮兵部队对敌方阵地进行了 100 次炮击，每次炮击命中的炮弹数为 $X_i(i=1,2,\cdots,100)$，已知 $E(X_i)=4$ 及 $D(X_i)=1$，利用中心极限定理计算在 100 次炮击中有 380 到 420 颗炮弹击中目标的概率为________.

（已知 $\Phi(1)=0.841,\Phi(2)=0.977$，其中 $\Phi(x)$ 为标准正态分布函数）

4. 设总体 X 服从参数为 2 的指数分布，$X_1,X_2,\cdots,X_n$ 为来自总体 X 的简单随机样本，则当 $n\to\infty$ 时，$Y_n=\frac{1}{n}\sum_{i=1}^{n}X_i^2$ 依概率收敛于________.

二、计算题

1. 以生产线生产的产品成箱包装，每箱的质量是随机的，假设每箱平均质量为 50 kg，标准差为 5 kg，若用最大载质量为 5 000 kg 的汽车载运，试利用中心极限定理说明每辆车最多可以装多少箱，才能保障不超载的概率大于 0.977.

（已知 $\Phi(2)=0.977$，其中 $\Phi(x)$ 为标准正态分布函数）

2. 假设某一年龄段女孩的平均身高 130 cm，标准差是 8 cm，现在从该年龄段女孩中随机抽取 5 名女孩，测其身高，用契比雪夫不等式估计她们的平均身高在 120 cm 与 140 cm 之间的概率.

三、证明题

设 X 为连续型随机变量，且 $E(e^{X^2})$ 存在，试证明：对于任意的正数 ε，有 $P\{|X|\geqslant\varepsilon\}\leqslant\frac{E(e^{X^2})}{e^{\varepsilon^2}}$.

5.4　测　验　题

一、填空题

1. 设随机变量X的方差为25，则根据契比雪夫不等式$P\{|X-E(X)|<10\}\geqslant$________.

2. 随机变量X的分布未知，但已知$E(X)=\mu$及$D(X)=\sigma^2$，根据契比雪夫不等式$P\{|X-\mu|\geqslant 3\sigma\}\leqslant$________.

3. 已知正常男性成人的血液中，每毫升含有的白细胞平均数目是7 300，均方差是700，利用契比雪夫不等式估计每毫升血液含白细胞数在5 200到9 400之间的概率$p\geqslant$________.

4. 若某产品的废品率为0.1，利用中心极限定理计算每10 000件产品中废品不超过1 030件的概率为________.

（已知$\Phi(1)=0.841,\Phi(2)=0.977$，其中$\Phi(x)$为标准正态分布函数）

5. 设$X_i(i=1,2,\cdots,500)$相互独立且服从参数为0.05的泊松分布，利用中心极限定理计算$P\{\sum\limits_{i=1}^{500}X_i>30\}=$________.

（已知$\Phi(1)=0.841,\Phi(2)=0.977$，其中$\Phi(x)$为标准正态分布函数）

二、单项选择题

1. 设随机变量X的数学期望与方差均存在，则对任意的实数$a,b(a<b)$，可用契比雪夫不等式估计出概率（　　）.

A. $P\{a<X<b\}$　　B. $P\{a<X-E(X)<b\}$

C. $P\{-a<X<a\}$　　D. $P\{|X-E(X)|\geqslant b-a\}$

2. 设随机变量X和Y的数学期望分别为-2和2，方差分别为4和9，而相关系数为-0.5，则根据契比雪夫不等式$P\{|X+Y|\geqslant 5\}\leqslant$（　　）.

A. $\frac{6}{25}$　　B. $\frac{7}{25}$　　C. $\frac{18}{25}$　　D. $\frac{19}{25}$

3. 设$X_1,X_2,\cdots,X_{16}$为相互独立同分布的随机变量，$E(X_i)=1,D(X_i)=1\ (i=1,2,\cdots,16)$，设$S_{16}=\sum\limits_{i=1}^{16}X_i$，则对任意$\varepsilon>0$，由契比雪夫不等式直接可得（　　）.

A. $P\left\{\left|\frac{1}{16}S_{16}-1\right|<\varepsilon\right\}\geqslant 1-\frac{16}{\varepsilon^2}$　　B. $P\{|S_{16}-16|<\varepsilon\}\geqslant 1-\frac{16}{\varepsilon^2}$

C. $P\left\{\left|\frac{1}{16}S_{16}-1\right|<\varepsilon\right\}\geqslant 1-\frac{1}{\varepsilon^2}$　　D. $P\{|S_{16}-16|<\varepsilon\}\geqslant 1-\frac{1}{\varepsilon^2}$

4. 根据中心极限定理，掷一枚均匀的硬币n次，正面出现的次数不超过$m(m<n)$次的概率为（　　）.

A. $\Phi\left(\frac{2m-n}{n}\right)$　　B. $\Phi\left(\frac{2m-n}{\sqrt{n}}\right)$　　C. $\Phi\left(\frac{4m-2n}{n}\right)$　　D. $\Phi\left(\frac{4m-2n}{\sqrt{n}}\right)$

三、计算题

1. 一个复杂的系统由100个相互独立起作用的部件所组成，在整个运行期间每个部件损坏的概率为0.1，为了使整个系统起作用，至少必须有85个部件正常工作，利用中心极限定理计算整个系统起作用的概率.

（已知 $\Phi(1.67)=0.952\,5$，$\Phi(3.3)=0.999\,5$，其中 $\Phi(x)$ 为标准正态分布函数）

2. 随机掷6颗骰子，利用契比雪夫不等式估计6颗骰子点数之和大于14小于28的概率至少为多少?

5.5　同步训练题答案

一、填空题

1. $\frac{8}{9}$　　2. $\frac{25}{108}$　　3. 0.954　　4. $\frac{1}{2}$

二、计算题

1. **解**　设 $X_i(i=1,2,\cdots,n)$ 表示第 i 箱的质量（单位:kg），n 表示所求的箱数，则 X_1，$X_2,\cdots,X_n$ 是独立同分布的，总质量为 $T_n=X_1+X_2+\cdots+X_n$，依题意有 $E(X_i)=50$，$D(X_i)=25$，则 $E(T_n)=50n$，$D(T_n)=25n$，$T_n\sim N(50n,25n)$，依题意 $P\{T_n\leqslant 5\,000\}>0.977$，即

$$P\left\{\frac{T_n-50n}{5\sqrt{n}}\leqslant\frac{5\,000-50n}{5\sqrt{n}}\right\}=\Phi\left(\frac{1\,000-10n}{\sqrt{n}}\right)>0.977=\Phi(2)$$

$$\frac{1\,000-10n}{\sqrt{n}}>2\Rightarrow n<98.019\,9$$

所以最多可以装98箱.

2. **解**　设 X_i 表示第 i 名被测女孩的身高，显然 $X_i(i=1,2,\cdots,5)$ 相互独立同分布，有

$$E(X_i)=130,D(X_i)=64,\bar{X}=\sum_{i=1}^{5}X_i,E(\bar{X})=130,D(\bar{X})=\frac{64}{5}=12.8$$

$$P\{120<\bar{X}<140\}=P\{|\bar{X}-130|<10\}\geqslant 1-\frac{D(X)}{100}=0.872$$

三、证明题

提示:设 X 的概率密度函数为 $f(x)$，有

$$P\{|X|\geqslant\varepsilon\}=\int_{|X|\geqslant\varepsilon}f(x)\mathrm{d}x\leqslant\int_{|X|\geqslant\varepsilon}\frac{\mathrm{e}^{x^2}}{\mathrm{e}^{\varepsilon^2}}f(x)\mathrm{d}x\leqslant\frac{1}{\mathrm{e}^{\varepsilon^2}}\int_{-\infty}^{+\infty}\mathrm{e}^{x^2}f(x)\mathrm{d}x=\frac{E(\mathrm{e}^{X^2})}{\mathrm{e}^{\varepsilon^2}}$$

5.6　测验题答案

一、填空题

1. $\frac{3}{4}$　　2. $\frac{1}{9}$　　3. $\frac{8}{9}$　　4. 0.841　　5. 0.159

二、单项选择题

1. D　　2. B　　3. B　　4. B

三、计算题

1. 0.952 0　　2. $\frac{9}{14}$

5.7　教材同步精选习题精解

5－1　一台设备由 10 个独立工作的元件组成，每一个元件在时间 T 发生故障的概率为 0.05，设在时间 T 发生故障的元件数为随机变量 X. 试用契比雪夫不等式估计：

(1) 概率$\{P|X-E(X)|<2\}$；

(2) 概率$\{P|X-E(X)|\geqslant 2\}$.

解　设 $n=10,p=0.05$，且

$$X_i=\begin{cases}1,\text{第 } i \text{ 个元件发生故障}\\2,\text{第 } i \text{ 个元件工作正常}\end{cases}\ (i=1,2,\cdots,n)$$

以及 $X=\sum\limits_{i=1}^{n}X_i$，则 $X\sim b(n,p)$. 从而有

$$E(X)=\sum_{i=1}^{n}E(X_i)=np=0.5$$

$$D(X)=\sum_{i=1}^{n}D(X_i)=np(1-p)=0.475$$

利用契比雪夫不等式得

$$P\{|X-E(X)|<2\}=P\{|X-0.5|<2\}\geqslant 1-\frac{0.475}{4}=0.88$$

$$P\{|X-E(X)|\geqslant 2\}=1-0.88=0.12$$

5－2　某保险公司多年的统计资料表明，在索赔户中被盗索赔户占 20%，以 X 表示在随机抽查的 100 个索赔户中因被盗向保险公司索赔的户数.

(1) 写出 X 的分布律；

(2) 求被盗索赔户不少于 14 户且不多于 30 户的概率（利用中心极限定理 3）.

解　(1) $P\{X=k\}=\binom{100}{k}\times 0.2^k\times 0.8^{100-k}\quad (k=0,1,2,\cdots,100)$

(2) 设 $n=100,p=0.2$，根据德莫佛－拉普拉斯定理，有

$$P\{14<X<30\}=P\left\{-1.5<\frac{X-20}{\sqrt{100\times 0.2\times 0.8}}<2.5\right\}$$
$$=\Phi(2.5)-\Phi(-1.5)$$
$$=0.927$$

5－3　一加法器可以同时收到20个噪声电压 $V_k(k=1,2,\cdots,20)$，设它们都是相互独立同分布的随机变量，并且 $V_k(k=1,2,\cdots,20)$ 在区间 $(0,10)$ 上服从均匀分布. 记 $V=\sum_{k=1}^{20}V_k$，求 $P\{V>105\}$ 的近似值.

解　因 $V_k(k=1,2,\cdots,20)$ 在 $(0,10)$ 上服从均匀分布，故有

$$E(V_i)=5,D(V_i)=\frac{25}{3}\quad (i=1,2,\cdots,20)$$

由林德贝格－勒维定理可知，加法器在某时刻收到的噪声电压的总和为

$$V=\sum_{k=1}^{20}V_k\sim N\left(20\times 5,20\times\frac{25}{3}\right)=N\left(100,\frac{500}{3}\right)$$

因而所求概率为

$$P\left\{\sum_{k=1}^{20}V_k\geqslant 105\right\}=1-P\left\{\sum_{k=1}^{20}V_k<105\right\}\approx 1-\Phi\left(\frac{105-100}{\sqrt{\frac{500}{3}}}\right)$$
$$=1-\Phi(0.39)=0.348\,4$$

5－4　假设某种电子元件的寿命服从均值为100 h的指数分布，并且相互独立. 现在从一批这种元件中随机地取16只，求这16只电子元件的总寿命大于1 920 h的概率.

解　设 X_k 为第 k 只电子元件的寿命，X 为16只电子元件的总寿命，则

$$X=X_1+X_2+\cdots+X_{16}$$

则

$$E(X_k)=100,D(X_k)=10\,000$$

$$P\{X>1\,920\}=P\left\{\frac{X-16\times 100}{\sqrt{16\times 10\,000}}>\frac{1\,920-1\,600}{4\times 100}\right\}=1-\Phi(0.8)=0.211\,9$$

5－5　计算器在进行加法运算时，对每个加数取整（取为最接近它的整数），设所有取整误差是相互独立的，且它们都在 $(-0.5,0.5)$ 上服从均匀分布.

(1) 若将1 500个数相加，问总和的绝对值超过15的概率是多少？

(2) 最多允许多少个数相加使得误差总和的绝对值小于10的概率不小于0.9？

解　设有 n 个数相加，X_i 为每次进行加法运算的舍入误差. 记 $X=\sum_{i=1}^{n}X_i$，则

$$E(X_i)=0, D(X_i)=\frac{1}{12}, \frac{\sum_{i=1}^{n} X_i}{\sqrt{12/n}} \sim N(0,1)$$

（1）由独立同分布的中心极限定理，有

$$P\{|X|\leqslant 15\}=P\{-15\leqslant X\leqslant 15\}=P\left\{-\frac{15}{5\sqrt{5}}\leqslant\frac{x}{5\sqrt{5}}\leqslant\frac{15}{5\sqrt{5}}\right\}$$

$$\approx\Phi\left(\frac{15}{5\sqrt{5}}\right)-\Phi\left(-\frac{15}{5\sqrt{5}}\right)=2\Phi\left(\frac{15}{5\sqrt{5}}\right)-1=0.819\ 8$$

（2）为使条件成立，需计算满足 $P\{|X|<10\}\geqslant 0.9$ 的最大 n，由于

$$P\{|X|<10\}=P\left\{-\frac{10}{\sqrt{\frac{n}{12}}}<\frac{X}{\sqrt{\frac{n}{12}}}<\frac{10}{\sqrt{\frac{n}{12}}}\right\}\approx 2\Phi\left(\frac{10}{\sqrt{\frac{n}{12}}}\right)-1$$

即

$$2\Phi\left(\frac{10}{\sqrt{\frac{n}{12}}}\right)\geqslant 0.95$$

也就是

$$2\Phi\left(\frac{10}{\sqrt{\frac{n}{12}}}\right)\geqslant\Phi(1.645)$$

由此式求得 n 的最大值为443.

5－6　在一家保险公司里有10 000个人参加保险，每人每年付12元保险费，在一年里一个人死亡的概率为0.006，死亡时家属可向保险公司领得1 000元，试求：

（1）保险公司一年的利润是60 000元的概率；

（2）保险公司亏本的概率.

解　（1）设

$$X_k=\begin{cases}1, & \text{受保人在一年内死亡}\\0, & \text{受保人在一年内不死亡}\end{cases}$$

其中，$k=1,2,\cdots,10\ 000$，则保险公司一年的利润60 000元等价于一年内受保人中有60人死亡，X 为死亡人数. 则

$$X=X_1+X_2+\cdots+X_{10\ 000}$$

X_k 服从(0,1)分布，$n=10\ 000$，$p=0.006$，则 X 近似服从 $N(60,7.72^2)$

$$P\{X\leqslant 60\}=P\left\{\frac{X-60}{7.72}\leqslant 0\right\}=0.5$$

（2）当一年有超过120个受保人死亡，保险公司亏本，所以保险公司亏本的概率为

$$P\{X\geqslant 120\}=P\left\{\frac{X-60}{7.72}\geqslant\frac{60}{7.72}\right\}\approx 0$$

5 - 7　甲、乙两个戏院在竞争 1 000 名观众. 假设每个观众完全随意地选择一个戏院，且观众之间选择戏院是彼此独立的，问每个戏院应该设有多少个座位才能保证因缺少座位而使观众离去的概率小于 1%.

解　设

$$X_i=\begin{cases}1, & \text{若第 } i \text{ 个观众选择甲戏院}\\ 0, & \text{若第 } i \text{ 个观众选择乙戏院}\end{cases}\quad (i=1,2,\cdots,1\,000)$$

设 X 是这 1 000 名观众中去甲戏院的人数，则 $X=\sum\limits_{i=1}^{1\,000}X_i$，再设 $n=1\,000$，$p=0.5$，则有 $X\sim b(n,p)$.

若甲戏院设有 m 个座位，则由德莫佛 - 拉普拉斯中心极限定理，得

$$\begin{aligned}P\{X\leqslant m\}&=P\left\{\frac{X-np}{\sqrt{np(1-p)}}\leqslant\frac{m-np}{\sqrt{np(1-p)}}\right\}=P\left\{\frac{X-500}{\sqrt{250}}\leqslant\frac{m-500}{\sqrt{250}}\right\}\\&\approx\Phi\left(\frac{m-500}{\sqrt{250}}\right)\geqslant 0.99\end{aligned}$$

即 $\Phi\left(\frac{m-500}{\sqrt{250}}\right)\geqslant 0.99$，查表知 $\frac{m-500}{\sqrt{250}}\geqslant 2.33$，$m\geqslant 536.84$，也就是说，最少应设有 537 个座位，才能保证需求.

5 - 8　某单位设置一电话总机，共有 200 台电话分机，每台电话分机是否使用外线是相互独立的. 设每时刻每台分机有 5% 的概率使用外线通话. 问该单位总机至少需要安装多少条外线，才能以 90% 以上的概率保证每台分机电话需要使用外线时不占线？

解　设任意时刻使用外线的分机数为 X，并设 $n=200$，$p=0.05$，则 $X\sim b(n,p)$. 又设总机拥有 M 条外线，为使在任意时刻每台分机要使用外线时可供使用，则 X 必须满足 $0\leqslant X\leqslant M$. 因此，本题可归结为确定最小的 M，使不等式 $P\{X\leqslant M\}\geqslant 0.9$ 成立. 即

$$\begin{aligned}P\{X\leqslant M\}&=P\left\{\frac{X-np}{\sqrt{np(1-p)}}\leqslant\frac{M-np}{\sqrt{np(1-p)}}\right\}\\&=\Phi\left(\frac{M-np}{\sqrt{np(1-p)}}\right)=\Phi\left(\frac{M-10}{\sqrt{9.5}}\right)\geqslant 0.9\end{aligned}$$

即 $\Phi\left(\frac{M-10}{\sqrt{9.5}}\right)\geqslant 0.9$，查表得 $\frac{M-10}{\sqrt{9.5}}\geqslant 1.28$，解得 $M\geqslant 13.94$，故总机至少要安装 14 条外线才可满足需求.

5 - 10　(1) 一个复杂系统由 100 个相互独立的元件组成，在系统运行期间每个元件损坏的概率为 0.1，又知为使系统正常运行，至少必须有 85 个元件工作. 求系统的可靠性（即正常运行的概率）.

(2) 上述系统假如由 n 个相互独立的元件组成，每个部件的可靠性为 0.9，而且又要求至少有 80% 的元件正常工作才能使整个系统正常运行，问 n 至少为多大时，才能保证系统的可

靠性不低于0.95.

解 (1) 记

$$X_i = \begin{cases} 0, & \text{第 } i \text{ 个部件损坏} \\ 1, & \text{第 } i \text{ 个部件工作} \end{cases} \quad (i = 1,2,\cdots,100)$$

并记 X 为100个部件中同时正常工作的部件个数,则 $X \sim b(100,0.9)$,由德莫佛－拉普拉斯定理,得

$$\begin{aligned} P\{X \geqslant 85\} &= P\left\{\frac{X - 100 \times 0.9}{\sqrt{100 \times 0.9 \times 0.1}} \geqslant \frac{85 - 100 \times 0.9}{\sqrt{100 \times 0.9 \times 0.1}}\right\} \\ &= P\left\{\frac{X - 90}{3} \geqslant -\frac{5}{3}\right\} = 1 - P\left\{\frac{X - 90}{3} < \frac{5}{3}\right\} \\ &\approx \Phi\left(\frac{5}{3}\right) = 0.952\ 5 \end{aligned}$$

(2) 记 X 为 n 个部件中同时正常工作的个数,则 $X \sim b(n,0.9)$,欲求 $P\{X \geqslant 0.8n\} \geqslant 0.95$,即

$$\begin{aligned} P\left\{\frac{X - 0.9n}{\sqrt{0.1 \times 0.9n}} \geqslant \frac{0.8n - 0.9n}{\sqrt{0.1 \times 0.9n}}\right\} &= P\left\{\frac{X - 0.9n}{\sqrt{0.09n}} \geqslant \frac{-0.1n}{\sqrt{0.09n}}\right\} \\ &= 1 - P\left\{\frac{X - 0.9n}{\sqrt{0.09n}} < \frac{-0.1n}{\sqrt{0.09n}}\right\} \\ &\approx 1 - \Phi\left(-\frac{\sqrt{n}}{3}\right) = \Phi\left(\frac{\sqrt{n}}{3}\right) \end{aligned}$$

于是求 $\Phi\left(\frac{\sqrt{n}}{3}\right) \geqslant 0.95$ 的最小 n 值,查表知 $\frac{\sqrt{n}}{3} \geqslant 1.645$,得 $n \geqslant 24.35$,即 n 至少为25时,才能满足需求.

5－11 若对连续型随机变量 X,$E(\mathrm{e}^{aX})(a > 0)$ 存在,试证明 $P\{X \geqslant t\} \leqslant \mathrm{e}^{-at}E(\mathrm{e}^{aX})$.

证明 设 X 的概率密度为 $f(x)$,则

$$\begin{aligned} P\{X \geqslant t\} &= \int_t^{+\infty} f(x)\,\mathrm{d}x \leqslant \int_t^{+\infty} \frac{\mathrm{e}^{ax}}{\mathrm{e}^{at}} f(x)\,\mathrm{d}x \\ &= \frac{1}{\mathrm{e}^{at}}\int_t^{+\infty} \mathrm{e}^{ax} f(x)\,\mathrm{d}x \leqslant \mathrm{e}^{-at}\int_{-\infty}^{+\infty} \mathrm{e}^{ax} f(x)\,\mathrm{d}x \\ &= \mathrm{e}^{-at}E(\mathrm{e}^{aX}) \end{aligned}$$

5－14 若每发高射炮弹命中飞机的概率为0.001,则发射10 000发炮弹至少有18发命中飞机的概率为________.

解 记 $X_i = \begin{cases} 1, & \text{命中飞机} \\ 0, & \text{未命中飞机} \end{cases} \quad (i = 1,2,\cdots,10\ 000)$,及 $X = \sum\limits_{i=1}^{10\ 000} X_i$,则 $X \sim b(10\ 000,0.01)$,由德莫佛－拉普拉斯中心极限定理,得

$$P\{X \geqslant 18\} = 1 - P\{X < 18\} = 1 - P\left\{\frac{X-10}{\sqrt{9.99}} < \frac{18-10}{\sqrt{9.99}}\right\}$$

$$\approx 1 - P\left\{\frac{X-10}{\sqrt{9.99}} < 2.53\right\}$$

$$\approx 1 - \Phi(2.53) = 1 - 0.9943 = 0.0057$$

5－16　若某产品的废品率为0.05，则每万件产品中废品不超过33件的概率为________.

解　任取10 000件产品，记

$$X_i = \begin{cases} 1, & \text{第 } i \text{ 件产品为废品} \\ 0, & \text{第 } i \text{ 件产品为正品} \end{cases} \quad (i = 1, 2, \cdots, 10\,000)$$

并记 $X = \sum_{i=1}^{10\,000} X_i$，即 $X \sim b(10\,000, 0.005)$，由德莫佛－拉普拉斯中心极限定理，得

$$P\{X \leqslant 33\} = P\left\{\frac{X - 10\,000 \times 0.005}{\sqrt{10\,000 \times 0.005 \times 0.995}} \leqslant \frac{33 - 10\,000 \times 0.005}{\sqrt{10\,000 \times 0.005 \times 0.995}}\right\}$$

$$\approx \Phi(-2.41) = 1 - \Phi(2.41) = 0.008$$

5－17　若100台机器同时独立工作，每台停机的概率为0.5. 则有40～60台同时停机的概率为________.

解　记

$$X_i = \begin{cases} 1, & \text{第 } i \text{ 台机器停机} \\ 0, & \text{第 } i \text{ 台机器不停机} \end{cases} \quad (i = 1, 2, \cdots, 100)$$

并记 $X = \sum_{i=1}^{100} X_i$，即 $X \sim b(100, 0.5)$，由德莫佛－拉普拉斯中心极限定理，得

$$P\{40 \leqslant X \leqslant 60\} = P\left\{\frac{40-50}{\sqrt{100 \times 0.5 \times 0.5}} \leqslant \frac{X - 100 \times 0.5}{\sqrt{100 \times 0.5 \times 0.5}} \leqslant \frac{60-50}{\sqrt{100 \times 0.5 \times 0.5}}\right\}$$

$$\approx \Phi(2) - \Phi(-2) = 0.9544$$

第6章　数理统计的基本概念

【本章基本要求】

1. 理解总体、简单随机样本、统计量、样本均值、样本方差及样本矩的概念.

2. 了解 χ^2 分布、t 分布和 F 分布的概念及性质,了解上 α 分位点的概念并会查表计算.

3. 掌握正态总体的几个常用抽样分布.

【本章重点】

总体;个体;简单随机样本;统计量;样本均值;样本方差和样本矩;χ^2 分布;t 分布;F 分布;分位数;正态总体的常用的抽样分布.

【本章难点】

常用的统计量及其抽样分布.

6.1　知识要点

6.1.1　总体与样本

1. 研究对象的某项特征指标值的全体称为总体(或母体),组成总体的每个元素称为个体. 总体是一个随机变量,常用 X,Y 等来表示.

2. 从总体中随机抽出 n 个个体称为容量为 n 的样本,其中每个个体称为样本,它们都是随机变量.

3. 设 $X_1,X_2,\cdots,X_n$ 是来自总体 X 的容量为 n 的样本,如果这 n 个随机变量 $X_1,X_2,\cdots,X_n$ 相互独立且每个样本 X_i 与总体 X 具有相同的分布,则称 $X_1,X_2,\cdots,X_n$ 为总体 X 的简单随机样本,简称样本.

4. 样本的联合分布

若总体 X 具有分布函数 $F(x)$,则样本 $(X_1,X_2,\cdots,X_n)$ 的联合分布函数为

$$F(x_1,x_2,\cdots,x_n) = \prod_{i=1}^{n} F(x_i)$$

(1) 若总体 X 为连续型随机变量,其概率密度函数为 $f(x)$,则样本的联合概率密度为

$$f(x_1,x_2,\cdots,x_n) = \prod_{i=1}^{n} f(x_i)$$

（2）若总体X为离散型随机变量,其分布律为$P\{X = a_i\} = p_i \quad (i = 1,2,\cdots,n)$,则样本的联合分布律为

$$P\{X_1 = x_1, X_2 = x_2, \cdots, X_n = x_n\} = \prod_{i=1}^{n} P\{X_i = x_i\}$$

其中$(x_1,x_2,\cdots,x_n)$为$(X_1,X_2,\cdots,X_n)$的任一组可能的观察值.

6.1.2　样本分布

1. 设样本值$(x_1,x_2,\cdots,x_n)$中不同的数值是$x_1^*,x_2^*,\cdots,x_l^*$,记相应的频数分别为$n_1,n_2,\cdots,n_l$,其中$x_1^* < x_2^* < \cdots < x_l^*$,且$\sum_{i=1}^{l} n_i = n$,则样本的频数分布及频率分布可由表6－1给出.

表6－1

指标 X	x_1^*	x_2^*	$\cdots$	x_l^*
频数 n_i	n_1	n_2	$\cdots$	n_l
频率 $f_i = \frac{n_i}{n}$	$\frac{n_1}{n}$	$\frac{n_2}{n}$	$\cdots$	$\frac{n_l}{n}$

2. 直方图

设$X_1,X_2,\cdots,X_n$是总体X的一个样本,又设总体具有概率密度f,注意到现在的样本是一组实数,因此一个直观的办法是将实轴划分为若干小区间,记下观察值X_i落在每个小区间中的个数,根据大数定律中频率近似概率的原理,从这些个数来推断总体在每一小区间上的密度. 作直方图,画出频率分布曲线,这就可以直观地看到数据分布的情况.

3. 经验分布函数

设$(X_1,X_2,\cdots,X_n)$为总体X的一个样本,其样本值为$(x_1,x_2,\cdots,x_n)$,若已知样本值$(x_1,x_2,\cdots,x_n)$的频数,频率分布表为表6－1所示,则经验分布函数为

$$F_n(x) = \begin{cases} 0, & x < x_1^* \\ \dfrac{n_1 + \cdots + n_i}{n}, & x_i^* \leqslant x < x_{i+1}^* \quad (i = 1,2,\cdots,l-1) \\ 1 & x \geqslant x_l^* \end{cases}$$

$F_n(x)$即表示事件$\{X \leqslant x\}$在n次试验中出现的频率.

6.1.3　统计量

设$(X_1,X_2,\cdots,X_n)$为总体X的一个样本,$\varphi(X_1,X_2,\cdots,X_n)$是$X_1,X_2,\cdots,X_n$的函数,若$\varphi$是

连续函数且不含未知参数,则称 $\varphi(X_1,X_2,\cdots,X_n)$ 是一个统计量.

1. 几个常用的统计量

(1) 样本均值
$$\bar{X}=\frac{1}{n}\sum_{i=1}^{n}X_i$$

(2) 样本方差
$$S^2=\frac{1}{n-1}\sum_{i=1}^{n}(X_i-\bar{X})^2$$

(3) 样本标准差
$$S=\sqrt{\frac{1}{n-1}\sum_{i=1}^{n}(X_i-\bar{X})^2}$$

(4) 样本 k 阶原点矩
$$A_k=\frac{1}{n}\sum_{i=1}^{n}X_i^k\quad(k=1,2,\cdots)$$

(5) 样本 k 阶中心矩
$$B_k=\frac{1}{n}\sum_{i=1}^{n}(X_i-\bar{X})^k\quad(k=1,2,\cdots)$$

2. 若总体 X 的期望、方差存在,即 $E(X)=\mu,D(X)=\sigma^2$,又 $(X_1,X_2,\cdots,X_n)$ 是取自总体 X 的一个样本,则样本均值 $\bar{X}$、样本方差 S^2 及样本矩 B_2 有如下几个性质:

(1) $E(\bar{X})=\mu$;

(2) $D(\bar{X})=\dfrac{\sigma^2}{n}$;

(3) $E(S^2)=\sigma^2$;

(4) $E(B_2)=\dfrac{n-1}{n}\sigma^2$.

6.1.4　抽样分布

1. χ^2 分布

设 $X_1,X_2,\cdots,X_n$ 是相互独立的随机变量,且 $X_i\sim N(0,1)(i=1,2,\cdots,n)$,则称随机变量
$$\chi^2=X_1^2+X_2^2+\cdots+X_n^2=\sum_{i=1}^{n}X_i^2$$
是服从自由度为 n 的 χ^2 分布,简记为 $\chi^2\sim\chi^2(n)$.

χ^2 分布的性质如下:

(1) 设 $\chi^2\sim\chi^2(n)$,则 $E(\chi^2)=n$, $D(\chi^2)=2n$;

(2) 设 $Y_1\sim\chi^2(n_1)$,$Y_2\sim\chi^2(n_2)$,且 Y_1,Y_2 相互独立,则有 $Y_1+Y_2\sim\chi^2(n_1+n_2)$;

(3) $\chi^2\sim\chi^2(n)$,当 $n\to+\infty$ 时,$\dfrac{\chi^2-n}{\sqrt{2n}}$ 的分布渐近于 $N(0,1)$ 分布.

2. t 分布

设 $X\sim N(0,1)$,$Y\sim\chi^2(n)$,且 X,Y 相互独立,则称随机变量

$$T = \frac{X}{\sqrt{Y/n}}$$

服从自由度为 n 的 t 分布，简记为 $T \sim t(n)$.

t 分布的性质如下：

（1）设 $T \sim t(n)$，则 $E(T) = 0, D(T) = \frac{n}{n-2}(n > 2)$；

（2）$\lim\limits_{n\to\infty} f(x) = \frac{1}{\sqrt{2\pi}}e^{-\frac{x^2}{2}}$，这里 $f(x)$ 为 t 分布的概率密度函数.

3. F 分布

设 $X \sim \chi^2(m), Y \sim \chi^2(n)$，且 X,Y 相互独立，则称随机变量

$$F = \frac{X/m}{Y/n}$$

所服从的分布是自由度为 m,n 的 F 分布，简记为 $F \sim F(m,n)$.

F 分布的性质如下：

（1）若 $U \sim N(0,1), V \sim \chi^2(n)$，则 $\frac{nU^2}{V} \sim F(1,n)$；

（2）若 $F \sim F(m,n)$，则 $\frac{1}{F} \sim F(n,m)$.

4. 临界值

（1）设 $X \sim N(0,1)$，对给定的正数 $\alpha(0 < \alpha < 1)$，若存在实数 z_α 满足

$$P\{X > z_\alpha\} = \frac{1}{\sqrt{2\pi}}\int_{z_\alpha}^{+\infty} e^{-\frac{t^2}{2}} dx = \alpha$$

则称点 z_α 为标准正态分布 X 的 α 临界值（或称上 α 分位点或分位数）.

（2）设 $\chi^2 \sim \chi^2(n)$，概率密度为 $f(x)$. 对给定的数 $\alpha(0 < \alpha < 1)$，若存在实数 $\chi_\alpha^2(n)$ 满足

$$P\{\chi^2 > \chi_\alpha^2(n)\} = \int_{\chi_\alpha^2(n)}^{+\infty} f(x)dx = \alpha$$

则称数 $\chi_\alpha^2(n)$ 为 χ^2 分布的 α 临界值. 已知 n,α，通过查 χ^2 分布表可求得 $\chi_\alpha^2(n)$. 当 $n > 45$ 时，可利用近似公式：$\chi_\alpha^2(n) \approx \frac{1}{2}(z_\alpha + \sqrt{2n-1})^2$，这里 z_α 是标准正态分布的临界值.

（3）设 $T \sim t(n)$，概率密度为 $f(x)$. 对给定的 $\alpha(0 < \alpha < 1)$，若存在实数 $t_\alpha(n)$ 满足

$$P\{T > t_\alpha(n)\} = \int_{t_\alpha(n)}^{+\infty} f(x)dx = \alpha$$

则称点 $t_\alpha(n)$ 为 t 分布的 α 临界值. 已知 n,α，通过查 t 分布表可求得 $t_\alpha(n)$. 当 $n > 45$ 时，可利用近似公式 $t_\alpha(n) = z_\alpha$，这里 z_α 是标准正态分布的临界值.

(4) 设$F \sim F(m, n)$,概率密度为$f(x)$. 对给定的$\alpha(0 < \alpha < 1)$,若存在实数$F_\alpha(m, n)$满足

$$P\{F > F_\alpha(m,n)\} = \int_{F_\alpha(m,n)}^{+\infty} f(x)\mathrm{d}x = \alpha$$

则称数$F_\alpha(m,n)$为F分布的α临界值. 注意公式

$$F_{1-\alpha}(m,n) = \frac{1}{F_\alpha(n,m)}$$

5. 正态总体样本均值和样本方差的分布

设总体$X \sim N(\mu,\sigma^2)$,$(X_1,X_2,\cdots,X_n)$为样本,$\bar{X}$为样本均值,S^2为样本方差,则有如下关系成立:

(1) $\bar{X} \sim N\left(\mu,\dfrac{\sigma^2}{n}\right)$或$\dfrac{\bar{X}-\mu}{\sigma/\sqrt{n}} \sim N(0,1)$;

(2) $\dfrac{\sum\limits_{i=1}^{n}(X_i-\mu)^2}{\sigma^2} \sim \chi^2(n)$;

(3) 样本均值$\bar{X}$与样本方差S^2相互独立;

(4) $\dfrac{(n-1)S^2}{\sigma^2} \sim \chi^2(n-1)$或$\dfrac{\sum\limits_{i=1}^{n}(X_i-\bar{X})^2}{\sigma^2} \sim \chi^2(n-1)$;

(5) $\dfrac{\bar{X}-\mu}{S/\sqrt{n}} \sim t(n-1)$.

设$(X_1,X_2,\cdots,X_{n_1})$是取自总体X的一个样本,$(Y_1,Y_2,\cdots,Y_{n_2})$是取自总体Y的一个样本,且这两个样本相互独立,即假定$X_1,X_2,\cdots,X_{n_1},Y_1,Y_2,\cdots,Y_{n_2}$是$n_1+n_2$个相互独立的随机变量. 若总体$X \sim N(\mu_1,\sigma_1^2)$,$Y \sim N(\mu_2,\sigma_2^2)$,则有

(1) $\dfrac{(\bar{X}-\bar{Y})-(\mu_1-\mu_2)}{\sqrt{\dfrac{\sigma_1^2}{n_1}+\dfrac{\sigma_2^2}{n_2}}} \sim N(0,1)$;

(2) 当$\sigma_1^2=\sigma_2^2=\sigma^2$时,有

$$\frac{(\bar{X}-\bar{Y})-(\mu_1-\mu_2)}{S_W\sqrt{\dfrac{1}{n_1}+\dfrac{1}{n_2}}} \sim t(n_1+n_2-2)$$

其中 $S_1^2 = \frac{1}{n_1 - 1}\sum_{i=1}^{n_1}(X_i - \bar{X})^2, S_2^2 = \frac{1}{n_2 - 1}\sum_{i=1}^{n_2}(Y_i - \bar{Y})^2, S_W^2 = \frac{(n_1 - 1)S_1^2 + (n_2 - 1)S_2^2}{n_1 + n_2 - 2}$;

$$(3)F = \frac{\sum_{i=1}^{n_1}(X_i - \mu_1)^2 \Big/ n_1\sigma_1^2}{\sum_{j=1}^{n_2}(Y_j - \mu_2)^2 \Big/ n_2\sigma_2^2} \sim F(n_1, n_2);$$

$$(4)\ \frac{S_1^2/\sigma_1^2}{S_2^2/\sigma_2^2} \sim F(n_1 - 1, n_2 - 1).$$

6.2 典型例题

例1 设$(X_1, X_2, \cdots, X_n)$是取自总体X的一个样本. 试在下列三种情况下分别写出样本$(X_1, X_2, \cdots, X_n)$的联合分布律或联合概率密度.

(1)X服从二项分布$B(1,p)$;

(2)X服从参数为λ的指数分布;

(3)X服从$(0,\theta)(\theta > 0)$上的均匀分布.

分析 解此类题先写出总体X的分布律(或概率密度),再由X_i与X有相同的分布以及X_i之间的相互独立性,即可写出样本$(X_1, X_2, \cdots, X_n)$的联合分布律或联合概率密度.

解 (1) 因为总体分布律为$P\{X = k\} = p^k(1-p)^{1-k}(k = 0,1)$,于是$P\{X_i = k_i\} = p^{k_i}(1-p)^{1-k_i}(k_i = 0,1)$,故样本$(X_1, X_2, \cdots, X_n)$的联合分布律为

$$\begin{aligned} P\{X_1 = k_1, X_2 = k_2, \cdots, X_n = k_n\} &= \prod_{i=1}^{n} P\{X_i = k_i\} \\ &= p^{\sum_{i=1}^{n}k_i}(1-p)^{n-\sum_{i=1}^{n}k_i} \quad (k_i = 0,1, i = 1,2,\cdots,n) \end{aligned}$$

(2) 因为总体概率密度函数为$f(x) = \begin{cases} \lambda e^{-\lambda x}, & x > 0 \\ 0, & x \leqslant 0 \end{cases}$,所以每一个样本$X_i$的概率密度函数为

$$f(x_i) = \begin{cases} \lambda e^{-\lambda x_i}, & x_i > 0 \\ 0, & x_i \leqslant 0 \end{cases} \quad (i = 1,2,\cdots,n)$$

故样本$(X_1, X_2, \cdots, X_n)$的联合概率密度为

$$f(x_1, x_2, \cdots, x_n) = \prod_{i=1}^{n} f(x_i) = \begin{cases} \lambda^n e^{-\lambda\sum_{i=1}^{n}x_i}, & x_i > 0 \\ 0, & x_i \leqslant 0 \end{cases} \quad (i = 1,2,\cdots,n)$$

(3) 因为总体概率密度函数为$f(x)=\begin{cases}\dfrac{1}{\theta}, & 0<x<\theta\\ 0, & 其他\end{cases}$,所以样本 X_i 的概率密度为

$$f(x_i)=\begin{cases}\dfrac{1}{\theta}, & 0<x_i<\theta\\ 0, & 其他\end{cases}\quad (i=1,2,\cdots,n)$$

故样本$(X_1,X_2,\cdots,X_n)$的联合概率密度为

$$f(x_1,x_2,\cdots,x_n)=\prod_{i=1}^{n}f(x_i)=\begin{cases}\theta^{-n}, & 0<x_i<\theta\\ 0, & 其他\end{cases}\quad (i=1,2,\cdots,n)$$

例 2　设总体 X 服从正态分布 $N(\mu,\sigma^2)$,X_1,X_2,X_3 为总体 X 的一个样本. 试求样本(X_1,X_2,X_3)的联合概率密度和样本均值 $\bar{X}$ 的概率密度函数.

解　由于总体概率密度函数为

$$f(x)=\frac{1}{\sqrt{2\pi}\sigma}\mathrm{e}^{-\frac{(x-\mu)^2}{2\sigma^2}}\quad(-\infty<x<+\infty)$$

故有　$$f(x_1,x_2,x_3)=\frac{1}{(\sqrt{2\pi}\sigma)^3}\mathrm{e}^{-\frac{1}{2\sigma^2}\sum_{i=1}^{3}(x_i-\mu)^2}\quad(-\infty<x_i<+\infty,i=1,2,3)$$

又因为 $\bar{X}\sim N\left(\mu,\dfrac{\sigma^2}{3}\right)$,所以 $\bar{X}$ 的概率密度函数为

$$g(x)=\frac{\sqrt{3}}{\sqrt{2\pi}\sigma}\mathrm{e}^{-\frac{3(x-\mu)^2}{2\sigma^2}}\quad(-\infty<x<+\infty)$$

评注　此题用到结论:若 $X\sim N(\mu,\sigma^2)$,则 $\bar{X}\sim N\left(\mu,\dfrac{\sigma^2}{n}\right)$. 这一结果有十分广泛的应用.

例 3　设总体服从泊松分布 $\pi(\lambda)$,$(X_1,X_2,\cdots,X_n)$是来自总体的简单随机样本.

(1) 试求 $E(\bar{X})$,$D(\bar{X})$ 和 $E(S^2)$;

(2) 若容量为 10 的一组样本观察值为(1,2,4,3,3,4,5,6,4,8),试计算样本均值、样本方差和经验分布函数.

解　(1) 方法 1　因为 $X\sim\pi(\lambda)$,于是 $E(X)=D(X)=\lambda$,故 $E(\bar{X})=\lambda$,$D(\bar{X})=\dfrac{\lambda}{n}$,$E(S^2)=\lambda$.

方法 2　因为 $X_i\sim\pi(\lambda)$,所以 $E(X_i)=D(X_i)=\lambda$,故

$$E(\bar{X})=E\left[\frac{1}{n}\sum_{i=1}^{n}X_i\right]=\frac{1}{n}\left(\sum_{i=1}^{n}EX_i\right)=\frac{1}{n}\cdot n\lambda=\lambda$$

$$D(\bar{X})=D\left[\frac{1}{n}\sum_{i=1}^{n}X_i\right]=\frac{1}{n^2}\left(\sum_{i=1}^{n}DX_i\right)=\frac{\lambda}{n}$$

$$E(S^2)=\frac{1}{n-1}E\left[\sum_{i=1}^{n}(X_i-\bar{X})^2\right]=\frac{1}{n-1}E\left(\sum_{i=1}^{n}X_i^2-n\bar{X}^2\right)$$
$$=\frac{1}{n-1}\left[\sum_{i=1}^{n}E(X_i^2)-nE(\bar{X}^2)\right]$$
$$=\frac{1}{n-1}\left\{\sum_{i=1}^{n}\left[D(X_i)+(EX_i)^2\right]-n\left[D(\bar{X})+(E\bar{X})^2\right]\right\}$$
$$=\frac{1}{n-1}\left[n(\lambda+\lambda^2)-n(\lambda/n+\lambda^2)\right]=\lambda$$

(2) $\bar{X}=\frac{1}{10}\sum_{i=1}^{10}X_i=4, S^2=\frac{1}{9}\sum_{i=1}^{10}(X_i-\bar{X})^2=\frac{1}{9}\left[\sum_{i=1}^{10}X_i^2-10\bar{X}^2\right]=4$

又 X 的频率分布表为

指标 X	1	2	3	4	5	6	8
频数 n_i	1	1	2	3	1	1	1
频率 $f_i=\frac{n_i}{n}$	1/10	1/10	2/10	3/10	1/10	1/10	1/10

所以，经验分布函数为

$$F_{10}(x)=\begin{cases}0, & x<1\\ 1/10, & 1\leqslant x<2\\ 2/10, & 2\leqslant x<3\\ 4/10, & 3\leqslant x<4\\ 7/10, & 4\leqslant x<5\\ 8/10, & 5\leqslant x<6\\ 9/10, & 6\leqslant x<8\\ 1, & x\geqslant 8\end{cases}$$

评注 (1) 方法1直接运用样本矩与总体矩之间的关系求得；方法2运用样本与总体同分布的特性及数字特征的运算法则求得.

(2) 写经验分布函数，可先列出频率分布表，这样不至遗漏或出错.

例4 设总体 X 的概率密度为

$$f(x)=\begin{cases}|x|, & |x|<1\\ 0, & \text{其他}\end{cases}$$

$(X_1,X_2,\cdots,X_{50})$ 为样本. 试求：(1) $\bar{X}$ 的数学期望与方差，S^2，B_2 的数学期望；(2) $P\{|\bar{X}|>0.02\}$.

分析　(1) 当总体的期望和方差不能直接写出时，要先求总体的期望和方差，再求样本均值 $\bar{X}$、样本方差 S^2 及样本二阶中心矩 B_2 的期望和方差.

本题(2) 的解答用到了中心极限定理. 由中心极限定理可得，不论总体服从什么分布，只要知道总体的数学期望 $E(X)=\mu$，方差 $D(X)=\sigma^2$，则样本均值 $\bar{X}$ 的渐近分布就为正态分布 $N\left(\mu,\dfrac{\sigma^2}{n}\right)$. 即

$$\bar{X} \sim N\left(\mu,\frac{\sigma^2}{n}\right) \quad (n \to +\infty)$$

由此可知

$$\frac{\bar{X}-\mu}{\sigma/\sqrt{n}} \sim N(0,1) \quad (n \to +\infty)$$

求样本均值落在某个区间内的概率，就可以利用上述结论近似计算，这是很重要的结论.

解　总体 X 的数学期望和方差为

$$\mu = E(X) = \int_{-1}^{1} x \cdot |x| \mathrm{d}x = 0$$

$$\sigma^2 = D(X) = E(X^2) - (EX)^2 = \int_{-1}^{1} x^2 |x| \mathrm{d}x = \frac{1}{2}$$

故有

(1) $E(\bar{X})=0, D(\bar{X})=\dfrac{\sigma^2}{n}=\dfrac{1}{100}, E(S^2)=\sigma^2=\dfrac{1}{2}, E(B_2)=\dfrac{n-1}{n}\sigma^2=\dfrac{49}{100}$.

(2) 因为 $\bar{X} \sim N(0,1/100)$，所以

$$P\{|\bar{X}|>0.02\} = 1-P\{|\bar{X}|\leqslant 0.02\} \approx 1-P\left\{\left|\frac{\bar{X}}{1/10}\right|\leqslant 0.2\right\}$$
$$=2-2\Phi(0.2)=0.841\,4$$

例5　设(X_1,X_2,X_3,X_4)是来自正态总体 $N(0,2^2)$ 的简单样本，且 $\eta=a(X_1-2X_2)^2+b(3X_3-4X_4)^2$，则当 $a=$ ________，$b=$ ________时，统计量 η 服从χ^2分布，其自由度为________.

解　方法1　令 $\eta_1=\sqrt{a}(X_1-2X_2)$，$\eta_2=\sqrt{b}(3X_3-4X_4)$，则 $\eta=\eta_1^2+\eta_2^2$，欲使 $\eta \sim \chi^2(2)$，就必须使 $\eta_i \sim N(0,1)\ (i=1,2)$，由于 $E(X_i)=0, D(X_i)=4\ (i=1,2,3,4)$，于是 $E(\eta_1)=E(\eta_2)=0, D(\eta_1)=D(\sqrt{a}(X_1-2X_2))=aD(X_1)+4aD(X_2)=a(4+4\cdot 4)=20a, D(\eta_2)=D(\sqrt{b}(3X_3-4X_4))=9bD(X_3)+16bD(X_4)=b(9\times 4+16\times 4)=100b$.

令 $D(\eta_1)=1, D(\eta_2)=1$，则 $a=\dfrac{1}{20}, b=\dfrac{1}{100}$，此时 $\eta \sim \chi^2(2)$，自由度 $n=2$.

方法2　由于 $X_i \sim N(0,2^2)(i=1,2,3,4)$ 且相互独立,则

$$E(X_1-2X_2)=0,\ D(X_1-2X_2)=20$$

$$E(3X_3-4X_4)=0,\ D(3X_3-4X_4)=100$$

从而

$$X_1-2X_2 \sim N(0,20),\ 3X_3-4X_4 \sim N(0,100)$$

所以

$$\frac{X_1-2X_2}{\sqrt{20}} \sim N(0,1),\ \frac{3X_3-4X_4}{\sqrt{100}} \sim N(0,1)$$

为使

$$\eta=\left(\frac{X_1-2X_2}{1/\sqrt{a}}\right)^2+\left(\frac{3X_3-4X_4}{1/\sqrt{b}}\right)^2 \sim \chi^2(2)$$

必须使

$$\frac{X_1-2X_2}{1/\sqrt{a}} \sim N(0,1),\ \frac{3X_3-4X_4}{1/\sqrt{b}} \sim N(0,1)$$

同上面两个服从正态分布的随机变量比较可知

$$1/\sqrt{a}=\sqrt{20},\ 1/\sqrt{b}=\sqrt{100}$$

即

$$a=\frac{1}{20},\ b=\frac{1}{100}$$

评注　本题虽用了两种不同的解法,但目的相同,即由 χ^2 分布的定义,并由 η 构成的特点,选择恰当的 a,b 使 η 恰为两个标准正态分布的平方和.

例6　设 $X_1,X_2,\cdots,X_9$ 是来自正态总体 $N(\mu,\sigma^2)$ 的一个简单随机样本,有

$$Y_1=\frac{1}{3}(X_1+X_2+X_3),\ Y_2=\frac{1}{6}(X_4+X_5+\cdots+X_9)$$

$$S^2=\frac{1}{5}\sum_{i=4}^{9}(X_i-Y_2)^2,\ T=\frac{\sqrt{2}(Y_1-Y_2)}{S}$$

证明:统计量 T 服从自由度为5的 t 分布.

证明　由于 $X \sim N(\mu,\sigma^2)$,　$X_i \sim N(\mu,\sigma^2)$,从而

$$Y_1 \sim N\left(\mu,\frac{\sigma^2}{3}\right),\ Y_2 \sim N\left(\mu,\frac{\sigma^2}{6}\right)$$

所以

$$Y_1-Y_2 \sim N\left(0,\frac{\sigma^2}{2}\right)$$

于是

$$\frac{Y_1-Y_2}{\sigma/\sqrt{2}}=\frac{\sqrt{2}(Y_1-Y_2)}{\sigma}\sim N(0,1)$$

又因为$\frac{5S^2}{\sigma^2}\sim\chi^2(5)$，且$Y_2$与$S^2$独立，$Y_1$与$Y_2$，$Y_1$与$S^2$独立，所以$Y_1-Y_2$与$S^2$独立. 从而$\sqrt{2}(Y_1-Y_2)/\sigma$与$5S^2/\sigma^2$独立. 于是由$t$分布的定义知

$$T=\frac{\sqrt{2}(Y_1-Y_2)}{S}=\frac{\sqrt{2}(Y_1-Y_2)/\sigma}{\sqrt{(5S^2/\sigma^2)/5}}\sim t(5)$$

评注　本题的关键是熟练掌握t分布的定义及正态总体下样本均值、样本方差的分布：

$$\frac{\bar{X}-\mu}{\sigma/\sqrt{n}}\sim N(0,1),\ \frac{(n-1)S^2}{\sigma^2}\sim\chi^2(n-1)$$

例7　已知X服从参数为n的t分布. 证明$X^2\sim F(1,n)$.

证明　因为$X\sim t(n)$，即$X=\frac{Y_1}{\sqrt{Y_2/n}}$，其中

$$Y_1\sim N(0,1),Y_2\sim\chi^2(n)，且\ Y_1\ 与\ Y_2\ 相互独立，又$$

$$X^2=\frac{Y_1^2}{Y_2/n}$$

而

$$Y_1^2\sim\chi^2(1),Y_2\sim\chi^2(n)$$

且Y_1^2与Y_2相互独立，故由F分布的定义知$X^2\sim F(1,n)$.

评注　本题解答看似简单，但本章所学的三个分布都涉及了. 因而了解证明过程中每一步的来龙去脉，对于熟悉、掌握有关随机变量及其分布是一项基础性训练.

例8　设$(X_1,X_2,\cdots,X_n)$是来自正态总体$N(0,1)$的样本. 试求统计量$\frac{1}{m}(\sum_{i=1}^{m}X_i)^2+\frac{1}{n-m}(\sum_{i=m+1}^{n}X_i)^2(m<n)$的抽样分布.

解　因为$X_i\sim N(0,1)$，$i=1,2,\cdots,n$，是相互独立，所以$\sum_{i=1}^{m}X_i\sim N(0,m)$. 故$\frac{1}{\sqrt{m}}\sum_{i=1}^{m}X_i\sim N(0,1)$，同理$\frac{1}{\sqrt{n-m}}\sum_{i=m+1}^{n}X_i\sim N(0,1)$，且$\frac{1}{\sqrt{m}}\sum_{i=1}^{m}X_i$与$\frac{1}{\sqrt{n-m}}\sum_{i=m+1}^{n}X_i$相互独立，于是$\frac{1}{m}(\sum_{i=1}^{m}X_i)^2+\frac{1}{n-m}(\sum_{i=m+1}^{n}X_i)^2\sim\chi^2(2)$.

例9　设$(X_1,X_2,\cdots,X_5)$是来自正态总体$N(0,\sigma^2)$的一个样本. 试证：

(1) 当 $k = \frac{3}{2}$ 时，$k\frac{(X_1 + X_2)^2}{X_3^2 + X_4^2 + X_5^2}$ 服从参 数为(1,3) 的 F 分布；

(2) 当 $k = \sqrt{\frac{3}{2}}$ 时，$k\frac{X_1 + X_2}{\sqrt{X_3^2 + X_4^2 + X_5^2}}$ 服从参数为 3 的 t 分布.

解 (1) 因为 $X_i \sim N(0,\sigma^2)$，且相互独立，所以

$$\frac{X_1 + X_2}{\sqrt{2}\sigma} \sim N(0,1),\frac{X_i}{\sigma} \sim N(0,1) \quad (i = 3,4,5)$$

于是 $\left(\frac{X_1 + X_2}{\sqrt{2}\sigma}\right)^2 \sim \chi^2(1)$，$\sum\limits_{i=3}^{5}\left(\frac{X_i}{\sigma}\right)^2 \sim \chi^2(3)$，且 $\left(\frac{X_1 + X_2}{\sqrt{2}\sigma}\right)^2$ 与 $\sum\limits_{i=3}^{5}\left(\frac{X_i}{\sigma}\right)^2$ 相互独立.
由 F 分布的定义，即得

$$\frac{3}{2}\cdot\frac{(X_1 + X_2)^2}{X_3^2 + X_4^2 + X_5^2} \sim F(1,3)$$

(2) 据 (1) 的分析，因为 $\frac{X_1 + X_2}{\sqrt{2}\sigma} \sim N(0,1)$，$\sum\limits_{i=3}^{5}\left(\frac{X_i}{\sigma}\right)^2 \sim \chi^2(3)$，且相互独立，由 t 分布的定义即得结论.

例 10 设 $X_1,X_2,\cdots,X_7$ 为正态总体 $N(0,0.5^2)$ 的一个样本，求 $P\{\sum\limits_{i=1}^{7}X_i^2 > 4\}$.

分析 本题由于出现了随机变量的平方和，故在寻找 $\sum\limits_{i=1}^{7}X_i^2$ 的分布时自然想到 χ^2 分布. 但 χ^2 分布中的 X_i 均服从 $N(0,1)$，所以只要将此处的 X_i 标准化即可. 由临界值的定义 $P\{\chi^2(n) > \chi_\alpha^2\} = \alpha$，一般查表是已知 α，找临界值 χ_α^2，而此处则相反，是已知临界值 χ_α^2 找 α，故得到的是近似值.

解 因为 $X_i \sim N(0,0.5^2)$，其中 $i = 1,2,\cdots,7$，且相互独立，所以 $X_i/0.5 = 2X_i \sim N(0,1)$，其中 $i = 1,2,\cdots,7$，也相互独立，所以 $\sum\limits_{i=1}^{7}(2X_i)^2 1 \sim \chi^2(7)$ 即 $4\sum\limits_{i=1}^{7}X_i^2 \sim \chi^2(7)$，于是

$$P\{\sum_{i=1}^{7}X_i^2 > 4\} = P\{4\sum_{i=1}^{7}X_i^2 > 16\} = P\{\chi^2(7) > 16\}$$

由 χ^2 分布临界值的定义，查表可知 $\chi_{0.025}^2(7) = 16.013$，故 $P\{\sum\limits_{i=1}^{7}X_i^2 > 4\} \approx 0.025$.

例 11 从正态总体 $N(3.4,6^2)$ 中抽取容量为 n 的样本，如果要求其样本均值位于区间 $(1.4,5.4)$ 内的概率不小于 0.95，问：样本容量 n 至少应取多少？

Z	1.28	1.645	1.96	2.33
$\Phi(z)$	0.900	0.950	0.975	0.990

解 设正态总体为X,则$X \sim N(3.4,6^2)$,从而可得

$$\frac{\bar{X}-3.4}{6/\sqrt{n}} \sim N(0,1)$$

所以

$$P\{1.4 < \bar{X} < 5.4\} = \Phi\left(\frac{5.4-3.4}{6/\sqrt{n}}\right) - \Phi\left(\frac{1.4-3.4}{6/\sqrt{n}}\right) = 2\Phi\left(\frac{\sqrt{n}}{3}\right) - 1 \geqslant 0.95$$

即$\Phi\left(\frac{\sqrt{n}}{3}\right) \geqslant 0.975$. 由此可得$\frac{\sqrt{n}}{3} \geqslant 1.96$,即$n \geqslant (1.96 \times 3)^2 \approx 34.57$,故$n$至少应取35.

例12 设$X_1,X_2,\cdots,X_n$为相互独立且分别服从正态分布$N(a_i,\sigma_i^2)$的随机变量. 设

$$\eta = c_1X_1 + c_2X_2 + \cdots + c_nX_n$$

证明:η服从正态分布$N(\sum\limits_{i=1}^{n} c_ia_i, \sum\limits_{i=1}^{n} c_i^2\sigma_i^2)$. 特别地,若$X_i$服从正态分布$N(\mu,\sigma^2)$ $(i=1,2,\cdots,n)$,则η服从正态分布$N(\mu\sum\limits_{i=1}^{n} c_i, \sigma^2\sum\limits_{i=1}^{n} c_i^2)$.

证明 因为$X_1,X_2,\cdots,X_n$相互独立,所以

$$E(\eta) = E(c_1X_1 + c_2X_2 + \cdots + c_nX_n) = \sum_{i=1}^{n} c_iE(X_i) = \sum_{i=1}^{n} c_ia_i$$

$$D(\eta) = \sum_{i=1}^{n} c_i^2D(X_i) = \sum_{i=1}^{n} c_i^2\sigma_i^2$$

故

$$\eta \sim N(\sum_{i=1}^{n} c_ia_i, \sum_{i=1}^{n} c_i^2\sigma_i^2)$$

同理可证若$X_i \sim N(\mu,\sigma^2)$ $(i=1,2,\cdots,n)$,则$\eta \sim N(\mu\sum\limits_{i=1}^{n} c_i, \sigma^2\sum\limits_{i=1}^{n} c_i^2)$.

评注 本例说明n个相互独立正态分布随机变量的线性组合仍服从正态分布. 特殊情形:若取$c_i = \frac{1}{n}(i=1,2,\cdots,n)$,则结论正是正态总体下样本均值的分布. 该题结果可作为一般结论直接引用.

例13 设总体X服从正态分布$N(1\,000,\sigma^2)$. 现抽取容量为9的样本,得到$\bar{X} = 940$, $S = 100$, 问:$P\{\bar{X} < 940\}$是多少?

分析 本题的关键是寻找含有统计量$\bar{X}$的分布. 由于σ^2未知,故不能用$\frac{\bar{X}-\mu}{\sigma/\sqrt{n}} \sim N(0,1)$

来解题，但 S 已知，于是可得 $\frac{\bar{X}-\mu}{S/\sqrt{n}} \sim t(n-1)$，从而由 t 分布临界值的定义即可顺利求得相应的概率.

解 因为 $P\{\bar{X}<940\}=P\left\{\frac{\bar{X}-\mu}{S/\sqrt{n}}<\frac{940-1\ 000}{100/\sqrt{9}}\right\}=P\left\{\frac{\bar{X}-\mu}{S/\sqrt{n}}<-1.8\right\}$，而 $T=\frac{\bar{X}-\mu}{S/\sqrt{n}}$ 服从自由度为 $n-1=8$ 的 t 分布，又由于 t 分布的对称性，有 $P\{T<-t_\alpha(n)\}=P\{T>t_\alpha(n)\}=\alpha$，令 $t_\alpha(8)=1.8$，查表知 $t_{0.10}(8)=1.396\ 8$，$t_{0.05}(8)=1.859\ 5$，由插值可求得 $\alpha=0.056$，即 $P\{\bar{X}<940\}=0.056$.

例 14 设总体 X 服从正态分布 $N(\mu,\sigma^2)$，$X_1,X_2,\cdots,X_{10}$ 是来自总体 X 的随机样本，求下列概率：

(1) $P\left\{0.3\sigma^2\leqslant\frac{1}{10}\sum_{i=1}^{10}(X_i-\mu)^2\leqslant 2.1\sigma^2\right\}$；

(2) $P\left\{0.3\sigma^2\leqslant\frac{1}{10}\sum_{i=1}^{10}(X_i-\bar{X})^2\leqslant 2.1\sigma^2\right\}$.

分析 本题关键是要注意 $\frac{1}{\sigma^2}\sum_{i=1}^{10}(X_i-\mu)^2$，$\frac{1}{\sigma^2}\sum_{i=1}^{10}(X_i-\bar{X})^2$ 这两个统计量的差异. 它们虽然都服从 χ^2 分布，但由于 μ 与 $\bar{X}$ 的不同其自由度也不同. 查表时上述两个随机变量的自由度分别是 10 和 9. 同例 10 由于是反查表，因此得到的仍是近似值.

解 (1) 因为 $\frac{\sum_{i=1}^{n}(X_i-\mu)^2}{\sigma^2}\sim\chi^2(n)$，所以

$$
\begin{aligned}
&P\left\{0.3\sigma^2\leqslant\frac{1}{10}\sum_{i=1}^{10}(X_i-\mu)^2\leqslant 2.1\sigma^2\right\}=P\left\{3\leqslant\sum_{i=1}^{10}((X_i-\mu)/\sigma)^2\leqslant 21\right\}\\
&=P\{3\leqslant\chi^2(10)\leqslant 21\}=P\{\chi^2(10)\leqslant 21\}-P\{\chi^2(10)\leqslant 3\}\\
&=[1-P\{\chi^2(10)>21\}]-[1-P\{\chi^2(10)>3\}]\\
&=P\{\chi^2(10)>3\}-P\{\chi^2(10)>21\}\\
&\approx 0.98-0.02=0.96
\end{aligned}
$$

(2)
$$
\begin{aligned}
&P\left\{0.3\sigma^2\leqslant\frac{1}{10}\sum_{i=1}^{10}(X_i-\bar{X})^2\leqslant 2.1\sigma^2\right\}=P\left\{3\leqslant\sum_{i=1}^{10}(X_i-\bar{X})^2/\sigma^2\leqslant 21\right\}\\
&=P\{3\leqslant\chi^2(9)\leqslant 21\}\\
&=P\{\chi^2(9)>3\}-P\{\chi^2(9)>21\}\\
&\approx 0.96-0.01=0.95
\end{aligned}
$$

例 15　求总体$N(20,3)$的容量分别为10,15的两个独立样本均值差的绝对值大于0.3的概率.

解　设两独立样本分别为X,Y,其样本均值分别为$\bar{X},\bar{Y}$,则

$$\bar{X} \sim N(20,3/10),\ \bar{Y} \sim N(20,3/15)$$

于是有

$$\bar{X}-\bar{Y} \sim N(20-20,3/10+3/15)=N(0,1/2)$$

即$(\bar{X}-\bar{Y})/\sqrt{1/2} \sim N(0,1)$,故

$$\begin{aligned}P\{|\bar{X}-\bar{Y}|>0.3\} &= 1-P\{|\bar{X}-\bar{Y}|\leqslant 0.3\} \\ &= 1-P\{|\bar{X}-\bar{Y}|/\sqrt{1/2}\leqslant 0.3/\sqrt{1/2}\} \\ &= 1-[2\Phi(0.3\sqrt{2})-1] \\ &= 2-2\Phi(0.42)=0.6744\end{aligned}$$

例 16　设$\bar{X}_n$和S_n^2分别是样本$(X_1,X_2,\cdots,X_n)$的样本均值和样本方差,现又获得第$n+1$个观察值,证明:

(1)$\bar{X}_{n+1}=\dfrac{n}{n+1}\bar{X}_n+\dfrac{X_{n+1}}{n+1}$;

(2)$S_{n+1}^2=\dfrac{n-1}{n}S_n^2+\dfrac{1}{n+1}(X_{n+1}-\bar{X}_n)^2$.

分析　如果样本增加一个,其$n+1$个数据构成新样本的均值和方差的求法无须从头做起,只要根据前n个数据求出的均值和方差,加上新的这个数据便可由(1)和(2)计算出来.证明最后一步时用到结论$\sum\limits_{i=1}^{n}(X_i-\bar{X}_n)=0$.

证明　(1)
$$\begin{aligned}\bar{X}_{n+1} &= \frac{1}{n+1}(X_1+X_2+\cdots+X_n+X_{n+1}) \\ &= \frac{n}{n+1}\cdot\frac{1}{n}(X_1+X_2+\cdots+X_n)+\frac{X_{n+1}}{n+1} \\ &= \frac{n}{n+1}\bar{X}_n+\frac{X_{n+1}}{n+1}\end{aligned}$$

(2)
$$\begin{aligned}S_{n+1}^2 &= \frac{1}{n}\sum_{i=1}^{n+1}(X_i-\bar{X}_{n+1})^2=\frac{1}{n}\sum_{i=1}^{n+1}\left(X_i-\frac{n}{n+1}\bar{X}_n-\frac{X_{n+1}}{n+1}\right)^2 \\ &= \frac{1}{n}\sum_{i=1}^{n}\left[(X_i-\bar{X}_n)+\left(\frac{\bar{X}_n}{n+1}-\frac{X_{n+1}}{n+1}\right)\right]^2+\frac{1}{n}\left(X_{n+1}-\frac{n\bar{X}_n}{n+1}-\frac{X_{n+1}}{n+1}\right)^2\end{aligned}$$

$$= \frac{n-1}{n} \cdot \frac{1}{n-1}\sum_{i=1}^{n}(X_i - \bar{X}_n)^2 + \frac{2}{n} \cdot \frac{1}{n+1}(\bar{X}_n - X_{n+1})\sum_{i=1}^{n}(X_i - \bar{X}_n) +$$

$$\frac{(\bar{X}_n - X_{n+1})^2}{(n+1)^2} + \frac{n}{(n+1)^2}(\bar{X}_n - X_{n+1})^2$$

$$= \frac{n-1}{n}S_n^2 + \frac{1}{n+1}(X_{n+1} - \bar{X}_n)^2$$

例 17 （2003，数学一）设随机变量 X 服从参数为 n 的 t 分布$(n>1)$，$Y=\frac{1}{X^2}$，则

A. $Y \sim \chi^2(n)$　　B. $Y \sim \chi^2(n-1)$　　C. $Y \sim F(n,1)$　　D. $Y \sim F(1,n)$

分析　若 $X \sim t(n)(n>1)$，则根据 t 分布的定义可得 $Y=\frac{1}{X^2}=\frac{U/n}{V^2/1}$，其中 U 服从自由度为 n 的 χ^2 分布，V 服从 $N(0,1)$，且 U,V 相互独立，从而根据 F 分布的定义得 $Y \sim F(n,1)$.

解　C.

例 18 （2005，数学一）设 $X_1,X_2,\cdots,X_n(n\geqslant 2)$ 为来自总体 $N(0,1)$ 的简单随机样本，$\bar{X}$ 为样本均值，S^2 为样本方差，则

A. $n\bar{X} \sim N(0,1)$　　B. $nS^2 \sim \chi^2(n)$

C. $\frac{(n-1)\bar{X}}{S} \sim t(n-1)$　　D. $\frac{(n-1)X_1^2}{\sum_{i=2}^{n}X_i^2} \sim F(1,n-1)$

分析　因 $X_1,X_2,\cdots,X_n(n\geqslant 2)$ 为来自总体 $N(0,1)$ 的简单随机样本，所以有 $X_1^2 \sim \chi^2(1)$，$\sum_{i=2}^{n}X_i^2 \sim \chi^2(n-1)$，且 ${X_1}^2$ 与 $\sum_{i=2}^{n}{X_i}^2$ 相互独立，根据 F 分布的定义得 $\frac{(n-1)X_1^2}{\sum_{i=2}^{n}X_i^2} \sim F(1,n-1)$.

解　D.

例 19 （2004，数学三）设总体 X 服从正态分布 $N(\mu_1,\sigma^2)$，总体 Y 服从正态分布 $N(\mu_2,\sigma^2)$，$X_1,X_2,\cdots,X_{n_1}$ 和 $Y_1,Y_2,\cdots,Y_{n_2}$ 分别是来自总体 X 和 Y 的简单随机样本，则

$$E\left[\frac{\sum_{i=1}^{n_1}(X_i-\bar{X})^2+\sum_{j=1}^{n_2}(Y_j-\bar{Y})^2}{n_1+n_2-2}\right]=\_\_\_\_\_\_.$$

分析

$$E\left[\frac{\sum_{i=1}^{n_1}(X_i-\bar{X})^2+\sum_{j=1}^{n_2}(Y_j-\bar{Y})^2}{n_1+n_2-2}\right]$$

$$=E\left[\frac{(n_1-1)\frac{1}{n_1-1}\sum_{i=1}^{n_1}(X_i-\bar{X})^2+(n_2-1)\frac{1}{n_2-1}\sum_{j=1}^{n_2}(Y_j-\bar{Y})^2}{n_1+n_2-2}\right]$$

$$=\frac{(n_1-1)E\left[\frac{1}{n_1-1}\sum_{i=1}^{n_1}(X_i-\bar{X})^2\right]+(n_2-1)E\left[\frac{1}{n_2-1}\sum_{j=1}^{n_2}(Y_j-\bar{Y})^2\right]}{n_1+n_2-2}$$

$$=\frac{(n_1-1)\sigma^2+(n_2-1)\sigma^2}{n_1+n_2-2}=\sigma^2$$

解 σ^2.

6.3 同步训练题

一、填空题

1. 设随机变量 X 和 Y 相互独立,且都服从正态分布 $N(0,3^2)$,而 $X_1,X_2,\cdots,X_9$ 和 $Y_1,Y_2,\cdots,Y_9$ 是分别来自总体 X 和 Y 的简单随机样本,则统计量

$$U=(X_1+X_2+\cdots+X_9)/\sqrt{Y_1^2+Y_2^2+\cdots+Y_9^2}$$

服从________分布,参数(自由度)为________.

2. 设 $X_1,X_2,\cdots,X_n,X_{n+1},\cdots,X_{n+m}$ 是来自总体 $N(0,\sigma^2)$ 的容量为 $n+m$ 的样本,则

(1) 统计量 $Y_1=\frac{1}{\sigma^2}\sum_{i=1}^{n+m}X_i^2$ 服从________分布;

(2) 统计量 $Y_2=m\sum_{i=1}^{n}X_i^2/(n\sum_{i=n+1}^{n+m}X_i^2)$ 服从________分布;

(3) 统计量 $Y_3=\sqrt{m}\sum_{i=1}^{n}X_i\Big/\sqrt{n\sum_{i=n+1}^{n+m}X_i^2}$ 服从________分布.

3. X 服从正态分布且 $E(X)=-1,E(X^2)=4$,则 $\bar{X}=\frac{1}{n}\sum_{i=1}^{n}X_i$ 服从________分布.

4. 设 X 服从正态分布 $N(4,4^2)$,$\bar{X}$ 为 10 个样本的均值,则 $\frac{\bar{X}-4}{4/\sqrt{10}}$ 服从________分布.

5. 设随机变量 X 服从正态分布 $N(\mu,1)$，Y 服从参数的 n 的 χ^2 分布，$T=\frac{X-\mu}{\sqrt{Y}}\sqrt{n}$，则 T 服从________分布.

二、单项选择题

1. 设 $X_1,X_2,\cdots,X_8$ 和 $Y_1,Y_2,\cdots,Y_{10}$ 分别来自两个正态总体 $N(-1,2^2)$ 和 $N(2,5)$ 的样本，且相互独立，S_1^2 和 S_2^2 分别为两个样本的样本方差，则 $5S_1^2/4S_2^2$ 服从的分布是(　　).

A. $F(9,7)$　　B. $F(7,9)$　　C. $t(9)$　　D. $\chi^2(7)$

2. 设 $X_1,X_2,\cdots,X_n$ 是来自正态总体 $N(\mu,\sigma^2)$ 的样本，$\bar{X}$ 为样本均值，记

$$S_1^2=\frac{1}{n-1}\sum_{i=1}^{n}(X_i-\bar{X})^2,\qquad S_2^2=\frac{1}{n}\sum_{i=1}^{n}(X_i-\bar{X})^2$$

$$S_3^2=\frac{1}{n-1}\sum_{i=1}^{n}(X_i-\mu)^2,\qquad S_4^2=\frac{1}{n}\sum_{i=1}^{n}(X_i-\mu)^2$$

则服从自由度为 $n-1$ 的 t 分布的随机变量是(　　).

A. $t=\frac{\bar{X}-\mu}{S_1/\sqrt{n-1}}$　　B. $t=\frac{\bar{X}-\mu}{S_2/\sqrt{n-1}}$　　C. $t=\frac{\bar{X}-\mu}{S_3/\sqrt{n}}$　　D. $t=\frac{\bar{X}-\mu}{S_4/\sqrt{n}}$

三、计算题

1. 已知总体 X 有概率密度

$$f(x)=\begin{cases}\frac{x^m}{m!}\mathrm{e}^{-x}, & x>0\\ 0, & x\leqslant 0\end{cases}$$

试求样本 $(X_1,X_2,\cdots,X_n)$ 的联合概率密度，并求 $E(\bar{X})$，$D(\bar{X})$，$E(S^2)$，$E(B_2)$.

2. 设 $(X_1,X_2,\cdots,X_n)$ 是总体 X 的样本，而 X 服从区间 $[a,b]$ 上的均匀分布，试求 $E(\bar{X})$，$D(\bar{X})$，$E(S^2)$.

3. 在总体 X 服从正态分布 $N(12,2^2)$ 中随机地抽取一个容量为 5 的样本 $X_1,X_2,\cdots,X_5$. 试求：

(1) 概率 $P\{\max(X_1,X_2,\cdots,X_5)>15\}$；

(2) 概率 $P\{\min(X_1,X_2,\cdots,X_5)<10\}$.

4. 随机观察总体 X，取得 10 个数据如下：

$$3.2,2.5,-4,2.5,0,3,2,2.5,4,2$$

求样本均值、样本方差及经验分布函数.

5. 某厂生产的灯泡使用寿命X服从正态分布$N(2\ 250,250^2)$. 现进行质量检查,方法如下:任选若干个灯泡,若这些灯泡的平均寿命超过 2 200 h,就认为该厂生产的灯泡质量合格. 若要使检查能通过的概率超过 0.997,问至少应检查多少个灯泡?

6. 设总体 X 服从正态分布 $N(0,1)$,从总体中取容量为 6 的样本$(X_1,X_2,\cdots,X_6)$,设 $Y=(X_1+X_2+X_3)^2+(X_4+X_5+X_6)^2$,试决定常数 c,使得随机变量 cY 服从 χ^2 分布.

7. 设$(X_1,X_2,\cdots,X_6)$ 是正态总体 $N(0,2^2)$ 的一个样本,求 $P\{\sum\limits_{i=1}^{6}X_i^2>6.54\}$.

6.4　测　验　题

一、填空题

1. 设 $X\sim N(0,1)$,$X_1,X_2,\cdots,X_8$ 为其样本,并设

$$Y=(X_1+X_2+X_3+X_4)^2+(X_5+X_6+X_7+X_8)^2$$

若使随机变量 CY 服从 χ^2 分布,则常数 $C=$ ________.

2. 若总体 X 与 Y 相互独立,X 服从正态分布 $N(0,4)$,Y 服从正态分布 $N(0,9)$,设 $\bar{X}=\frac{1}{10}\sum\limits_{i=1}^{10}X_i$ 和 $\bar{Y}=\frac{1}{15}\sum\limits_{i=1}^{15}Y_i$ 为来自总体 X 与 Y 的样本均值与样本方差,则$|\bar{X}-\bar{Y}|$的数学期望为________,$|\bar{X}-\bar{Y}|$的方差为________,$P\{|\bar{X}-\bar{Y}|>0.3\}=$ ________.

3. 在正态总体 $N(\mu,\sigma^2)$ 中抽取容量为20 的样本 $X_i(i=1,2,\cdots,20)$,则

$$P\left\{0.62\sigma^2\leqslant\frac{1}{20}\sum_{i=1}^{20}(X_i-\mu)^2\leqslant 2\sigma^2\right\}=\underline{\qquad\qquad}$$

4. 设总体 X 服从正态分布 $N(62,100)$,为使样本均值大于60 的概率不小于 0.95,则样本容量 n 最小应该取为 $n=$ ________.

二、单项选择题

1. 设$X_1,X_2,\cdots,X_n$是来自总体$N(\mu,\sigma^2)$的样本,其中μ已知,但σ^2未知,则(　　)不是统计量.

A. $\min\limits_{1\leqslant i\leqslant n}X_i$　　B. $\bar{X}-\mu$　　C. $\sum\limits_{i=1}^{n}\frac{X_i}{\sigma}$　　D. $\frac{\sqrt{|\mu|}}{2}\sum\limits_{i=1}^{n}(X_i^2-\mu^2)^2$

2. 在正态总体 $N(\mu,100)$ 中取一容量为 n 的样本,其样本均值为 $\bar{X}$,若

$$P\{\mu-5<\bar{X}<\mu+5\}=0.954$$

则 $n=$ (　　).

A. 20　　B. 18　　C. 16　　D. 14

3. 设总体 X 的概率密度为

$$f(x)=\begin{cases}6x(1-x), & 0<x<1\\ 0, & 其他\end{cases}$$

X_1,X_2,X_3,X_4,X_5 是来自该总体的样本,其样本方差为 S^2,则 $E(S^2)=(\quad)$.

A. $\dfrac{1}{10}$　　B. $\dfrac{1}{20}$　　C. $\dfrac{5}{20}$　　D. $\dfrac{1}{100}$

4. 设随机变量 $X_1,X_2,\cdots,X_8$ 和 $Y_1,Y_2,\cdots,Y_{10}$ 是分别来自两个正态总体 $N(-1,4)$ 和 $N(2,5)$ 的样本，且它们互相独立,S_1^2 与 S_2^2 分别为两个样本的样本方差,则服从 $F(9,7)$ 的统计量是(　　).

A. $\dfrac{2S_1^2}{5S_2^2}$　　B. $\dfrac{4S_2^2}{5S_1^2}$　　C. $\dfrac{5S_1^2}{2S_2^2}$　　D. $\dfrac{5S_1^2}{4S_2^2}$

三、计算题

1. 设 $X_1,X_2,\cdots,X_{2n}$ 是取自正态总体 $N(0,\sigma^2)$ 的简单随机样本，试求统计量 $Y=\dfrac{X_1^2+X_3^2+\cdots+X_{2n-1}^2}{X_2^2+X_4^2+\cdots+X_{2n}^2}$ 服从什么分布,分布参数是多少?

2. 设总体 X 服从正态分布 $N(60,15^2)$,现从总体 X 中抽取一个容量为 100 的样本,求样本均值与总体均值之差的绝对值大于 3 的概率.

3. 设总体 X 服从正态分布 $N(\mu,\sigma^2)$,$X_1,X_2,\cdots,X_n$ 是来自总体 X 的样本,试求样本均值 $\bar{X}$ 的概率密度与 $X_1,X_2,\cdots,X_n$ 的联合概率密度.

4. 在某工厂生产的同一类型产品的两个批次中,A 产品使用寿命的标准差为 40 小时,B 产品为 50 小时. 假设产品的寿命近似服从正态分布,在 A 产品中抽取 8 只,在 B 产品中抽取 16 只. 试确定 A 产品使用寿命的样本标准差比 B 产品使用寿命的样本标准差大 2 倍的概率.

四、证明题

1. 设 $X_1,X_2,\cdots,X_n$ 是相互独立的随机变量,$X_i(i=1,2,\cdots,n)$ 服从正态分布 $N(\mu,\sigma_i^2)$ $(\sigma_i^2>0)$,记

$$X=\frac{\sum\limits_{i=1}^{n}\dfrac{X_i}{\sigma_i}}{\sum\limits_{i=1}^{n}\dfrac{1}{\sigma_i}},\ Y=\sum_{i=1}^{n}\left(\frac{X_i-\mu}{\sigma_i}-\frac{X-\mu}{n}\sum_{i=1}^{n}\frac{1}{\sigma_i}\right)^2$$

证明:(1)X 服从正态分布;(2)Y 服从 $\chi^2(n-1)$ 分布.

2. 设 $X_1,X_2,\cdots,X_5$ 为来自总体 $N(\mu,\sigma^2)$ 的样本,记 $\bar{X}_4=\dfrac{1}{4}\sum\limits_{i=1}^{4}X_i$,证明:$U=\dfrac{2(\bar{X}_4-X_5)}{\sigma\sqrt{5}}$ 服从 $N(0,1)$ 分布.

6.5 同步训练题答案

一、填空题

1. $U \sim t(9)$,9

2. $Y_1 \sim \chi^2(n+m)$; $Y_2 \sim F(n,m)$; $Y_3 \sim t(m)$

3. $N(-1,3/n)$

4. $N(0,1)$

5. $t(n)$

二、单项选择题

1. B　　2. B

三、计算题

1. $f(x_1,x_2,\cdots,x_n) = (m!)^{-n}\left(\prod_{i=1}^{n} x_i\right)^m \mathrm{e}^{-\sum_{i=1}^{n} x_i} \quad (x_1 > 0,\cdots,x_n > 0)$

因为

$$E(X^2) = \frac{1}{m!}\int_0^{+\infty} x^{m+3-1}\mathrm{e}^{-x}\mathrm{d}x = \frac{\Gamma(m+3)}{m!} = (m+2)(m+1)$$

所以

$$D(X) = E(X^2) - [E(X)]^2 = m+1$$

故

$$E(\bar{X}) = m+1, \qquad D(\bar{X}) = (m+1)/n$$

$$E(S^2) = m+1, \quad E(B_2) = (n-1)(m+1)/n$$

2. $E(\bar{X}) = E(X) = (a+b)/2$; $D(\bar{X}) = D(X)/n = (b-a)^2/(12n)$; $E(S^2) = D(X) = (b-a)^2/12$;

3. (1)
$$\begin{aligned} P\{\max(X_1,X_2,\cdots,X_5) > 15\} &= 1 - P\{\max(X_1,X_2,\cdots,X_5) \leqslant 15\} \\ &= 1 - (P\{X \leqslant 15\})^5 \\ &= 1 - \left[\Phi\left(\frac{15-12}{2}\right)\right]^5 = 0.29 \end{aligned}$$

(2)
$$\begin{aligned} P\{\min(X_1,X_2,\cdots,X_5) < 10\} &= 1 - P\{\min(X_1,X_2,\cdots,X_5) \geqslant 10\} \\ &= 1 - \prod_{i=1}^{5}[1 - P\{X_i < 10\}] \\ &= 1 - \left[1 - \Phi\left(\frac{10-12}{2}\right)\right]^5 = 1 - 0.42 = 0.58 \end{aligned}$$

4. 1.77;5.185

$$F_{10}(x)=\begin{cases}0, & x<-4\\ 1/10, & -4\leqslant x<0\\ 2/10, & 0\leqslant x<2\\ 4/10, & 2\leqslant x<2.5\\ 7/10, & 2.5\leqslant x<3\\ 8/10, & 3\leqslant x<3.2\\ 9/10, & 3.2\leqslant x<4\\ 1, & x\geqslant 4\end{cases}$$

5. $n=189.1\approx 190$

6. 因为$\dfrac{X_1+X_2+X_3}{\sqrt{3}}\sim N(0,1)$，$\dfrac{X_4+X_5+X_6}{\sqrt{3}}\sim N(0,1)$，所以$\dfrac{(X_1+X_2+X_3)^2}{3}+\dfrac{(X_4+X_5+X_6)^2}{3}\sim\chi^2(2)$,故$c=1/3,Y\sim\chi^2(2)$.

7. 由于$X_i/2\sim N(0,1)$，$\sum\limits_{i=1}^{6}(X_i/2)^2\sim\chi^2(6)$,故

$$P\{\sum_{i=1}^{6}X_i^2>6.45\}=P\{\chi^2(6)>1.635\}=0.95$$

6.6　测验题答案

一、填空题

1. $\dfrac{1}{4}$　　2. $\sqrt{2/\pi}$,$1-2/\pi$,0.045 6　　3. 0.895　4. 68

二、单项选择题

1. C　　2. C　　3. B　　4. B

三、计算题

1. 解　依题意$X_i\sim N(0,\sigma^2)$,则$\dfrac{X_i}{\sigma}\sim N(0,1)$,那么

$$\frac{1}{\sigma^2}(X_1^2+X_3^2+\cdots+X_{2n-1}^2)\sim\chi^2(n)$$

$$\frac{1}{\sigma^2}(X_2^2+X_4^2+\cdots+X_{2n}^2)\sim\chi^2(n)$$

所以
$$\frac{\frac{1}{\sigma^2}(X_1^2+X_3^2+\cdots+X_{2n-1}^2)\frac{1}{n}}{\frac{1}{\sigma^2}(X_2^2+X_4^2+\cdots+X_{2n}^2)\frac{1}{n}}\sim F(n,n)$$

即 $Y\sim F(n,n)$.

2. **解**　设 $X_1,X_2,\cdots,X_{100}$ 是来自总体 X 的一个样本,则样本均值
$$\bar{X}=\frac{1}{100}\sum_{i=1}^{100}X_i\sim N\left(60,\frac{15^2}{100}\right)$$

因此,得
$$P\{|\bar{X}-60|>3\}=P\left\{\frac{|\bar{X}-60|}{1.5}>\frac{3}{1.5}\right\}=1-P\left\{\frac{|\bar{X}-60|}{1.5}\leqslant 2\right\}$$
$$=2(1-\Phi(2))=0.045\ 6$$

3. **解**　由 $X\sim N(\mu,\sigma^2)$,得 X 的概率密度为
$$f(x)=\frac{1}{\sqrt{2\pi}\sigma}e^{-\frac{(x-\mu)^2}{2\sigma^2}}\quad(-\infty<x<+\infty)$$

因为 $\bar{X}\sim N(\mu,\frac{\sigma^2}{n})$,于是在上式中将 σ^2 用$\frac{\sigma^2}{n}$代换,得到 $\bar{X}$ 的概率密度为
$$f_{\bar{X}}(x)=\frac{1}{\sqrt{2\pi\frac{\sigma^2}{n}}}e^{-\frac{(x-\mu)^2}{2\sigma^2/n}}=\frac{\sqrt{n}}{\sqrt{2\pi}\sigma}e^{-\frac{n(x-\mu)^2}{2\sigma^2}}\quad(-\infty<x<+\infty)$$

$X_1,X_2,\cdots,X_n$ 是来自总体 X 的简单随机样本,故 $X_i(i=1,2,\cdots,n)$ 的分布与总体 X 的分布相同,它们的概率密度为
$$f_{X_i}(x_i)=\frac{1}{\sqrt{2\pi}\sigma}e^{-\frac{(x_i-\mu)^2}{2\sigma^2}}\quad(-\infty<x<+\infty)$$

又由于 $X_1,X_2,\cdots,X_n$ 相互独立,故样本 $X_1,X_2,\cdots,X_n$ 的联合概率密度 $f(x_1,x_2,\cdots,x_n)$ 等于各边缘概率密度的乘积,即
$$f(x_1,x_2,\cdots,x_n)=f_{X_1}(x_1)f_{X_2}(x_2)\cdots f_{X_n}(x_n)=\frac{1}{(\sqrt{2\pi}\sigma)^n}e^{-\frac{1}{2\sigma^2}\sum_{i=1}^{n}(x_i-\mu)^2}$$
$$(-\infty<x_i,x_2,\cdots,x_n<+\infty)$$

4. **解**　设产品 A 使用寿命标准差为 S_1,产品 B 的寿命标准差为 S_2,则
$$P\left\{\frac{S_1}{S_2}\geqslant 2\right\}=P\left\{\frac{S_1^2}{S_2^2}\geqslant 4\right\}=P\left\{\frac{50^2}{40^2}\cdot\frac{S_1^2}{S_2^2}\geqslant 4\cdot\frac{50^2}{40^2}\right\}=P\left\{\frac{50^2}{40^2}\cdot\frac{S_1^2}{S_2^2}\geqslant 6.25\right\}$$

查 F 分布表可得
$$P\left\{\frac{50^2}{40^2}\cdot\frac{S_1^2}{S_2^2}\geqslant 6.25\right\}=0.001$$

四、证明题

1. **证明** (1) 由 $X_i(i=1,2,\cdots,n)\sim N(\mu,\sigma_i^2)$，及 $X_1,X_2,\cdots,X_n$ 相互独立可知，它们的线性组合

$$X=\frac{\sum_{i=1}^{n}\frac{X_i}{\sigma_i}}{\sum_{i=1}^{n}\frac{1}{\sigma_i}}$$

服从正态分布. 又因为

$$E(X)=\frac{\sum_{i=1}^{n}\frac{E(X_i)}{\sigma_i}}{\sum_{i=1}^{n}\frac{1}{\sigma_i}}=\frac{\sum_{i=1}^{n}\frac{1}{\sigma_i}}{\sum_{i=1}^{n}\frac{1}{\sigma_i}}\mu=\mu$$

$$D(X)=\frac{\sum_{i=1}^{n}\frac{D(X_i)}{\sigma_i^2}}{\left(\sum_{i=1}^{n}\frac{1}{\sigma_i}\right)^2}=\frac{\sum_{i=1}^{n}\frac{\sigma_i^2}{\sigma_i^2}}{\left(\sum_{i=1}^{n}\frac{1}{\sigma_i}\right)^2}=\frac{n}{\left(\sum_{i=1}^{n}\frac{1}{\sigma_i}\right)^2}$$

所以得

$$X\sim N\left(\mu,\frac{n}{\left(\sum_{i=1}^{n}\frac{1}{\sigma_i}\right)^2}\right)$$

(2) 令 $Z_i=\frac{X_i-\mu}{\sigma_i}$，则 $Z_i\sim N(0,1)(i=1,2,\cdots,n)$，并有

$$\begin{aligned}\overline{Z}&=\frac{1}{n}\sum_{i=1}^{n}Z_i=\frac{1}{n}\sum_{i=1}^{n}\frac{X_i-\mu}{\sigma_i}=\frac{1}{n}\sum_{i=1}^{n}\frac{X_i}{\sigma_i}-\frac{\mu}{n}\sum_{i=1}^{n}\frac{1}{\sigma_i}\\&=\frac{X}{n}\sum_{i=1}^{n}\frac{1}{\sigma_i}-\frac{\mu}{n}\sum_{i=1}^{n}\frac{1}{\sigma_i}=\frac{X-\mu}{n}\sum_{i=1}^{n}\frac{1}{\sigma_i}\end{aligned}$$

于是得

$$Y=\sum_{i=1}^{n}\left(\frac{X_i-\mu}{\sigma_i}-\frac{X-\mu}{n}\sum_{i=1}^{n}\frac{1}{\sigma_i}\right)^2=\sum_{i=1}^{n}(Z_i-\overline{Z})^2=(n-1)S^2$$

从而 Y 服从 $\chi^2(n-1)$ 分布.

2. **证明** 依题意 $X_i\sim N(\mu,\sigma^2)$，则 $\overline{X}_4\sim N\left(\mu,\frac{\sigma^2}{4}\right)$，由于 $\overline{X}_4$ 与 X_5 独立，则 $\overline{X}_4-X_5\sim N\left(0,\left(\frac{1}{4}+1\right)\sigma^2\right)$，所以 $\frac{\overline{X}_4-X_5}{\sigma\sqrt{\left(\frac{1}{4}+1\right)}}\sim N(0,1)$.

6.7　教材同步精选习题精解

6－1　设$X_1,X_2,\cdots,X_{10}$为来自总体$N(0,0.3^2)$的一个简单随机样本,求$P\{\sum\limits_{i=1}^{10}X_i^2>1.44\}$.(已知$\chi_{0.1}^2(10)=15.987$)

解　依题意$X_i\sim N(0,0.3^2)$,则$\dfrac{X_i}{0.3}\sim N(0,1)$,于是

$$\sum_{i=1}^{10}\left(\frac{X_i}{0.3}\right)^2\sim\chi^2(10)\Rightarrow\frac{100}{9}\sum_{i=1}^{10}X_i^2\sim\chi^2(10)$$

那么
$$P\{\sum_{i=1}^{10}X_i^2>1.44\}=P\left\{\frac{100}{9}\sum_{i=1}^{10}X_i^2>\frac{100}{9}\times1.44\right\}=P\left\{\frac{100}{9}\sum_{i=1}^{10}X_i^2>16\right\}$$

由于$\chi_{0.1}^2(10)=15.987$,所以$P\{\sum\limits_{i=1}^{10}X_i^2>1.44\}=0.1$.

6－2　设总体X服从正态分布$N(0,4)$,从总体中抽取一组容量为9的简单随机样本X_1,$X_2,\cdots,X_9$,并设$Y=a(X_1+X_2)^2+b(X_3+X_4+X_5)^2+c(X_6+X_7+X_8+X_9)^2$,试求常数$a$,$b,c$,使随机变量$Y$服从$\chi^2$分布,并求出$\chi^2$分布的自由度.

解　依题意$X_i\sim N(0,4)$,则$\dfrac{X_i}{2}\sim N(0,1)$,$X_1+X_2\sim N(0,8)$,$X_3+X_4+X_5\sim N(0,12)$,$X_6+X_7+X_8+X_9\sim N(0,16)$,从而

$$\frac{(X_1+X_2)^2}{8}+\frac{(X_3+X_4+X_5)^2}{12}+\frac{(X_6+X_7+X_8+X_9)^2}{16}\sim\chi^2(3)$$

则$a=\dfrac{1}{8}$,$b=\dfrac{1}{12}$,$c=\dfrac{1}{16}$,χ^2分布的自由度为3.

6－3　在总体$N(30,4)$中随机抽取一个容量为16的简单随机样本,求样本均值落在区间29到31之间的概率.(已知$\Phi(2)=0.977$,$\Phi\left(\dfrac{1}{2}\right)=0.692$)

解　依题意$X_i\sim N(30,4)$,$\bar{X}\sim N\left(30,\dfrac{4}{16}\right)$,有

$$P\{29<\bar{X}<31\}=P\left\{\frac{29-30}{\frac{1}{2}}<\frac{\bar{X}-30}{\frac{1}{2}}<\frac{31-30}{\frac{1}{2}}\right\}$$
$$=\Phi(2)-\Phi(-2)=2\Phi(2)-1=0.954$$

6－4　设在总体$N(\mu,\sigma^2)$中抽取一个容量为16的简单随机样本,这里μ,σ^2均未知,S^2为

样本方差,计算:

(1)$P\left\{\frac{S^2}{\sigma^2}\leqslant 2.041\right\}$;(2)$D(S^2)$.(已知 $\chi^2_{0.01}(15)=30.578$)

解 依题意 $X_i\sim N(\mu,\sigma^2)$,$n=16$,由于$\frac{(n-1)S^2}{\sigma^2}\sim\chi^2(n-1)\Rightarrow\frac{15S^2}{\sigma^2}\sim\chi^2(15)$

(1)$P\left\{\frac{S^2}{\sigma^2}\leqslant 2.041\right\}=1-P\left\{\frac{15S^2}{\sigma^2}>15\times 2.041\right\}=1-0.01=0.99$;

(2) 由于 $D\left(\frac{15S^2}{\sigma^2}\right)=2\times 15=30\Rightarrow\frac{15^2}{\sigma^4}D(S^2)=30\Rightarrow D(S^2)=\frac{2}{15}\sigma^4$.

6-5 设 $X_1,X_2,\cdots,X_8$ 是取自正态总体 $N(0,1)$ 的简单随机样本,令 $U=X_1+X_2+X_3+X_4$,$V=X_5-X_6+X_7-X_8$,且有 $a(U^2+V^2)\sim\chi^2(k)$,求常数 a,k 的值.

解 依题意 $X_i\sim N(0,1)$,则

$$U=X_1+X_2+X_3+X_4\sim N(0,4),\frac{U}{2}\sim N(0,1)$$

$$V=X_5-X_6+X_7-X_8\sim N(0,4),\frac{V}{2}\sim N(0,1)$$

则$\frac{U^2}{4}+\frac{V^2}{4}\sim\chi^2(2)$,所以 $a=\frac{1}{4}$,$k=2$.

6-6 设 $X_1,X_2,\cdots,X_n$ 是取自正态总体 $N(0,\sigma^2)$ 的简单随机样本,$A_2=\frac{1}{n}\sum_{i=1}^{n}X_i^2$ 为此样本的二阶原点矩,证明:$E(A_2)=\sigma^2$,$D(A_2)=\frac{2\sigma^4}{n}$.

证明 依题意 $E(A_2)=\frac{1}{n}\sum_{i=1}^{n}E(X_i^2)=\sigma^2$,则

$$D(A_2)=\frac{1}{n^2}\sum_{i=1}^{n}D(X_i^2)=\frac{1}{n^2}\sum_{i=1}^{n}[E(X_i^4)-E^2(X_i^2)]=\frac{1}{n^2}\sum_{i=1}^{n}[3\sigma^4-\sigma^4]=\frac{2\sigma^4}{n}$$

6-7 设总体 X 服从正态分布 $N(0,1)$,$X_1,X_2,\cdots,X_n$ 为样本,$\chi^2=X_1^2+X_2^2+\cdots+X_n^2$,则 $\chi^2\sim\chi^2(n)$. 证明:(1)$E(\chi^2)=n$;(2)$D(\chi^2)=2n$.

证明 $E(X_i)=0,D(X_i)=1,D(X_i)=E(X_i^2)-(E(X_i))^2\quad(i=1,2,\cdots,n)$

$$E(\chi^2)=E(\sum_{i=1}^{n}X_i^2)=\sum_{i=1}^{n}E(X_i^2)=\sum_{i=1}^{n}[D(X_i)+(E(X_i))^2]=n$$

$$D(\chi^2)=\sum_{i=1}^{n}D(X_i^2)=\sum_{i=1}^{n}[E(X_i^4)-(E(X_i^2))^2]$$

而 $E(X_i^4)=\int_{-\infty}^{+\infty}\frac{x^4}{\sqrt{2\pi}}e^{-\frac{x^2}{2}}dx=3$(由分部积分),所以

$$D(\chi^2) = \sum_{i=1}^{n} [E(X_i^4) - (E(X_i^2))^2] = \sum_{i=1}^{n} (3-1) = 2n$$

6－8　设$X_1,X_2,\cdots,X_n$是来自总体$N(\mu,\sigma^2)$的样本,证明:统计量$T = \dfrac{\sqrt{n(n-1)}(\bar{X}-\mu)}{\sqrt{\sum\limits_{i=1}^{n}(X_i-\bar{X})^2}}$服从自由度为$n-1$的$t$分布.

证明　依题意$X_i \sim N(\mu,\sigma^2)$,$\bar{X} \sim N\left(\mu,\dfrac{\sigma^2}{n}\right)$,则

$$\frac{\bar{X}-\mu}{\sqrt{\dfrac{\sigma^2}{n}}} \sim N(0,1)$$

又由于

$$\frac{(n-1)S^2}{\sigma^2} \sim \chi^2(n-1)$$

故

$$\frac{\dfrac{\bar{X}-\mu}{\sqrt{\dfrac{\sigma^2}{n}}}}{\sqrt{\dfrac{(n-1)S^2}{\sigma^2(n-1)}}} \sim t(n-1)$$

即

$$T = \frac{\sqrt{n}(\bar{X}-\mu)}{S} = \frac{\sqrt{n(n-1)}(\bar{X}-\mu)}{\sqrt{\sum\limits_{i=1}^{n}(X_i-\bar{X})^2}} \sim t(n-1)$$

6－9　设$X_1,X_2,\cdots,X_9$是来自总体$N(\mu,\sigma^2)$的样本,且$Y_1 = \dfrac{1}{6}\sum\limits_{i=1}^{6}X_i$,$Y_2 = \dfrac{1}{3}\sum\limits_{i=7}^{9}X_i$,$S^2 = \dfrac{1}{2}\sum\limits_{i=7}^{9}(X_i - Y_2)^2$,$Z = \dfrac{\sqrt{2}(Y_1-Y_2)}{S}$,证明:统计量$Z$服从自由度为2的$t$分布.

证明　依题意$X_i \sim N(\mu,\sigma^2)$,有

$$Y_1 = \frac{1}{6}\sum_{i=1}^{6}X_i \sim N\left(\mu,\frac{\sigma^2}{6}\right),Y_2 = \frac{1}{3}\sum_{i=7}^{9}X_i \sim N\left(\mu,\frac{\sigma^2}{3}\right)$$

则$Y_1 - Y_2 \sim N\left(0,\dfrac{\sigma^2}{2}\right)$. 由于$\dfrac{(n-1)S^2}{\sigma^2} \sim \chi^2(n-1)$,得出$\dfrac{2S^2}{\sigma^2} \sim \chi^2(2)$,则有

$$\frac{\frac{\sqrt{2}}{\sigma}(Y_1 - Y_2)}{\sqrt{\frac{2S^2}{2\sigma^2}}} \sim t(2)$$

即 $Z = \frac{\sqrt{2}(Y_1 - Y_2)}{S} \sim t(2)$.

6 - 10　设 $X_1, X_2, \cdots, X_n$ 为来自总体 $N(0,1)$ 的样本，试证：$\left(\frac{n}{3} - 1\right)\frac{\sum_{i=1}^{3} X_i^2}{\sum_{i=4}^{n} X_i^2}$ 服从自由度为 $(3, n-3)$ 的 F 分布.

证明　由于 $\sum_{i=1}^{3} X_i^2 \sim \chi^2(3)$，$\sum_{i=4}^{n} X_i^2 \sim \chi^2(n-3)$，由 F 分布定义可知

$$\frac{\frac{\sum_{i=1}^{3} X_i^2}{3}}{\frac{\sum_{i=4}^{n} X_i^2}{n-3}} \sim F(3, n-3)$$

6 - 11　设 X_1, X_2, X_3, X_4 为来自总体 $N(0,1)$ 的样本，试证：$\left(\frac{X_1 - X_2}{X_3 + X_4}\right)^2$ 服从自由度为 $(1,1)$ 的 F 分布.

证明　由于 $X_1 - X_2 \sim N(0,2)$，$X_3 + X_4 \sim N(0,2)$，由 F 分布定义可知

$$\frac{\frac{(X_1 - X_2)^2}{2}}{\frac{(X_3 + X_4)^2}{2}} \sim F(1,1)$$

6 - 12　若 F 服从自由度为 (n_1, n_2) 的 F 分布，证明：$\frac{1}{F}$ 服从自由度为 (n_2, n_1) 的 F 分布.

证明　设 $F = \frac{\frac{U}{n_1}}{\frac{V}{n_2}}$，其中 $U \sim \chi^2(n_1)$，$V \sim \chi^2(n_2)$，且 U, V 相互独立，则

$$\frac{1}{F} = \frac{\frac{V}{n_2}}{\frac{U}{n_1}} \sim F(n_2, n_1)$$

第7章　参数估计

【本章基本要求】

1. 理解参数的点估计、估计量与估计值的概念.

2. 掌握矩估计法(一阶矩、二阶矩)和极大似然估计法.

3. 了解估计量的无偏性、有效性(最小方差性)和一致性(相合性)的概念,并会验证估计量的无偏性.

4. 理解区间估计的概念,会求单个正态总体的均值和方差的置信区间,会求两个正态总体的均值差和方差比的置信区间.

【本章重点】

点估计的概念;估计量与估计值;矩估计法;极大似然估计法;估计量的评选标准;区间估计的概念;单个正态总体的均值和方差的区间估计;两个正态总体的均值差和方差比的区间估计.

【本章难点】

极大似然估计法的计算;单个正态总体的均值、方差、标准差及与之相联系的数字特征的置信区间的计算.

7.1　知识要点

7.1.1　点估计

1. 定义

设 $X_1,\cdots,X_n$ 为取自总体 X 的样本,若将样本的某个函数 $\hat{\theta}(X_1,\cdots,X_n)$ 作为总体分布中未知参数 θ 的估计,则称 $\hat{\theta}$ 为 θ 的点估计.

2. 估计量与估计值

设总体 X 的分布函数已知为 $F(x,\theta)$, $\theta\in\Theta$, $X_1,X_2,\cdots,X_n$ 是 X 的样本,称统计量 $T=T(X_1,X_2,\cdots,X_n)$ 是未知参数的点估计量,记为 $\hat{\theta}=T$;对样本值 $x_1,x_2,\cdots,x_n$, $\hat{\theta}=T(x_1,x_2,\cdots,x_n)$ 称为

θ 的估计值.

3. 矩估计法

(1) 定义:用样本矩代替相应的总体的矩而求得未知参数的一种估计方法.

(2) 计算矩估计的步骤

① 求出总体的矩,原点矩 $E(X^k)$ 或中心矩 $E[X-E(X)]^k \quad (k=1,2,\cdots)$

② 列矩估计方程

$$E(X^k)=A_k=\frac{1}{n}\sum_{i=1}^{n}X_i^k \text{ 或 } E[X-E(X)]^k=B_k=\frac{1}{n}\sum_{i=1}^{n}(X_i-\bar{X})^k \quad (k=1,2,\cdots)$$

③ 解上述方程或方程组可得 $\theta_1,\cdots,\theta_n$ 的矩估计量为

$$\hat{\theta}_k=\hat{\theta}_k(X_1,\cdots,X_n)\ (k=1,2,\cdots)$$

④ 若有样本值 $x_1,\cdots,x_n$,则 $\theta_1,\cdots,\theta_n$ 的矩估计值为 $\hat{\theta}_k=\hat{\theta}_k(x_1,\cdots,x_n)\ (k=1,2,\cdots)$

4. 极大似然估计

(1) 极大似然原理:一个随机试验有若干个可能的结果 $A,B,\cdots$,做一次试验,若 A 发生,那么就认为试验条件对 A 有利,使 A 出现的概率最大.

(2) 定义:设总体 X 的分布律或概率密度已知,取自 X 的样本 $(X_1,\cdots,X_n)$ 的似然函数为 $L(x_1,x_2,\cdots,x_n;\theta_1,\cdots,\theta_k)$,其中 $\theta_1,\cdots,\theta_k$ 为未知参数,若有 $\hat{\theta}_i(x_1,x_2,\cdots,x_n)$, $i=1,2,\cdots k$,使得

$$L(x_1,x_2,\cdots,x_n;\hat{\theta}_1,\cdots,\hat{\theta}_k)=\max_{(\theta_1,\cdots,\theta_k)}L(x_1,x_2,\cdots,x_n;\theta_1,\cdots,\theta_k)$$

则 $\hat{\theta}_i(x_1,x_2,\cdots,x_n)$ 称为 θ_i 的极大似然估计值,$\hat{\theta}_i(X_1,X_2,\cdots,X_n)$ 称为 θ_i 的极大似然估计量.

(3) 计算极大似然估计的步骤

① 写出似然函数:

离散型总体 $L(x_1,x_2,\cdots,x_n;\theta_1,\cdots,\theta_k)=\sum_{i=1}^{n}p(x_i;\theta_1,\cdots,\theta_k)$

连续型总体 $L(x_1,x_2,\cdots,x_n;\theta_1,\cdots,\theta_k)=\prod_{i=1}^{n}f(x_i;\theta_1,\cdots,\theta_k)$

② 取对数得对数似然函数 $\ln L(x_1,x_2,\cdots,x_n;\theta_1,\cdots,\theta_k)$;

③ 分别对 $\theta_1,\cdots,\theta_k$ 求偏导得似然方程 $\begin{cases}\dfrac{\partial \ln L(x_1,x_2,\cdots,x_n;\theta_1,\cdots,\theta_k)}{\partial\theta_1}=0\\ \vdots\\ \dfrac{\partial \ln L(x_1,x_2,\cdots,x_n;\theta_1,\cdots,\theta_k)}{\partial\theta_k}=0\end{cases}$;

④ 求解上述似然方程得驻点. 若驻点存在且唯一(一般统计问题,驻点是唯一的,且为极大值点),则一般为极大似然估计;若驻点不存在,则最值点一般在边界点上达到,此时可直接

由定义求得.

(4) 极大似然估计的性质:设θ的函数$u = u(\theta)(\theta \in \Theta)$具有单值反函数$\theta = \theta(u)$,又设$\hat{\theta}$是$X$的概率函数$f(x;\theta)$($f$形式已知)中参数$\theta$的极大似然估计,则$\hat{u} = u(\hat{\theta})$是$u(\theta)$的极大似然估计. 这一性质称为极大似然估计的不变性.

7.1.2 估计量的评选标准

1. 无偏性:若估计量$\hat{\theta} = \hat{\theta}(X_1,X_2,\cdots,X_n)$的数学期望存在,且对任意$\theta \in \Theta$有$E(\hat{\theta}) = \theta$,则称$\hat{\theta}$是$\theta$的无偏估计量.

2. 有效性:设$\hat{\theta}_1 = \hat{\theta}_1(X_1,X_2,\cdots,X_n)$与$\hat{\theta}_2 = \hat{\theta}_2(X_1,X_2,\cdots,X_n)$都是$\theta$的无偏估计,若有$D(\hat{\theta}_1) < D(\hat{\theta}_2)$,则称$\hat{\theta}_1$较$\hat{\theta}_2$有效.

3. 一致性:设$\hat{\theta} = \hat{\theta}(X_1,X_2,\cdots,X_n)$为参数$\theta$的估计量,若对任意$\theta \in \Theta$,当$n \to +\infty$时,$\hat{\theta}$依概率收敛于$\theta$,则称$\hat{\theta}$为$\theta$的一致估计量.

7.1.3 区间估计

1. 定义:设总体X的分布函数$F(x;\theta)$含有一个未知参数θ,对于给定值$\alpha(0 < \alpha < 1)$,若由样本$X_1,X_2,\cdots,X_n$确定两个统计量$\underline{\theta} = \underline{\theta}(X_1,X_2,\cdots,X_n)$和$\overline{\theta} = \overline{\theta}(X_1,X_2,\cdots,X_n)$,使

$$P\{\underline{\theta} < \theta < \overline{\theta}\} = 1 - \alpha$$

则称随机区间$(\underline{\theta},\overline{\theta})$是参数$\theta$的置信度为$1-\alpha$的置信区间. $\underline{\theta}$称为置信下限,$\overline{\theta}$称为置信上限. 求置信区间的过程叫作区间估计.

2. 计算区间估计的步骤:

① 寻求一个$X_1,X_2,\cdots,X_n$的函数(可从θ的点估计着手考虑)

$$Z = Z(X_1,X_2,\cdots,X_n;\theta)$$

它包含待估参数θ,而不含其他未知参数,并且Z的分布已知且不依赖于任何未知参数.

② 对于给定的置信度$1-\alpha(0 < \alpha < 1)$,给定两个常数a,b,使

$$P\{a < Z(X_1,X_2,\cdots,X_n;\theta) < b\} = 1 - \alpha$$

③ 若能以$a < Z(X_1,X_2,\cdots,X_n;\theta) < b$得到等价的不等式$\underline{\theta} < \theta < \overline{\theta}$,其中$\underline{\theta},\overline{\theta}$都是统计量,那么$(\underline{\theta},\overline{\theta})$就是$\theta$的一个置信度为$1-\alpha$的置信区间.

3. 正态总体未知参数的置信水平为 $1-\alpha$ 的双侧置信区间表(见表 7－1)

表 7－1　正态总体参数置信区间

总体个数	待估参数	条件	对应随机变量	置信区间
一个	μ	σ 已知	$\dfrac{\overline{X}-\mu}{\sigma}\sqrt{n}\sim N(0,1)$	$\left(\overline{X}-z_{\frac{\alpha}{2}}\dfrac{\sigma}{\sqrt{n}},\overline{X}+z_{\frac{\alpha}{2}}\dfrac{\sigma}{\sqrt{n}}\right)$
		σ 未知	$\dfrac{\overline{X}-\mu}{S}\sqrt{n}\sim t(n-1)$	$\left(\overline{X}-t_{\frac{\alpha}{2}}(n-1)\dfrac{S}{\sqrt{n}},\overline{X}+t_{\frac{\alpha}{2}}(n-1)\dfrac{S}{\sqrt{n}}\right)$
	σ^2	μ 未知	$\dfrac{(n-1)S^2}{\sigma^2}\sim\chi^2(n-1)$	$\left(\dfrac{(n-1)S^2}{\chi^2_{\frac{\alpha}{2}}(n-1)},\dfrac{(n-1)S^2}{\chi^2_{1-\frac{\alpha}{2}}(n-1)}\right)$
两个	$\mu_1-\mu_2$	$\sigma_1\sigma_2$ 已知	$\dfrac{(\overline{X}-\overline{Y})-(\mu_1-\mu_2)}{\sqrt{\dfrac{\sigma_1^2}{n_1}+\dfrac{\sigma_2^2}{n_2}}}\sim N(0,1)$	$\left(\overline{X}-\overline{Y}-z_{\frac{\alpha}{2}}\sqrt{\dfrac{\sigma_1^2}{n_1}+\dfrac{\sigma_2^2}{n_2}},\overline{X}-\overline{Y}+z_{\frac{\alpha}{2}}\sqrt{\dfrac{\sigma_1^2}{n_1}+\dfrac{\sigma_2^2}{n_2}}\right)$
		σ_1,σ_2 未知,但 $\sigma_1=\sigma_2$	$\dfrac{(\overline{X}-\overline{Y})-(\mu_1-\mu_2)}{S_W\sqrt{\dfrac{1}{n_1}+\dfrac{1}{n_2}}}\sim t(n_1+n_2-2)$ $S_W=\dfrac{(n_1-1)S_1^2+(n_2-1)S_2^2}{(n_1+n_2-2)}$	$\left(\overline{X}-\overline{Y}-t_{\frac{\alpha}{2}}(n_1+n_2-2)S_W\sqrt{\dfrac{1}{n_1}+\dfrac{1}{n_2}},\overline{X}-\overline{Y}+t_{\frac{\alpha}{2}}(n_1+n_2-2)S_W\sqrt{\dfrac{1}{n_1}+\dfrac{1}{n_2}}\right)$
	$\dfrac{\sigma_1^2}{\sigma_2^2}$		$\dfrac{\dfrac{S_1^2}{\sigma_1^2}}{\dfrac{S_2^2}{\sigma_2^2}}\sim F(n_1-1,n_2-1)$	$\left(\dfrac{S_1^2}{S_2^2}\dfrac{1}{F_{\frac{\alpha}{2}}(n_1-1,n_2-1)},\dfrac{S_1^2}{S_2^2}\dfrac{1}{F_{1-\frac{\alpha}{2}}(n_1-1,n_2-1)}\right)$

7.2 典型例题

例 1　θ 为总体 X 的未知参数,θ 的估计量是 $\hat{\theta}$,则有(　　).

A. $\hat{\theta}$ 是一个统计量,近似等于 θ　　　　B. $\hat{\theta}$ 是一个随机变量

C. $\hat{\theta}$ 是一个统计量且 $E(\hat{\theta}) = \theta$　　　D. 当 n 越大,$\hat{\theta}$ 的值可任意靠近 θ

分析　对于未知参数 θ,任何一个随机样本的函数都可以看作是 θ 的一个估计量 $\hat{\theta}$,因此不能保证 $\hat{\theta}$ 近似等于 θ,因此 A 选项不正确,而 C 和 D 选项只有统计量分别满足无偏性和一致性的标准时才能成立,因此也不正确,对于 B 选项,由于统计量一定是样本的函数,样本是随机变量,故估计量 $\hat{\theta}$ 是随机变量的函数,也是一个随机变量.

解　B.

例 2　设总体 X 服从参数为 λ 的指数分布,则 λ 的矩估计和极大似然估计分别为(　　).

A. 矩估计 $\hat{\lambda} = \bar{x}$,极大似然估计 $\hat{\lambda} = \bar{x}$

B. 矩估计 $\hat{\lambda} = \dfrac{1}{\bar{x}}$,极大似然估计 $\hat{\lambda} = \bar{x}$

C. 矩估计 $\hat{\lambda} = \dfrac{1}{\bar{x}}$,极大似然估计 $\hat{\lambda} = \dfrac{1}{\bar{x}}$

D. 矩估计 $\hat{\lambda} = \bar{x}$,极大似然估计 $\hat{\lambda} = \dfrac{1}{\bar{x}}$

分析　由于总体 X 服从参数为 λ 的指数分布,$E(X) = \dfrac{1}{\lambda} = A_1 = \bar{X}$,因此 λ 的矩估计为 $\hat{\lambda} = \dfrac{1}{\bar{X}}$. 似然函数为 $L(\lambda) = \lambda^n e^{-\lambda n \bar{x}}$,则 $0 = \dfrac{\partial \ln L(\lambda)}{\partial \lambda} = \dfrac{n}{\lambda} - n\bar{x}$,即 λ 的极大似然估计为 $\hat{\lambda} = \dfrac{1}{\bar{x}}$.

解　C.

例 3　设总体 X 的数学期望为 μ,$X_1, X_2, \cdots, X_n$ 是 X 的样本,则下列命题正确的是(　　).

A. X_1 是 μ 的无偏估计量　　　B. X_1 是 μ 的极大似然估计量

C. X_1 是 μ 的一致估计量　　　D. X_1 不是 μ 的估计量

分析　因为 $E(X_1) = \mu$,且 X_1 是一个统计量,所以 A 成立.

解　A.

例 4　设 $X_1, X_2, \cdots, X_n$ 独立同分布,$D(X_1) = \sigma^2$,$\bar{X}$,S^2 分别为样本均值与样本方差,则(　　).

A. S 是 σ 的无偏估计　　　B. S 是 σ 的极大似然估计

C. S 是 σ 的一致估计　　　D. S 与 X 相互独立

分析　因为 S^2 是 σ^2 的无偏估计,$E(S^2) = \sigma^2$,$[E(S)]^2 = E(S^2) - D(S) < E(S^2) = \sigma^2$,所以 $E(S) \neq \sigma$,故 A 错. 未指明总体的分布类型,B 不一定对. 总体不一定是正态分布,所以 S 与 $\bar{X}$ 不一定独立,D 不能选,则只剩下 C.

解　C.

例 5　区间估计的置信度是指(　　).

A. 概率　　B. 允许误差的大小　　C. 概率保证程度　　D. 抽样平均误差的大小

分析　置信度 $1-\alpha$ 反映的是可靠程度，即概率保证程度.

解　C.

例6　设正态总体 $N(\mu,0.9^2)$ 的一个容量为9的样本均值 $\bar{x}=5$，则参数 μ 的置信度为0.95的置信区间为(　　).

分析　$\sigma^2=0.9^2$，已知，$\alpha=0.05$，$z_{0.025}=1.96$（查找 $\Phi(z_{0.025})=0.975$ 可得）

置信区间为 $\left(5-\dfrac{0.9}{\sqrt{9}}1.96, 5+\dfrac{0.9}{\sqrt{9}}1.96\right)=(4.412, 5.588)$

解　$(4.412, 5.588)$

例7　在参数估计中利用 t 分布构造置信区间的条件是(　　).

A. 总体分布需服从正态分布且方差已知　　B. 总体分布为正态分布，方差未知

C. 总体不一定是正态分布但需是大样本　　D. 总体不一定是正态分布，但需要方差已知

分析　当总体服从正态分布但方差未知时，可用 t 分布构造置信区间. 如果方差已知，则用标准正态分布来构造置信区间.

解　B.

例8　设总体 X 服从正态分布 $N(\mu,\sigma^2)$，其中 μ 未知，而 σ^2 已知，$X_1,X_2,\cdots,X_n$ 是样本，记 $\bar{X}=\dfrac{1}{n}\sum\limits_{i=1}^{n}X_i$，则 $\left(\bar{X}-z_{0.05}\dfrac{\sigma}{\sqrt{n}}, \bar{X}+z_{0.05}\dfrac{\sigma}{\sqrt{n}}\right)$ 作为 μ 的置信区间，其置信水平为(　　).

A. 0.95　　B. 0.90　　C. 0.975　　D. 0.05

分析　由题目知 σ^2 已知，故需采用正态分布构造置信区间，由定义可知，μ 的置信度为 $1-\alpha$ 的置信区间为

$$\left(\bar{X}-\frac{\sigma}{\sqrt{n}}z_{\frac{\alpha}{2}}, \bar{X}+\frac{\sigma}{\sqrt{n}}z_{\frac{\alpha}{2}}\right)$$

因此 $z_{\frac{\alpha}{2}}=z_{0.05}$，即 $P\left\{\left|\dfrac{\bar{X}-\mu}{\dfrac{\sigma}{\sqrt{n}}}\right|<z_{0.05}\right\}=1-\alpha$，所以有 $\alpha=0.90$.

解　B.

例9　设总体服从正态分布 $N(\mu,\sigma^2)$，σ^2 未知，则 μ 的置信区间的长度 $L=$ ________.

分析　由题目知 σ^2 未知，故需采用 t 分布构造置信区间，可得置信区间为 $\left(\bar{X}-\dfrac{S}{\sqrt{n}}t_{\frac{\alpha}{2}}, \bar{X}+\dfrac{S}{\sqrt{n}}t_{\frac{\alpha}{2}}\right)$，因此区间长度为 $\bar{X}+\dfrac{S}{\sqrt{n}}t_{\frac{\alpha}{2}}-\left(\bar{X}-\dfrac{S}{\sqrt{n}}t_{\frac{\alpha}{2}}\right)=2\dfrac{S}{\sqrt{n}}t_{\frac{\alpha}{2}}=\dfrac{2S}{\sqrt{n}}t_{\frac{\alpha}{2}}$.

解　$\dfrac{2S}{\sqrt{n}}t_{\frac{\alpha}{2}}$.

例10　设总体X服从正态分布$N(\mu,\sigma^2)$,σ^2已知,若样本容量和置信度均不变,则对于不同的样本观测值,总体均值μ的置信区间的长度(　　).

A. 变长　　B. 变短　　C. 不变　　D. 不能确定

分析　对于σ^2已知的正态分布总体,因为$P\left\{\bar{X}-z_{\frac{\alpha}{2}}\frac{\sigma}{\sqrt{n}}\leqslant\mu\leqslant\bar{X}+z_{\frac{\alpha}{2}}\frac{\sigma}{\sqrt{n}}\right\}=1-\alpha$,所以总体均值$\mu$的置信区间的长度为$2z_{\frac{\alpha}{2}}\frac{\sigma}{\sqrt{n}}$. 在样本容量和置信度均不变的条件下,$2z_{\frac{\alpha}{2}}\frac{\sigma}{\sqrt{n}}$与样本观测值无关,所以对于不同的样本观测值,总体均值μ的置信区间的长度不变.

解　C.

例11　设总体$X\sim N(\alpha+\beta,\sigma^2)$,$Y\sim N(\alpha-\beta,\sigma^2)$,$\alpha,\beta$未知,$\sigma^2$已知,$X_1,X_2,\cdots,X_n$和$Y_1,Y_2,\cdots,Y_n$分别是总体$X$和$Y$的样本,设两样本独立. 试求$\alpha,\beta$极大似然估计量.

解　根据题意,写出对应于总体X和Y的似然函数分别为

$$L(\alpha+\beta)=\prod_{i=1}^{n}\left[\frac{1}{\sqrt{2\pi}\sigma}e^{-\frac{(x_i-\alpha-\beta)^2}{2\sigma^2}}\right]=\frac{1}{(\sqrt{2\pi}\sigma)^n}e^{-\frac{\sum\limits_{i=1}^{n}(x_i-\alpha-\beta)^2}{2\sigma^2}}$$

$$L(\alpha-\beta)=\prod_{i=1}^{n}\left[\frac{1}{\sqrt{2\pi}\sigma}e^{-\frac{(y_i-\alpha+\beta)^2}{2\sigma^2}}\right]=\frac{1}{(\sqrt{2\pi}\sigma)^n}e^{-\frac{\sum\limits_{i=1}^{n}(y_i-\alpha+\beta)^2}{2\sigma^2}}$$

相应的对数似然函数为

$$\ln L(\alpha+\beta)=-\frac{\sum\limits_{i=1}^{n}(x_i-\alpha-\beta)^2}{2\sigma^2}-\ln(\sqrt{2\pi}\sigma)^n$$

$$\ln L(\alpha-\beta)=-\frac{\sum\limits_{i=1}^{n}(y_i-\alpha+\beta)^2}{2\sigma^2}-\ln(\sqrt{2\pi}\sigma)^n$$

令对数似然函数分别对$\alpha+\beta$和$\alpha-\beta$的一阶导数为零,得到

$$\begin{cases}\alpha+\beta=\bar{x}\\ \alpha-\beta=\bar{y}\end{cases}$$

可解得α,β的极大似然估计值为$\hat{\alpha}=\frac{\bar{x}+\bar{y}}{2}$,$\hat{\beta}=\frac{\bar{x}-\bar{y}}{2}$,因此$\alpha,\beta$的极大似然估计量分别为$\hat{\alpha}=\frac{\bar{X}+\bar{Y}}{2}$,$\hat{\beta}=\frac{\bar{X}-\bar{Y}}{2}$.

例12　设$X_1,\cdots,X_n$是来自概率密度为

$$f(x,\theta)=\begin{cases}\theta x^{\theta-1}, & 0<x<1\\ 0, & 其他\end{cases}$$

的总体的样本，θ 未知，求 $U=\mathrm{e}^{-1/\theta}$ 的极大似然估计值.

解 先求 θ 的极大似然估计，似然函数为

$$L(\theta)=\prod_{i-1}^{n}\theta x_i^{\theta-1}=\theta^n\left(\prod_{i-1}^{n}x_i\right)^{\theta-1}$$

$$\ln L(\theta)=n\ln\theta+(\theta-1)\ln\left(\prod_{i=1}^{n}x_i\right)$$

令

$$\frac{\mathrm{d}\ln L(\theta)}{\mathrm{d}\theta}=\frac{n}{\theta}+\sum_{i=1}^{n}\ln x_i=0$$

得 θ 的极大似然估计值为

$$\hat{\theta}=\frac{-n}{\sum_{i=1}^{n}\ln x_i}$$

由于 $U=\mathrm{e}^{-1/\theta}$ 具有单调反函数，故由极大似然估计的性质知，U 的极大似然估计值为

$$\hat{U}=\mathrm{e}^{-1/\hat{\theta}}$$

其中 $\hat{\theta}$ 由上面求得的 θ 的极大似然估计值所确定.

例 13 设 $\hat{\theta}_1$ 及 $\hat{\theta}_2$ 是 θ 的两个独立的无偏差估计量，假定 $D(\hat{\theta}_1)=2D(\hat{\theta}_2)$，求常数 C_1 及 C_2，使 $\hat{\theta}=C_1\hat{\theta}_1+C_2\hat{\theta}_2$ 为 θ 的无偏估计，并使 $D(\hat{\theta})$ 达到最小.

解 由于

$$E(\hat{\theta}_1)=\theta,E(\hat{\theta}_2)=\theta,E(\hat{\theta})=E(C_1\hat{\theta}_1+C_2\hat{\theta}_2)=C_1E(\hat{\theta}_1)+C_2E(\hat{\theta}_2)=\theta(C_1+C_2)$$

则 $C_1+C_2=1$，又由 $D(\hat{\theta}_1)=2D(\hat{\theta}_2)$ 知 $\hat{\theta}_2$ 比 $\hat{\theta}_1$ 有效，由

$$\frac{D(\hat{\theta})}{D(\hat{\theta}_2)}=\frac{D(C_1\hat{\theta}_1+C_2\hat{\theta}_2)}{D(\hat{\theta}_2)}=\frac{C_1^2D(\hat{\theta}_1)+C_2^2D(\hat{\theta}_2)}{D(\hat{\theta}_2)}=\frac{2C_1^2D(\hat{\theta}_2)+C_2^2D(\hat{\theta}_2)}{D(\hat{\theta}_2)}$$

$$=2C_1^2+C_2^2=2C_1^2+(1-C_1)^2=3\left(C_1-\frac{1}{3}\right)^2+\frac{2}{3}$$

所以当 $C_1=\dfrac{1}{3},C_2=\dfrac{2}{3}$ 时 $\dfrac{D(\hat{\theta})}{D(\hat{\theta}_2)}$ 最小，$D(\hat{\theta})$ 也最小.

例 14 设 $X_1,X_2,\cdots,X_n$ 是取自总体 $X\sim N(\mu,\sigma^2)$ 的样本，试证：

$$S^2=\frac{1}{n-1}\sum_{i=1}^{n}(X_i-\bar{X})^2$$

是 σ^2 的一致估计量.

证明 由于$\frac{(n-1)S^2}{\sigma^2} \sim \chi^2(n-1)$,并且有

$$E(S^2)=\sigma^2, D(S^2)=\frac{\sigma^4}{(n-1)^2}\cdot 2(n-1)=\frac{2\sigma^4}{n-1}$$

根据契比雪夫不等式有

$$P\{|S^2-\sigma^2|<\varepsilon\} \geqslant 1-\frac{D(S^2)}{\varepsilon^2}=1-\frac{2\sigma^4}{(n-1)\varepsilon^2}$$

即得

$$\lim_{n\to\infty} P\{|S^2-\sigma^2|<\varepsilon\}=1$$

所以 S^2 是 σ^2 的一致估计量.

例 15 设炮弹速度服从正态分布,取9发炮弹做试验,得样本方差 $S^2=11(\mathrm{m/s})^2$. 分别求炮弹速度方差 σ^2 和标准差 σ 的置信度为0.9的置信区间.

解 $n=9, 1-\alpha=0.9, \alpha=0.1$,查表得

$$\chi^2_{\frac{0.1}{2}}(8)=15.507,\quad \chi^2_{1-\frac{0.1}{2}}(8)=2.733$$

σ^2 的置信区间为

$$\left(\frac{(n-1)S^2}{\chi^2_{\frac{\alpha}{2}}(n-1)}, \frac{(n-1)S^2}{\chi^2_{1-\frac{\alpha}{2}}(n-1)}\right)=(5.675, 32.199)$$

σ 的置信区间为$(\sqrt{5.675}, \sqrt{32.199})=(2.382, 5.674)$.

例 16 为了研究施肥和不施肥对某种农作物产量的影响,在其他条件相同的情况下,挑选了13个小区进行对比试验,收获量如下表:

施　肥	34	35	30	32	33	34	
未施肥	29	27	32	31	28	32	31

求施肥与未施肥平均产量之差的置信度为0.95的置信区间.

解 将施肥与未施肥的农作物的产量 X 与 Y 作为正态总体. 由于其他条件相同,可认为 X 与 Y 有相同的方差. 设 $X \sim N(\mu_1, \sigma^2), Y \sim N(\mu_2, \sigma^2)$.

由于 $n_1=6, n_2=7$,由 X 抽得的样本均值和样本方差分别为 $\bar{x}=33, s_1^2=\frac{16}{6-1}=3.2$;由 Y 抽得的样本均值和样本方差分别为 $\bar{y}=30, s_2^2=\frac{24}{(7-1)}=4$,从而得

$$s_w=\sqrt{\frac{(6-1)s_1^2+(7-1)s_2^2}{6+7-2}}=\sqrt{\frac{5\times 3.2+6\times 4}{11}}=1.907$$

$$\sqrt{\frac{1}{6}+\frac{1}{7}}=0.557$$

查 t 分布表得 $t_{0.025}(6+7-2)=2.201$，所以施肥与未施肥平均产量之差 $\mu_1-\mu_2$ 的置信度为 0.95 的置信区间为

$$\left(\bar{x}-\bar{y}-t_{0.025}(11)s_w\sqrt{\frac{1}{6}+\frac{1}{7}},\bar{x}-\bar{y}+t_{0.025}(11)s_w\sqrt{\frac{1}{6}+\frac{1}{7}}\right)$$
$$=(33-30-2.201\times1.907\times0.557,33-30+2.201\times1.907\times0.557)$$
$$=(0.663,5.337)$$

例 17 有甲、乙两位化验员，他们独立地对某种聚合物的含氯量用相同的方法各作了 10 次测定，其测定值的方差 $s_1^2=0.541\,9$，$s_2^2=0.606\,5$. 设 σ_1^2 与 σ_2^2 分别为所测量的数据总体（设为正态分布）的方差，求方差比 σ_1^2/σ_2^2 的 95% 置信区间.

解 因为总体均值均未知，且 $m=10$，$n=10$，故方差比 σ_1^2/σ_2^2 的置信度为 95% 的置信区间为

$$\left(\frac{s_1^2}{s_2^2F_{0.05/2}(9,9)},\frac{s_1^2}{s_2^2}F_{0.05/2}(9,9)\right)$$

由题设，$s_1^2=0.541\,9$，$s_2^2=0.606\,5$，又因为 $\alpha=0.05$，故查自由度为 (9,9) 的 F 分布表得 $F_{0.025}(9,9)=4.03$. 由于

$$\frac{s_1^2}{s_2^2F_{0.05/2}(9,9)}=\frac{0.541\,9}{0.606\,5\times4.03}=0.222$$
$$\frac{s_1^2}{s_2^2}F_{0.05/2}(9,9)=\frac{0.541\,9}{0.606\,5}\times4.03=3.601$$

故 σ_1^2/σ_2^2 的置信度为 95% 的置信区间为 (0.222,3.601).

例 18 设总体 X 具有均匀分布，其分布密度为

$$f(x;\alpha,\beta)=\begin{cases}\dfrac{1}{\beta-\alpha}, & \alpha\leqslant x\leqslant\beta\\ 0, & \text{其他}\end{cases}$$

其中 α 和 β 是未知参数，设 $X_1,X_2,\cdots,X_{200}$ 是 X 的一个样本，求 α 和 β 的极大似然估计.

解 似然函数为

$$L(\alpha,\beta)=\begin{cases}\dfrac{1}{(\beta-\alpha)^{200}}, & \alpha\leqslant x_i\leqslant\beta,i=1,2,\cdots,200\\ 0, & \text{其他}\end{cases}$$

本题不能采用分别对 α 和 β 求导再求最大值的方法解. 这是因为似然函数在最大值点导数不为零，所以必须用其他方法找出它的最大值点，由式子可见，分母 $\beta-\alpha$ 越小，则似然函数的值越大，显然 α 不能大于 $\min\limits_{1\leqslant i\leqslant200}\{x_i\}$，而 β 不能小于 $\max\limits_{1\leqslant i\leqslant200}\{x_i\}$，因此 $\beta-\alpha$ 的最小可能值是 $\max\limits_{1\leqslant i\leqslant200}\{x_i\}-\min\limits_{1\leqslant i\leqslant200}\{x_i\}$，故 α 和 β 的极大似然估计为

$$\hat{\alpha} = \min_{1 \leqslant i \leqslant 200}\{x_i\},\ \hat{\beta} = \max_{1 \leqslant i \leqslant 200}\{x_i\}$$

例19 设总体 X 服从 $[0,\theta]$ 上的均匀分布, $X_1, X_2, \cdots, X_n$ 是来自总体 X 的样本. 证明: $T = \dfrac{n+1}{n}\max\limits_{1 \leqslant i \leqslant n}\{X_i\}$ 是 θ 的无偏估计.

解 设 $M = \max\limits_{1 \leqslant i \leqslant n}\{X_i\}$, M 的分布函数为

$$F_M(x) = \begin{cases} 0, & x < 0 \\ \dfrac{x^n}{\theta^n}, & 0 \leqslant x < \theta \\ 1, & \text{其他} \end{cases}$$

密度函数为

$$\varphi_M(x) = \begin{cases} \dfrac{nx^{n-1}}{\theta^n}, & 0 < x < \theta \\ 0, & \text{其他} \end{cases}$$

故

$$E(T) = \frac{n+1}{n}\int_0^\theta x \cdot \frac{nx^{n-1}}{\theta^n}\mathrm{d}x = \theta$$

所以, $T = \dfrac{n+1}{n}\max\limits_{1 \leqslant i \leqslant n}\{X_i\}$ 是 θ 的无偏估计.

例20 (2003,数学一) 已知一批零件的长度 X(单位:cm) 服从正态分布 $N(\mu,1)$,从中随机地抽取 16 个零件, 得到长度的平均值为 40 cm, 则 μ 的置信度为 0.95 的置信区间为________.

(已知 $\Phi(1.96) = 0.975$, $\Phi(1.645) = 0.95$,其中 $\Phi(x)$ 为标准正态分布的分布函数)

解 (39.51,40.49)

例21 (2003,数学一) 设总体 X 的概率密度为 $f(x) = \begin{cases} 2\mathrm{e}^{-2(x-\theta)}, & x > \theta \\ 0, & x \leqslant \theta \end{cases}$,其中 $\theta > 0$ 是未知参数. 从总体 X 中抽取简单随机样本 $X_1, X_2, \cdots, X_n$,记 $\hat{\theta} = \min(X_1, X_2, \cdots, X_n)$.

(1) 求总体 X 的分布函数 $F(x)$;

(2) 求统计量 $\hat{\theta}$ 的分布函数 $F_{\hat{\theta}}(x)$;

(3) 如果用 $\hat{\theta}$ 作为 θ 的估计量,讨论它是否具有无偏性.

解 (1) $F(x) = \int_{-\infty}^{x} f(t)\,\mathrm{d}t = \begin{cases} 1 - \mathrm{e}^{-2(x-\theta)}, & x > \theta \\ 0, & x \leqslant \theta \end{cases}$

$$\begin{aligned}(2)\ F_{\hat{\theta}}(x) &= P\{\hat{\theta} \leqslant x\} = P\{\min(X_1, X_2, \cdots, X_n) \leqslant x\} = 1 - P\{\min(X_1, X_2, \cdots, X_n) > x\} \\ &= 1 - P\{X_1 > x, X_2 > x, \cdots, X_n > x\}\end{aligned}$$

$$= 1 - [1 - F(x)]^n = \begin{cases} 1 - e^{-2n(x-\theta)}, & x > \theta \\ 0, & x \leqslant \theta \end{cases}$$

(3) $\hat{\theta}$ 的概率密度为 $f_{\hat{\theta}}(x) = \dfrac{dF_{\hat{\theta}}(x)}{dx} = \begin{cases} 2ne^{-2n(x-\theta)}, & x > \theta \\ 0, & x \leqslant \theta \end{cases}$,因为

$$E(\hat{\theta}) = \int_{-\infty}^{+\infty} x f_{\hat{\theta}}(x)\,dx = \int_{\theta}^{+\infty} 2nx e^{-2n(x-\theta)}\,dx = \theta + \frac{1}{2n} \neq \theta$$

所以 $\hat{\theta}$ 作为 θ 的估计量不具有无偏性.

例 22 （2004,数学一）设总体 X 的分布函数为

$$F(x,\beta) = \begin{cases} 1 - \dfrac{1}{x^{\beta}}, & x > 1 \\ 0, & x \leqslant 1 \end{cases}$$

其中未知参数 $\beta > 1$, $X_1, X_2, \cdots, X_n$ 为来自总体 X 的简单随机样本,求:

(1) β 的矩估计量;(2) β 的极大似然估计量.

解 X 的概率密度为 $f(x,\beta) = \begin{cases} \dfrac{\beta}{x^{\beta+1}}, & x > 1 \\ 0, & x \leqslant 1 \end{cases}$

(1) 由于 $E(X) = \int_{-\infty}^{+\infty} x f(x)\,dx = \int_{1}^{+\infty} x \cdot \dfrac{\beta}{x^{\beta+1}}dx = \dfrac{\beta}{\beta - 1}$,令 $\dfrac{\beta}{\beta - 1} = \bar{X}$,解得 $\beta = \dfrac{\bar{X}}{\bar{X} - 1}$,所以参数 β 的矩估计量为 $\hat{\beta} = \dfrac{\bar{X}}{\bar{X} - 1}$.

(2) 似然函数为

$$L(\beta) = \prod_{i=1}^{n} f(x_i;\beta) = \begin{cases} \dfrac{\beta^n}{(x_1 x_2 \cdots x_n)^{\beta+1}}, & x_i > 1 (i = 1,2,\cdots,n) \\ 0, & \text{其他} \end{cases}$$

当 $x_i > 1 (i = 1,2,\cdots,n)$ 时, $L(\beta) > 0$,取对数得

$$\ln L(\beta) = n\ln\beta - (\beta + 1)\sum_{i=1}^{n} \ln x_i$$

两边对 β 求导,得

$$\frac{d\ln L(\beta)}{d\beta} = \frac{n}{\beta} - \sum_{i=1}^{n} \ln x_i$$

令 $\dfrac{d\ln L(\beta)}{d\beta} = 0$,可得

$$\beta = \frac{n}{\sum_{i=1}^{n} \ln x_i}$$

故β的极大似然估计量为

$$\hat{\beta} = \frac{n}{\sum_{i=1}^{n} \ln X_i}$$

例 23 (2004,数学三)设随机变量X的分布函数为

$$F(x,\alpha,\beta) = \begin{cases} 1 - \left(\frac{\alpha}{x}\right)^{\beta}, & x > \alpha \\ 0, & x \leqslant \alpha \end{cases}$$

其中参数$\alpha > 0,\beta > 1$. 设$X_1,X_2,\cdots,X_n$为来自总体X的简单随机样本.

(1) 当$\alpha = 1$时, 求未知参数β的矩估计量;

(2) 当$\alpha = 1$时, 求未知参数β的极大似然估计量;

(3) 当$\beta = 2$时, 求未知参数α的极大似然估计量.

解 当$\alpha = 1$时, X的概率密度为$f(x,\beta) = \begin{cases} \frac{\beta}{x^{\beta+1}}, & x > 1 \\ 0, & x \leqslant 1 \end{cases}$.

(1) 由于$E(X) = \int_{-\infty}^{+\infty} xf(x;\beta)\mathrm{d}x = \int_{1}^{+\infty} x \cdot \frac{\beta}{x^{\beta+1}}\mathrm{d}x = \frac{\beta}{\beta - 1}$,令$\frac{\beta}{\beta - 1} = \bar{X}$, 解得$\beta = \frac{\bar{X}}{\bar{X} - 1}$,

所以, 参数β的矩估计量为$\hat{\beta} = \frac{\bar{X}}{\bar{X} - 1}$.

(2) 当$\alpha = 1$时,对于总体X的样本值$x_1,x_2,\cdots,x_n$, 似然函数为

$$L(\beta) = \prod_{i=1}^{n} f(x_i;\alpha) = \begin{cases} \frac{\beta^n}{(x_1x_2\cdots x_n)^{\beta+1}}, & x_i > 1(i = 1,2,\cdots,n) \\ 0, & \text{其他} \end{cases}$$

当$x_i > 1(i = 1,2,\cdots,n)$时, $L(\beta) > 0$, 取对数得$\ln L(\beta) = n\ln \beta - (\beta + 1)\sum_{i=1}^{n} \ln x_i$,对$\beta$求导数,得$\frac{\mathrm{d}[\ln L(\beta)]}{\mathrm{d}\beta} = \frac{n}{\beta} - \sum_{i=1}^{n} \ln x_i$,令$\frac{\mathrm{d}[\ln L(\beta)]}{\mathrm{d}\beta} = \frac{n}{\beta} - \sum_{i=1}^{n} \ln x_i = 0$,解得$\hat{\beta} = \frac{n}{\sum_{i=1}^{n} \ln x_i}$,于是$\beta$的极大似然估计量为$\hat{\beta} = \frac{n}{\sum_{i=1}^{n} \ln X_i}$.

(3) 当$\beta = 2$时, X的概率密度为$f(x,\beta) = \begin{cases} \frac{2\alpha^2}{x^3}, & x > \alpha \\ 0, & x \leqslant \alpha \end{cases}$,对于总体$X$的样本值$x_1$, $x_2,\cdots,x_n$, 似然函数为

$$L(\beta)=\prod_{i=1}^{n}f(x_i;\alpha)=\begin{cases}\dfrac{2^n\alpha^{2n}}{(x_1x_2\cdots x_n)^3}, & x_i>\alpha(i=1,2,\cdots,n)\\ 0, & \text{其他}\end{cases}$$

当 $x_i>\alpha(i=1,2,\cdots,n)$ 时，α 越大，$L(\alpha)$ 越大，即 α 的极大似然估计值为

$$\hat{\alpha}=\min\{x_1,x_2,\cdots,x_n\}$$

于是 α 的极大似然估计量为 $\hat{\alpha}=\min\{X_1,X_2,\cdots,X_n\}$.

例 24 （2005，数学三）设一批零件的长度服从正态分布 $N(\mu,\sigma^2)$，其中 μ,σ^2 均未知. 现从中随机抽取16个零件，测得样本均值 $\bar{x}=20(\mathrm{cm})$，样本标准差 $s=1(\mathrm{cm})$，则 μ 的置信度为0.90的置信区间是________.

A. $\left(20-\dfrac{1}{4}t_{0.05}(16),20+\dfrac{1}{4}t_{0.05}(16)\right)$　　B. $\left(20-\dfrac{1}{4}t_{0.1}(16),20+\dfrac{1}{4}t_{0.1}(16)\right)$

C. $\left(20-\dfrac{1}{4}t_{0.05}(15),20+\dfrac{1}{4}t_{0.05}(15)\right)$　　D. $\left(20-\dfrac{1}{4}t_{0.1}(15),20+\dfrac{1}{4}t_{0.1}(15)\right)$

解　C.

例 25 （2005，数学三）设 $X_1,X_2,\cdots,X_n(n>2)$ 为来自总体 $N(0,1)$ 的简单随机样本，$\bar{X}$ 为样本均值，记

$$Y_i=X_i-\bar{X}\quad(i=1,2,\cdots,n)$$

求：(1) Y_i 的方差 $D(Y_i)\ (i=1,2,\cdots,n)$；

(2) Y_1 与 Y_n 的协方差 $\mathrm{Cov}(Y_1,Y_n)$；

(3) 若 $c\,(Y_1+Y_n)^2$ 是 σ^2 的无偏估计量，求常数 c.

解　(1)

$$D(Y_i)=D(X_i-\bar{X})=D\left(X_i-\frac{1}{n}\sum_{j=1}^{n}X_j\right)=D\left[\left(1-\frac{1}{n}\right)X_i-\frac{1}{n}\sum_{j\neq i}X_j\right]$$

$$\xlongequal{\text{独立性}}\left(1-\frac{1}{n}\right)^2D(X_i)+\frac{1}{n^2}\sum_{j\neq i}D(X_j)=\left(1-\frac{1}{n}\right)^2+\frac{1}{n^2}(n-1)=1-\frac{1}{n}$$

(2)

$$\begin{aligned}\mathrm{Cov}(Y_1,Y_n)&=\mathrm{Cov}(X_1-\bar{X},X_n-\bar{X})\\&=E[(X_1-\bar{X})(X_n-\bar{X})]-E(X_1-\bar{X})E(X_n-\bar{X})\\&=E[X_1X_n-(X_1+X_n)\bar{X}+\bar{X}^2]-E^2(X_1-\bar{X})\\&=E(X_1)E(X_n)-E[(X_1+X_n)\bar{X}]+E(\bar{X}^2)-0\\&=0-2E(X_1\bar{X})+[D(\bar{X})+E^2(\bar{X})]=-2E\left[X_1\left(\frac{1}{n}\sum_{i=1}^{n}X_i\right)\right]+\frac{1}{n}\\&=-2E\left(\frac{1}{n}X_1^2\right)+\frac{1}{n}=-\frac{2}{n}[D(X_1)+E^2(X_1)]+\frac{1}{n}=-\frac{1}{n}\end{aligned}$$

$$(3)E[c(Y_1+Y_n)^2]=cD(Y_1+Y_n)=c[D(Y_1)+D(Y_2)+2\mathrm{Cov}(Y_1,Y_n)]$$
$$=c\left[\frac{n-1}{n}+\frac{n-1}{n}-\frac{2}{n}\right]\sigma^2=\frac{2(n-2)}{n}c\sigma^2=\sigma^2$$

故 $c=\dfrac{n}{2(n-2)}$.

例 26 (2006,数学一) 设随机变量 X 服从正态分布 $N(\mu_1,\sigma_1^2)$,Y 服从正态分布 $N(\mu_2,\sigma_2^2)$,且 $P\{|X-\mu_1|<1\}>P\{|Y-\mu_2|<1\}$,则必有________.

A. $\sigma_1<\sigma_2$　　B. $\sigma_1>\sigma_2$　　C. $\mu_1<\mu_2$　　D. $\mu_1>\mu_2$

分 析 由 $P\{|X-\mu_1|<1\}>P\{|Y-\mu_2|<1\}$,可知 $P\left\{\dfrac{|X-\mu_1|}{\sigma_1}<\dfrac{1}{\sigma_1}\right\}>P\left\{\dfrac{|Y-\mu_2|}{\sigma_2}<\dfrac{1}{\sigma_2}\right\}$成立,而且满足$\dfrac{X-\mu_1}{\sigma_1}\sim N(0,1)$和$\dfrac{Y-\mu_2}{\sigma_2}\sim N(0,1)$,由标准正态分布的性质可得$\dfrac{1}{\sigma_1}>\dfrac{1}{\sigma_2}$,即 $\sigma_1<\sigma_2$ 成立.

解 A.

例 27 (2006,数学一) 设总体 X 的概率密度函数为

$$f(x,\theta)=\begin{cases}\theta, & 0<x<1\\ 1-\theta, & 1\leqslant x<2\\ 0, & \text{其他}\end{cases}$$

其中 θ 是未知参数$(0<\theta<1)$,$X_1,X_2,\cdots,X_n$ 为来自总体 X 的简单随机样本,记 N 为样本值 $X_1,X_2,\cdots,X_n$ 中小于 1 的个数,求 θ 的极大似然估计.

解 对样本 $x_1,x_2,\cdots,x_n$ 按照 <1 或者 $\geqslant 1$ 进行分类:$x_{p_1},x_{p_2},\cdots,x_{p_N}<1,x_{p_{N+1}},x_{p_{N+2}},\cdots,x_{p_n}\geqslant 1$.

极大似然函数

$$L(\theta)=\begin{cases}\theta^N(1-\theta)^{n-N}, & x_{p_1},x_{p_2},\cdots,x_{p_N}<1,x_{p_{N+1}},x_{p_{N+2}},\cdots,x_{p_n}\geqslant 1\\ 0, & \text{其他}\end{cases}$$

在 $x_{p_1},x_{p_2},\cdots,x_{p_N}<1,x_{p_{N+1}},x_{p_{N+2}},\cdots,x_{p_n}\geqslant 1$ 时

$$\ln L(\theta)=N\ln\theta+(n-N)\ln(1-\theta),\ \frac{\mathrm{d}\ln L(\theta)}{\mathrm{d}\theta}=\frac{N}{\theta}-\frac{n-N}{1-\theta}=0$$

所以 $\hat{\theta}=\dfrac{N}{n}$.

例 28 (2007,数学一) 设总体 X 的概率密度为

$$f(x,\theta)=\begin{cases}\dfrac{1}{2\theta}, & 0<x<\theta\\ \dfrac{1}{2(1-\theta)}, & \theta\leqslant x<1\\ 0, & \text{其他}\end{cases}$$

$X_1,X_2,\cdots,X_n$ 是来自总体 X 的简单随机样本，$\bar{X}$ 是样本均值.

（1）求参数 θ 的矩估计量 $\hat{\theta}$；（2）判断 $4\bar{X}^2$ 是否为 θ^2 的无偏估计量，并说明理由.

解　（1）由于

$$E(X)=\int_{-\infty}^{+\infty}xf(x,\theta)\mathrm{d}x=\int_0^{\theta}x\frac{1}{2\theta}\mathrm{d}x+\int_{\theta}^{1}x\frac{1}{2(1-\theta)}\mathrm{d}x=\frac{\theta}{2}+\frac{1}{4}$$

令 $E(X)=\bar{X}$，故得参数 θ 的矩估计量 $\hat{\theta}=2\bar{X}-\frac{1}{2}$.

（2）$4\bar{X}^2$ 不是 θ^2 的无偏估计，因为

$$E(4\bar{X}^2)=4[D(\bar{X})+E^2(\bar{X})]=4\left[\frac{1}{n}D(X)+E^2(X)\right]$$

注意到

$$E(X^2)=\int_{-\infty}^{+\infty}x^2f(x,\theta)\mathrm{d}x=\int_0^{\theta}x^2\frac{1}{2\theta}\mathrm{d}x+\int_{\theta}^{1}x^2\frac{1}{2(1-\theta)}\mathrm{d}x=\frac{\theta^2}{3}+\frac{\theta}{6}+\frac{1}{6}$$

故

$$D(X)=E(X^2)-E^2(X)=\frac{\theta^2}{12}-\frac{\theta}{12}+\frac{5}{48}$$

所以

$$E(4\bar{X}^2)=4\left[\frac{1}{n}D(X)+E^2(X)\right]=\left(1+\frac{1}{3n}\right)\theta^2-\left(1-\frac{1}{3n}\right)\theta+\left(\frac{1}{4}+\frac{5}{12n}\right)\neq\theta^2$$

例 29　（2008，数学一）设 $X_1,X_2,\cdots,X_n$ 是总体 $N(\mu,\sigma^2)$ 的简单随机样本，记

$$\bar{X}=\frac{1}{n}\sum_{i=1}^{n}X_i,S^2=\frac{1}{n-1}\sum_{i=1}^{n}(X_i-\bar{X})^2,T=\bar{X}^2-\frac{1}{n}S^2$$

（1）证明 T 是 μ^2 的无偏估计量；（2）当 $\mu=0,\sigma=1$ 时，求 $D(T)$.

解　（1）$E(T)=E(\bar{X}^2-\frac{1}{n}S^2)=E(\bar{X}^2)-\frac{1}{n}E(S^2)$

$$=D(\bar{X})+E(\bar{X})^2-\frac{1}{n}E(S^2)=\frac{1}{n}\sigma^2+\mu^2-\frac{1}{n}\sigma^2=\mu^2$$

所以 T 是 μ^2 的无偏估计量.

（2）当 $\mu=0,\sigma=1$ 时，$X\sim N(0,1)$，$\bar{X}\sim N\left(0,\frac{1}{n}\right)$，$E(T)=0$，有

$$D(T)=D\left(\bar{X}^2-\frac{1}{n}S^2\right)(\text{注意 }\bar{X}^2\text{ 与 }S^2\text{ 独立})$$

$$=D(\bar{X}^2)+\frac{1}{n^2}D(S^2)$$

$$=\frac{1}{n^2}D[(\sqrt{n}\bar{X})^2]+\frac{1}{n^2}\cdot\frac{1}{(n-1)^2}D[(n-1)S^2]$$

$$=\frac{2}{n^2}+\frac{1}{n^2}\cdot\frac{1}{(n-1)^2}\cdot 2(n-1)=\frac{2}{n(n-1)}$$

评注 若 $X\sim N(\mu,\sigma^2)$,则有

$$E(\bar{X})=\mu,D(\bar{X})=\frac{1}{n}\sigma^2,E(S^2)=\sigma^2,D\left(\frac{n-1}{\sigma^2}S^2\right)$$

$$=2(n-1)\quad\left(\text{因为}\frac{n-1}{\sigma^2}S^2\sim\chi^2(n-1)\right)$$

例 30 (2009,数学一)设 $X_1,X_2,\cdots,X_m$ 为来自二项分布 $B(n,p)$ 的简单随机样本,$\bar{X},S^2$ 分别为样本均值和样本方差,若 $\bar{X}+kS^2$ 为 np^2 的无偏估计,则 $k=$ ________.

解 -1.

例 31 (2009,数学一)设总体的概率密度为 $f(x)=\begin{cases}\lambda^2 x\mathrm{e}^{-\lambda x}, & x>0\\ 0, & \text{其他}\end{cases}$,其中参数 $\lambda>0$,$X_1,X_2,\cdots,X_n$ 为来自总体 X 的简单随机样本.

(1) 求参数 λ 的矩估计量;(2) 求参数 λ 的极大似然估计量.

解 (1) 由 $E(X)=\bar{X}$, $E(X)=\int_0^{\infty}\lambda^2x^2\mathrm{e}^{-\lambda x}\mathrm{d}x=\dfrac{2}{\lambda}=\bar{X}\Rightarrow\hat{\lambda}=\dfrac{2}{\bar{X}}$ 为总体的矩估计量.

(2) 构造似然函数

$$L(x_1,x_2,\cdots,x_n;\lambda)=\prod_{i=1}^{n}f(x_i;\lambda)=\lambda^{2n}\prod_{i=1}^{n}x_i\cdot\mathrm{e}^{-\lambda\sum\limits_{i=1}^{n}x_i}$$

取对数
$$\ln L=2n\ln\lambda+\sum_{i=1}^{n}\ln x_i-\lambda\sum_{i=1}^{n}x_i$$

令
$$\frac{\mathrm{d}\ln L}{\mathrm{d}\lambda}=0\Rightarrow\frac{2n}{\lambda}-\sum_{i=1}^{n}x_i=0\Rightarrow\hat{\lambda}=\frac{2n}{\sum\limits_{i=1}^{n}x_i}=\frac{2}{\frac{1}{n}\sum\limits_{i=1}^{n}x_i}=\frac{2}{\bar{X}}$$

所以参数 λ 的极大似然估计量 $\hat{\lambda}=\dfrac{2}{\bar{X}}$.

例 32 (2010,数学一)设总体的分布律为

X	1	2	3
p	$1-\theta$	$\theta-\theta^2$	θ^2

,其中 $\theta\in(0,1)$ 为

未知参数，以N_i表示来自总体X的简单随机样本（样本容量为n）中等于$i(i=1,2,3)$的个数，求常数a_1,a_2,a_3，使$T=\sum_{i=1}^{3}a_iN_i$为θ的无偏估计.

解　$N_1\sim B(n,1-\theta)$，$E(N_1)=n(1-\theta)$，同理，$E(N_2)=n(\theta-\theta^2)$，$E(N_3)=n\theta^2$.

由于$T=\sum_{i=1}^{3}a_iN_i$是θ的无偏估计，$E(T)=\theta$，即$a_1n(1-\theta)+a_2n(\theta-\theta^2)+a_3n\theta^2=\theta$，对应系数相等，可以得到$a_1=0,a_2=\frac{1}{n},a_3=\frac{1}{n}$.

例33　(2011，数学一) 设$X_1,X_2,\cdots,X_n$为来自正态总体$N(\mu_0,\sigma^2)$的简单随机样本，其中μ_0已知，$\sigma^2>0$未知，$\bar{X}$和S^2分别表示样本均值和样本方差.

(1) 求参数σ^2的极大似然估计$\hat{\sigma}^2$；

(2) 计算$E(\hat{\sigma}^2)$和$D(\hat{\sigma}^2)$.

解　(1)$X_1,X_2,\cdots,X_n$为来自正态总体$N(\mu_0,\sigma^2)$的简单随机样本，所以$X_i\sim N(\mu_0,\sigma^2)$，$f(x_i)=\frac{1}{\sqrt{2\pi}\sigma}\mathrm{e}^{-\frac{(x_i-\mu_0)^2}{2\sigma^2}}$.

σ^2的似然函数为
$$L(\sigma^2)=\prod_{i=1}^{n}f(x_i)=\frac{1}{(\sqrt{2\pi})^n\sigma^n}\mathrm{e}^{-\frac{\sum_{i=1}^{n}(x_i-\mu_0)^2}{2\sigma^2}}$$

取对数得
$$\ln L=-n\ln\sqrt{2\pi}-\frac{n}{2}\ln\sigma^2-\frac{\sum_{i=1}^{n}(x_i-\mu_0)^2}{2\sigma^2}$$

求导数，令导数$\frac{\mathrm{d}}{\mathrm{d}\sigma^2}\ln L=-\frac{n}{2\sigma^2}+\frac{\sum_{i=1}^{n}(x_i-\mu_0)^2}{2\sigma^4}=0$，可以得到$\sigma^2$的极大似然估计为$\hat{\sigma}^2=\frac{1}{n}\sum_{i=1}^{n}(x_i-\mu_0)^2$.

(2) 由于$\frac{1}{\sigma^2}\sum_{i=1}^{n}(x_i-\mu_0)^2\sim\chi^2(n)$，所以$E\left[\frac{1}{\sigma^2}\sum_{i=1}^{n}(x_i-\mu_0)^2\right]=n$，于是
$$E(\hat{\sigma}^2)=\frac{\sigma^2}{n}E\left[\frac{1}{\sigma^2}\sum_{i=1}^{n}(x_i-\mu_0)^2\right]=\sigma^2$$

由于
$$D\left[\frac{1}{\sigma^2}\sum_{i=1}^{n}(x_i-\mu_0)^2\right]=2n$$

$$D(\hat{\sigma}^2) = D\left[\frac{1}{n}\sum_{i=1}^{n}(x_i-\mu_0)^2\right] = D\left[\frac{\sigma^2}{n}\frac{1}{\sigma^2}\sum_{i=1}^{n}(x_i-\mu_0)^2\right]$$

$$= \frac{\sigma^4}{n^2}D\left[\frac{1}{\sigma^2}\sum_{i=1}^{n}(x_i-\mu_0)^2\right] = \frac{\sigma^4}{n^2}2n = \frac{2\sigma^4}{n}$$

7.3 同步训练题

一、填空题

1. 设总体 X 的分布律为

X	-2	1	5
p	3θ	$1-4\theta$	θ

,式中 $0<\theta<0.25$ 为待估参数,X_1,$X_2,\cdots,X_n$ 为样本,则 θ 的矩估计量为________.

2. 设 $X_1,X_2,\cdots X_n$ 是取自正态总体 $N(0,\sigma^2)$ 的一个样本,其中 $\sigma>0$ 未知,要使估计量 $\hat{\sigma}^2 = k\sum\limits_{i=1}^{n}X_i^2$ 是 σ^2 的无偏估计量,则 $k=$ ________.

3. 已知某炼铁厂的铁水含铁量 X 服从 $N(\mu,\sigma^2)$ 分布,现随机测量了5炉铁水,其含铁量为

4.28　4.40　4.42　4.35　4.37

μ 的置信度为0.95的置信区间为________.

二、单项选择题

1. 设 $\hat{\theta}$ 是参数 θ 的无偏估计,且有 $\lim\limits_{n\to+\infty}D(\hat{\theta})=0$,则 $\hat{\theta}$ 是(　　).

A. θ 的一致估计　B. θ 的有效估计　C. θ 的矩估计　D. 以上都不对

2. 区间估计依据的原理是(　　).

A. 概率论　B. 样本分布理论

C. 小概率事件　D. 假设检验

3. 设 $\alpha=0.05$,未知参数 θ 的 $1-\alpha$ 置信区间 $(\underline{\theta},\bar{\theta})$ 的意义是(　　).

A. $(\underline{\theta},\bar{\theta})$ 以概率 $1-\alpha$ 包含 θ　B. $\underline{\theta}\leqslant\theta\leqslant\bar{\theta}$

C. $\theta\in(\underline{\theta},\bar{\theta})$　D. 不能确定

4. 若总体 X 服从正态分布 $N(\mu,\sigma^2)$,其中 σ^2 已知,当样本容量 n 保持不变时,如果置信度 $1-\alpha$ 变小,则 μ 的置信区间(　　).

A. 长度变大　B. 长度变小　C. 长度不变　D. 长度不一定不变

三、计算题

1. 设总体 X 的概率密度函数为

$$f(x)=\begin{cases} e^{-(x-\theta)}, & x \geqslant \theta \\ 0, & \text{其他} \end{cases}$$

θ 为未知参数,$X_1,X_2,\cdots,X_n$ 是来自 X 的样本.

(1) 求 θ 的矩估计量 $\hat{\theta}_1$,并验证 $\hat{\theta}_1$ 是 θ 的无偏估计量.

(2) 求 θ 的极大似然估计 $\hat{\theta}_2$,并验证 $\hat{\theta}_2$ 不是 θ 的无偏估计量.

2. 设 $X_1,\cdots,X_n$ 是来自正态总体 $N(\mu,1)$ 的样本,μ 未知,求 $\theta = P\{X > 2\}$ 的极大似然估计值.

3. 设总体 X 的概率密度函数为

$$f(x;\theta)=\begin{cases} \dfrac{2x}{\theta^2}, & 0 < x \leqslant \theta(\theta > 0\text{ 未知}) \\ 0, & \text{其他} \end{cases}$$

$x_1,x_2,\cdots,x_n$ 是该总体的一个样本值. 求 θ 的极大似然估计 $\hat{\theta}$.

4. 设总体 X 具有分布律

X	1	2	3
P_k	θ^2	$2\theta(1-\theta)$	$(1-\theta)^2$

其中 $\theta(0 < \theta < 1)$ 为未知参数,已知取得了样本值 $X_1 = 1,X_2 = 2,X_3 = 1$,试求 θ 的矩估计值和极大似然估计值.

四、证明题

设总体 X 的数学期望为 μ,方差为 σ^2,$(X_1,\cdots,X_n)$ 和 $(Y_1,\cdots,Y_m)$ 分别是来自 X 的样本,证明:$S^2 = \dfrac{1}{n+m-2}\left[\sum_{i=1}^{n}(X_i-\bar{X})^2+\sum_{i=1}^{m}(Y_i-\bar{Y})^2\right]$ 是 σ^2 的无偏估计.

7.4 测　验　题

一、填空题

1. 设总体 X 服从参数为 λ 的指数分布,现从 X 中随机抽取 10 个样品,根据测得结果计算 $\sum_{i=1}^{10}X_i = 27$,那么 λ 的矩估计是________.

2. 设总体 X 服从正态分布 $N(\mu,\sigma^2)$,$X_1,X_2,\cdots,X_n$ 为来自此总体的一组简单随机样本,则未知参数 μ 的极大似然估计为________.

3. 设总体 X 服从正态分布 $N(\mu,\sigma^2)$,σ^2 已知,要使 μ 的置信度为 $1-\alpha(0 < \alpha < 1)$ 且置

信区间的长度不大于 l,则样本容量 $n \geqslant$ ________.

二、单项选择题

1. 用从总体抽取的一个样本统计量作为总体参数的估计称为(　　).

A. 样本估计　　B. 点估计　　C. 区间估计　　D. 总体估计

2. 设 X 服从正态总体,σ^2 已知,而 μ 为未知参数,$X_1, X_2, \cdots, X_n$ 是样本,记 $\bar{X} = \frac{1}{n}\sum_{i=1}^{n} X_i$,又 $\Phi(x)$ 表示标准正态分布 $N(0,1)$ 的分布函数,已知 $\Phi(1.96) = 0.975$,$\Phi(1.28) = 0.900$,则 μ 的置信水平为 0.95 的置信区间是(　　).

A. $\left(\bar{X} - 0.975\frac{\sigma}{\sqrt{n}}, \bar{X} + 0.975\frac{\sigma}{\sqrt{n}}\right)$　　B. $\left(\bar{X} - 1.96\frac{\sigma}{\sqrt{n}}, \bar{X} + 1.96\frac{\sigma}{\sqrt{n}}\right)$

C. $\left(\bar{X} - 1.28\frac{\sigma}{\sqrt{n}}, \bar{X} + 1.28\frac{\sigma}{\sqrt{n}}\right)$　　D. $\left(\bar{X} - 0.90\frac{\sigma}{\sqrt{n}}, \bar{X} + 0.90\frac{\sigma}{\sqrt{n}}\right)$

3. 设总体服从正态分布 $N(\mu, \sigma^2)$,其中 $\mu, \sigma^2 > 0$ 均未知. 若样本容量 n 和样本值不变. 则总体均值 μ 的置信区间长度 L 与置信度 $1-\alpha$ 的关系是(　　).

A. 当 $1-\alpha$ 缩小时,L 增大　　B. 当 $1-\alpha$ 缩小时,L 缩短

C. 当 $1-\alpha$ 增大时,L 缩小　　D. 以上三个选项都不对

4. 设总体 X 服从区间 $[-\theta, \theta]$ 上的均匀分布 $(\theta > 0)$,$x_1, \cdots, x_n$ 为样本,则 θ 的极大似然估计为(　　).

A. $\max\{x_1, \cdots, x_n\}$　　B. $\min\{x_1, \cdots, x_n\}$

C. $\max\{|x_1|, \cdots, |x_n|\}$　　D. $\min\{|x_1|, \cdots, |x_n|\}$

三、计算题

1. 设总体 X 的密度函数为

$$f(x) = \begin{cases} (a+1)x^a, & 0 < x < 1 \\ 0, & \text{其他} \end{cases}$$

其中 $a > -1$ 是未知参数,$X_1, \cdots, X_n$ 是来自总体 X 的简单随机样本,试求:

(1) 参数 a 的矩估计量;(2) 参数 a 的极大似然估计.

2. 设总体 X 的概率密度函数为 $f(x) = \begin{cases} \frac{1}{\theta}e^{-\frac{x}{\theta}}, & x \geqslant 0 \\ 0, & x < 0 \end{cases}$,$X_1, X_2$ 是样本,(1) 求参数 θ 的极大似然估计 $\hat{\theta}$,(2) $\hat{\theta}$ 是否为无偏估计?

3. 设 $x_1, \cdots, x_n$ 是来自总体 $b(m, \theta)$ 的样本值,又 $\theta = \frac{1}{3}(1+\beta)$,求 β 的极大似然估计值.

四、证明题

设 $\hat{\theta}$ 是参数 θ 的无偏估计量,且有 $D(\hat{\theta}) > 0$,试证明 $\hat{\theta}^2$ 不是 θ^2 的无偏估计量.

7.5 同步训练题答案

一、填空题

1. $\hat{\theta}=\dfrac{1-\bar{X}}{5}$　　2. $k=\dfrac{1}{n}$　　3. (4.297,4.431)

二、单项选择题

1. A　　2. B　　3. A　　4. B

三、计算题

1. 解　(1) 由 $E(X)=\int_{\theta}^{\infty}x\mathrm{e}^{(x-\theta)}\mathrm{d}x=\theta+1$,得

$$\hat{\theta}_1=\bar{X}-1$$

而 $E(\hat{\theta}_1)=E(\bar{X})-1=\theta$,所以 $\hat{\theta}_1=\bar{X}-1$ 是 θ 的无偏估计.

(2) 似然函数为 $L(\theta)=\begin{cases}\mathrm{e}^{-\sum\limits_{i=1}^{n}x_i+n\theta}, & x_{(1)}\geqslant\theta\\ 0, & 其他\end{cases}$,$x_{(1)}=\min(x_1,\cdots,x_n)$,因为 $L(\theta)$ 随 θ 的增加而递增,所以 θ 的极大似然估计为

$$\hat{\theta}_2=X_{(1)}$$

当 $x\geqslant0$ 时,$F(x)=\int_{-\infty}^{x}f(x)\mathrm{d}x=\int_{\theta}^{x}\mathrm{e}^{-(x-\theta)}\mathrm{d}x=1-\mathrm{e}^{-(x-\theta)}$

故 X 的分布函数为　$F(x)=\begin{cases}1-\mathrm{e}^{-(x-\theta)}, & x\geqslant\theta\\ \theta, & 其他\end{cases}$

所以　$F_{X_{(1)}}(x)=1-[1-F(x)]^n=\begin{cases}1-\mathrm{e}^{-n(x-\theta)}, & x\geqslant\theta\\ \theta, & 其他\end{cases}$

$$f_{X_{(1)}}(x)=\begin{cases}n\mathrm{e}^{-n(x-\theta)}, & x\geqslant\theta\\ \theta, & 其他\end{cases}$$

$$E(X_{(1)})=\int_{\theta}^{+\infty}nx\mathrm{e}^{-n(x-\theta)}\mathrm{d}x=\theta+\frac{1}{n}\neq\theta$$

所以 $\hat{\theta}_2=X_{(1)}$ 不是 θ 的无偏估计.

2. 解　易知 μ 的极大似然估计值为 $\hat{\mu}=\bar{x}$. 而 $\theta=P\{X>2\}=1-P\{X\leqslant2\}=1-\Phi(2-\mu)$ 具有单调反函数,由极大似然估计的性质,得 $\theta=P\{X>2\}$ 的极大似然估计值为

$$\hat{\theta}=1-\Phi(2-\hat{\mu})=1-\Phi(2-\bar{x})$$

3. **解** 样本值的似然函数为

$$L(\theta)=\begin{cases}\theta^{-2n}2^n\prod_{i=1}^{n}x_i, & 0\leqslant\max\limits_{1\leqslant i\leqslant n}\{x_i\}\leqslant\theta\\ 0, & 其他\end{cases}$$

取对数
$$\ln L=-2n\ln\theta+n\ln 2+\sum_{i=1}^{n}\ln x_i$$

而$\dfrac{\mathrm{d}\ln L}{\mathrm{d}\theta}=-\dfrac{2n}{\theta}=0$无解,故知本题要由定义直接求$\theta$的极大似然估计.

从L的表达式可以看出,要在$\theta\geqslant\max\limits_{1\leqslant i\leqslant n}\{x_i\}$条件下使$L$达到最大,必须取$\hat{\theta}=\max\limits_{1\leqslant i\leqslant n}\{x_i\}$,由定义可知$\hat{\theta}=\max\limits_{1\leqslant i\leqslant n}\{x_i\}$是$\theta$的极大似然估计.

4. **解** (1) 求θ的矩估计值

$$E(X)=1\times\theta^2+2\cdot 2\theta(1-\theta)+3(1-\theta)^2=[\theta+3(1-\theta)][\theta+(1-\theta)]=3-2\theta$$

令
$$E(X)=3-2\theta=\overline{X}$$

则得到θ的矩估计值为
$$\hat{\theta}=\frac{3-\bar{x}}{2}=\frac{3-\dfrac{1+2+1}{3}}{2}=\frac{5}{6}$$

(2) 求θ的极大似然估计值

似然函数
$$L(\theta)=\prod_{i=1}^{3}P\{X_i=x_i\}=P\{X_1=1\}P\{X_2=2\}P\{X_3=1\}$$
$$=\theta^2\cdot 2\theta(1-\theta)\cdot\theta^2=2\theta^5(1-\theta)$$

取对数
$$\ln L(\theta)=\ln 2+5\ln\theta+\ln(1-\theta)$$

求导得
$$\frac{\mathrm{d}\ln L(\theta)}{\mathrm{d}\theta}=\frac{5}{\theta}-\frac{1}{1-\theta}=0$$

得到唯一解为
$$\hat{\theta}=\frac{5}{6}$$

四、证明题

证明 因为$E[\sum\limits_{i=1}^{n}(X_i-\overline{X})^2]=(n-1)\sigma^2$,$E[\sum\limits_{i=1}^{m}(Y_i-\overline{Y})^2]=(m-1)\sigma^2$,所以

$$E(S^2)=\frac{1}{n+m-2}[(n-1)\sigma^2+(m-1)\sigma^2]=\sigma^2$$

即$S^2=\dfrac{1}{n+m-2}[\sum\limits_{i=1}^{n}(X_i-\overline{X})^2+\sum\limits_{i=1}^{m}(Y_i-\overline{Y})^2]$是$\sigma^2$的无偏估计.

7.6 测验题答案

一、填空题

1. $\dfrac{10}{27}$　　2. $\hat{\mu}=\dfrac{1}{n}\sum_{i=1}^{n}X_i$　　3. $\dfrac{4z_{\alpha/2}^2\sigma^2}{l^2}$

二、单项选择题

1. B　　2. B　　3. B　　4. C

三、计算题

1. **解**　(1) $E(X)=\int_{-\infty}^{+\infty}xf(x)\mathrm{d}x=\int_0^1 x(a+1)x^a\mathrm{d}x=\dfrac{a+1}{a+2}$

$$A_1=\frac{1}{n}\sum_{i=1}^{n}X_i=\bar{X},\text{令}\frac{a+1}{a+2}=\bar{X},\text{则}\ \hat{a}=\frac{2\bar{X}-1}{1-\bar{X}}$$

(2) 似然函数 $L(a)=f_{X_1}(x_1)f_{X_2}(x_2)\cdots f_{X_n}(x_n)=\begin{cases}(a+1)^n(x_1x_2\cdots x_n)^a, & 0<x_i<1\\ 0, & \text{其他}\end{cases}$

当 $0<x_i<1$ 时，有

$$\ln(L(a))=n\ln(a+1)+a\ln(x_1x_2\cdots x_n),\ \frac{\mathrm{d}\ln(L(a))}{\mathrm{d}a}=\frac{n}{a+1}+\ln(x_1x_2\cdots x_n)=0$$

因此
$$\hat{a}=-\frac{n}{\ln(x_1x_2\cdots x_n)}-1=-\frac{n}{\sum_{i=1}^{n}\ln x_i}-1$$

2. **解**　(1) 设 $x_1,x_2,\cdots,x_n$ 是相应于样本 $X_1,X_2,\cdots,X_n$ 的一组样本值，故似然函数为

$$L(\theta)=\begin{cases}\dfrac{1}{\theta^n}\mathrm{e}^{-\frac{n\bar{x}}{\theta}}, & x_i>0\\ 0, & \text{其他}\end{cases}$$

当 $x_1,x_2,\cdots,x_n>0$ 时，$\ln L(\theta)=-n\ln\theta-\dfrac{n\bar{x}}{\theta}$，似然方程为

$$\frac{\mathrm{d}\ln L(\theta)}{\mathrm{d}\theta}=-\frac{n}{\theta}+\frac{n\bar{x}}{\theta^2}=0$$

解得 θ 的极大似然估计为

$$\hat{\theta}=\bar{x}$$

(2)$E(\hat{\theta}) = E(\bar{X}) = E(X)$,而且

$$E(X) = \int_{-\infty}^{+\infty} xf(x)\,\mathrm{d}x = \int_{0}^{+\infty} x\frac{1}{\theta}\mathrm{e}^{-\frac{x}{\theta}}\,\mathrm{d}x = \theta$$

所以 $E(\hat{\theta}) = \theta$,则 $\hat{\theta}$ 为 θ 的无偏估计.

3. 解　易知二项分布 $X \sim b(m,\theta)$ 中参数 θ 的极大似然估计值为 $\hat{\theta} = \bar{x}/m$,由极大似然估计的性质,可得 $\beta = 3\theta - 1$ 的极大似然估计值为

$$\hat{\beta} = 3\hat{\theta} - 1 = \frac{3\bar{x}}{m} - 1$$

四、证明题

证明　$E(\hat{\theta}^2) = D(\hat{\theta}) + [E(\hat{\theta})]^2 = D(\hat{\theta}) + \theta^2 \neq \theta^2$,即 $\hat{\theta}^2$ 不是 θ^2 的无偏估计量.

7.7　教材同步精选习题精解

7－1　设总体 X 服从正态分布 $N(\mu,\sigma^2)$,$X_1,X_2,\cdots,X_n$ 为取自 X 的样本,试求:

(1)μ,σ^2 的矩估计;

(2)μ,σ^2 的极大似然估计.

解　(1)$E(X) = \mu = A_1 = \bar{X}$, 则矩估计 $\hat{\mu} = \bar{X}$.

$$E(X^2) = D(X) + [E(X)]^2 = \sigma^2 + \mu^2 = A_2 = \frac{1}{n}\sum_{i=1}^{n} X_i^2$$

矩估计

$$\hat{\sigma}^2 = \frac{1}{n}\sum_{i=1}^{n} X_i^2 - \hat{\mu}^2 = \frac{1}{n}\sum_{i=1}^{n} X_i^2 - \bar{X}^2 = S^2$$

(2) 参见教材《概率论与数理统计(第2版)》(2018年版) 例6.

7－2　设 X_1,X_2 是取自总体 $N(\mu,1)$ (μ 未知) 的一个样本. 试证如下三个估计量都是 μ 的无偏估计量,并确定最有效的一个:

$$\hat{\mu}_1 = \frac{2}{3}X_1 + \frac{1}{3}X_2$$

$$\hat{\mu}_2 = \frac{1}{4}X_1 + \frac{3}{4}X_2$$

$$\hat{\mu}_3 = \frac{1}{2}X_1 + \frac{1}{2}X_2$$

解　由于 $E(X_i) = \mu, D(X_i) = 1, i = 1,2$,且 X_1,X_2 独立,故有

$$E(\hat{\mu}_1) = \frac{2}{3}\mu + \frac{1}{3}\mu = \mu,\ D(\hat{\mu}_1) = \frac{4}{9} + \frac{1}{9} = \frac{5}{9}$$

$$E(\hat{\mu}_2) = \frac{1}{4}\mu + \frac{3}{4}\mu = \mu,\ D(\hat{\mu}_2) = \frac{1}{16} + \frac{9}{16} = \frac{5}{8}$$

$$E(\hat{\mu}) = \frac{1}{2}\mu + \frac{1}{2}\mu = \mu,\ D(\hat{\mu}_3) = \frac{1}{4} + \frac{1}{4} = \frac{1}{2}$$

所以 $\hat{\mu}_1, \hat{\mu}_2, \hat{\mu}_3$ 都是 μ 的无偏估计量，又由于 $\frac{1}{2} < \frac{5}{9} < \frac{5}{8}$，所以 $\hat{\mu}_3$ 的方差最小，即 $\hat{\mu}_3$ 是最有效的.

7－3　设 $X_1, X_2, \cdots, X_n$ 是总体 $N(\mu, \sigma^2)$ 的一个样本，试适当选择常数 C，使 $C\sum\limits_{i=1}^{n-1}(X_{i+1} - X_i)^2$ 为 σ^2 的无偏估计.

解　由于

$$\begin{aligned} E\left[C\sum_{i=1}^{n-1}(X_{i+1} - X_i)^2\right] &= C\left[\sum_{i=1}^{n-1}E(X_{i+1} - X_i)^2\right] \\ &= C\sum_{i=1}^{n-1}\{D(X_{i+1} - X_i) + [E(X_{i+1} - X_i)]^2\} \\ &= C\sum_{i=1}^{n-1}\{D(X_{i+1}) + D(X_i) + [E(X_{i+1}) - E(X_1)]^2\} \\ &= C\sum_{i=1}^{n-1}(2\sigma^2 + 0^2) = C\cdot 2(n-1)\sigma^2 \end{aligned}$$

当 $C = \frac{1}{2(n-1)}$ 时，$C\sum\limits_{i=1}^{n-1}(X_{i+1} - X_i)^2$ 为 σ^2 的无偏估计.

7－4　设总体 X 的方差为 1，据来自 X 的容量为 100 的简单随机样本，测得均值为 5，则 X 的期望的置信度近似等于 0.95 的置信区间为多少？

解　由于总体的方差已知，因此统计量服从正态分布 $\frac{\bar{X} - \mu}{\sigma/\sqrt{n}} \sim N(0,1)$，则 μ 的置信度为 0.95 的置信区间为 $\left(\bar{X} - \frac{\sigma}{\sqrt{n}}z_{0.025}, \bar{X} + \frac{\sigma}{\sqrt{n}}z_{0.025}\right)$，由 $n = 100, \sigma = 1, z_{0.025} = 1.96, \bar{x} = 5$，可得置信区间为(4.804 0, 5.196 0).

7－5　设总体 X 的分布律为

$$P(X = k) = (1-p)^{k-1}p \quad (k = 1, 2, \cdots)$$

其中 p 为未知参数，$X_1, X_2, \cdots, X_n$ 为取自总体 X 的样本，试求 p 的矩估计和极大似然估计.

解　(1) 由总体 X 的分布律，可计算得 $E(X) = \sum\limits_{k=1}^{n}k(1-p)^{k-1}p = \frac{1}{p}$，因此 $E(X) = \frac{1}{p} = A_1 = \bar{X}$，则 p 的矩估计为 $\hat{p} = \frac{1}{\bar{X}}$.

(2) 似然函数

$$L(p)=\prod_{k=1}^{n}P\{X_k=x_k\}=\prod_{k=1}^{n}(1-p)^{x_k-1}p=p^n(1-p)^{\sum\limits_{k=1}^{n}x_k-n}\quad(x_k=1,2,\cdots)$$

取对数得

$$\ln L(p)=n\ln p+(\sum_{k=1}^{n}x_k-n)\ln(1-p)$$

求导得似然方程

$$\frac{\mathrm{d}\ln L(p)}{\mathrm{d}p}=\frac{n}{p}-\frac{\sum\limits_{k=1}^{n}x_k-n}{1-p}=0$$

可得 p 的极大似然估计为 $\hat{p}=\frac{1}{\bar{X}}$.

7－6　设 X 服从 $(0,\theta)(\theta>0)$ 上的均匀分布，$X_1,X_2,\cdots,X_n$ 是取自总体 X 的样本，求 θ 的极大似然估计量和矩估计量.

解　(1) 因为 $E(\theta)=\frac{\theta}{2}$，令 $\frac{\theta}{2}=\bar{X}$ 得到矩估计 $\hat{\theta}=2\bar{X}$.

(2) $X_1,X_2,\cdots,X_n$ 的似然函数为

$$L(\theta;x_1,x_2,\cdots,x_n)=\begin{cases}\frac{1}{\theta^n}, & 0\leqslant\min\limits_{1\leqslant i\leqslant n}\{x_i\}\leqslant\cdots\leqslant\max\limits_{1\leqslant i\leqslant n}\{x_i\}\leqslant\theta\\ 0, & \text{其他}\end{cases}$$

因此 θ 的极大似然估计量是 $\hat{\theta}=\max\limits_{1\leqslant i\leqslant n}\{X_i\}$.

7－7　设随机变量 X 的概率密度函数为

$$f(x)=\frac{1}{2\sigma}\mathrm{e}^{-\frac{|x|}{\sigma}}\quad(-\infty<x<+\infty)$$

$x_1,x_2,\cdots,x_n$ 为 X 的 n 次观测值，试求 σ 的极大似然估计.

解　极大似然函数为

$$L(\sigma)=\prod_{i=1}^{n}\frac{1}{2\sigma}\mathrm{e}^{-\frac{|x_i|}{\sigma}}=\frac{1}{(2\sigma)^n}\mathrm{e}^{-\frac{1}{\sigma}\sum\limits_{i=1}^{n}|x_i|}$$

取对数
$$\ln L(\sigma)=-n\ln(2\sigma)-\frac{1}{\sigma}\sum_{i=1}^{n}|x_i|$$

求导数
$$\frac{\mathrm{d}\ln L(\sigma)}{\mathrm{d}\sigma}=-\frac{n}{\sigma}+\frac{1}{\sigma^2}\sum_{i=1}^{n}|x_i|=0$$

则 σ 的极大似然估计为
$$\hat{\sigma}=\frac{\sum\limits_{i=1}^{n}|x_i|}{n}$$

7－8　已知某种白炽灯泡寿命服从正态分布,在某个星期所生产的该种灯泡中随机抽取10只,测得其寿命(单位:h)为

1 067, 919, 1 196, 785,1 126,936,918, 1 156, 920, 948

设总体参数均未知,试用极大似然估计估计该星期生产的灯泡中能使用1 300 h以上的概率.

解　因为灯泡寿命服从正态分布,由正态分布的极大似然估计可知,$\hat{\mu}=\bar{X}$, $\hat{\sigma}^2=\frac{1}{n}\sum_{i=1}^{n}(X_i-\bar{X})^2$,由题意可求得极大似然估计值为$\hat{\mu}=\bar{x}=\frac{1}{10}\sum_{i=1}^{10}x_i=997.1$, $\hat{\sigma}^2=\frac{1}{10}\sum_{i=1}^{10}(x_i-\bar{x})^2=15\ 574$. 因此

$$\begin{aligned}P\{x\geqslant 1\ 300\}&=P\left\{\frac{x-\hat{\mu}}{\hat{\sigma}^2}\geqslant\frac{1\ 300-\hat{\mu}}{\hat{\sigma}^2}\right\}=P\left\{\frac{x-\hat{\mu}}{\hat{\sigma}^2}\geqslant 0.019\ 4\right\}\\&=1-\Phi(0.019\ 4)=0.492\end{aligned}$$

7－9　设总体X的概率密度函数为

$$f(x)=\begin{cases}(\theta+1)x^{\theta}, & 0<x<1\\ 0, & 其他\end{cases}$$

其中$\theta>-1$是未知参数,$X_1,X_2,\cdots,X_n$为来自总体X的一个容量为n的简单随机样本. 分别用矩估计法和极大似然估计法求θ的估计量.

解　(1) 矩估计法. 因为

$$E(X)=\int_{-\infty}^{+\infty}xf(x)\mathrm{d}x=\int_{0}^{1}(\theta+1)x^{\theta+1}\mathrm{d}x=\frac{\theta+1}{\theta+2}$$

又因为$E(X)=\bar{X}=\frac{1}{n}\sum_{i=1}^{n}x_i$,有$\frac{\theta+1}{\theta+2}=\bar{X}$. 解之,得$\hat{\theta}=\frac{2\bar{X}-1}{1-\bar{X}}$.

(2) 极大似然法. 由题意有

$$L(\theta)=\begin{cases}(\theta+1)^n\left(\prod_{i=1}^{n}x_i\right)^{\theta}, & 0<x_i<1\\ 0, & 其他\end{cases}$$

当$0<x_i<1$时,$L(\theta)>0$,有

$$\ln L(\theta)=n\ln(\theta+1)+\theta\sum_{i=1}^{n}\ln x_i$$

$$\frac{\mathrm{d}\ln L(\theta)}{\mathrm{d}\theta}=\frac{n}{\theta+1}+\sum_{i=1}^{n}\ln x_i$$

令$\frac{\mathrm{d}\ln L(\theta)}{\mathrm{d}\theta}=0$得到$\theta$的极大似然估计

$$\hat{\theta}=-1-\frac{n}{\sum_{i=1}^{n}\ln x_i}=-1-\frac{1}{\frac{1}{n}\sum_{i=1}^{n}\ln x_i}$$

7－10 设总体 X 的概率密度函数为

$$f(x)=\begin{cases}\frac{1}{\theta}e^{-(x-\mu)/\theta}, & x\geqslant\mu\\ 0, & 其他\end{cases}$$

其中 $\theta>0$，θ,μ 是未知参数，$X_1,X_2,\cdots,X_n$ 为来自 X 的样本. 试求 θ,μ 的极大似然估计量.

解 极大似然函数为

$$L(\mu,\theta)=\begin{cases}\prod_{i=1}^{n}\frac{1}{\theta}e^{-(x_i-\mu)/\theta}, & x_1,x_2,\cdots,x_n\geqslant\mu\\ 0, & 其他\end{cases}=\begin{cases}\frac{1}{\theta^n}e^{-\frac{1}{\theta}\sum_{i=1}^{n}(x_i-\mu)}, & x_1,x_2,\cdots,x_n\geqslant\mu\\ 0, & 其他\end{cases}$$

设 $x_1\leqslant x_2\leqslant\cdots\leqslant x_n$，故 $x_1,x_2,\cdots,x_n\geqslant\mu$ 相当于 $x_1\geqslant\mu$，因此极大似然函数可以写为

$$L(\mu,\theta)=\begin{cases}\frac{1}{\theta^n}e^{-\frac{1}{\theta}\sum_{i=1}^{n}(x_i-\mu)}, & x_1\geqslant\mu\\ 0, & 其他\end{cases}$$

可知，当 $\mu\leqslant x_1$ 时，$L(\mu,\theta)$ 随 μ 的增加而增加，而当 $\mu>x_1$ 时，$L(\mu,\theta)=0$，因而对于固定的 θ，$L(\mu,\theta)$ 在 $\mu=x_1$ 时取到最大值，从而 μ 的极大似然估计应取 $\hat{\mu}=x_1$.

另外，当 $\mu\leqslant x_1$ 时，将 $L(\mu,\theta)$ 取自然对数得

$$\ln L(\mu,\theta)=-n\ln\theta-\frac{1}{\theta}\left(\sum_{i=1}^{n}x_i-n\mu\right)$$

求导数得

$$\frac{\mathrm{d}\ln L(\mu,\theta)}{\mathrm{d}\theta}=-\frac{n}{\theta}+\frac{1}{\theta^2}\left(\sum_{i=1}^{n}x_i-n\mu\right)=0$$

于是，求得 θ 的极大似然估计为 $\hat{\theta}=\bar{x}-\mu$

由此可知，μ,θ 的极大似然估计值为

$$\begin{cases}\hat{\mu}=x_1\\ \hat{\theta}=\bar{x}-x_1\end{cases}$$

则 μ,θ 的极大似然估计量为

$$\begin{cases}\hat{\mu}=X_1\\ \hat{\theta}=\bar{X}-X_1\end{cases}$$

7－11 设随机变量 $Z=\ln X$ 服从正态分布 $N(\mu,\sigma^2)$，$X_1,X_2,\cdots,X_n$ 为取自总体 X 的样本，试求 $\mu=E(X)$ 的极大似然估计.

解 X 的概率密度函数为

$$f(x)=\begin{cases}\frac{1}{\sqrt{2\pi}\sigma x}\exp\left\{-\frac{(\ln x-\mu)^2}{2\sigma^2}\right\}, & x>0\\ 0, & 其他\end{cases}$$

所以，似然函数为

$$L(\mu,\sigma^2) = \prod_{i=1}^{n} \frac{1}{\sqrt{2\pi}\sigma x_i}\exp\left\{-\frac{(\ln x_i - \mu)^2}{2\sigma^2}\right\} \quad (x_i > 0)$$

两边取对数并分别对 μ 和 σ^2 求偏导,并令其得 0,得似然方程组

$$\begin{cases} \dfrac{1}{\sigma^2}\sum_{i=1}^{n}(\ln x_i - \mu) = 0 \\ \dfrac{-n}{2\sigma^2} + \dfrac{1}{2\sigma^4}\sum_{i=1}^{n}(\ln x_i - \mu)^2 = 0 \end{cases}$$

解得似然估计值为

$$\hat{\mu} = \frac{1}{n}\sum_{i=1}^{n}\ln x_i,\ \hat{\sigma}^2 = \frac{1}{n}\sum_{i=1}^{n}(\ln x_i - \mu)^2$$

因为

$$E(X) = \frac{1}{\sqrt{2\pi}\sigma}\int_0^{\infty} x \cdot \frac{1}{x}\exp\left\{-\frac{(\ln x - \mu)^2}{2\sigma^2}\right\}dx = \exp\left\{\mu + \frac{1}{2}\sigma^2\right\}$$

因此由极大似然估计的性质可知 μ 的极大似然估计为 $\hat{\mu} = \exp\left\{\hat{\mu} + \frac{1}{2}\hat{\sigma}^2\right\}$.

7 - 12 设总体 X 的概率分布为

X	0	1	2	3
P	θ^2	$2\theta(1-\theta)$	θ^2	$1-2\theta$

其中 $\theta\left(0 < \theta < \frac{1}{2}\right)$是未知参数,利用总体 X 的如下样本值

$$3,\ 1,\ 3,\ 0,\ 3,\ 1,\ 2,\ 3$$

求 θ 的矩估计值和极大似然估计值.

解 (1)$E(X) = 0 \cdot \theta^2 + 1 \cdot 2\theta(1-\theta) + 2 \cdot \theta^2 + 3 \cdot (1-2\theta) = 3 - 4\theta$

令 $E(X) = A_1 = \bar{X}$,可得 θ 的矩估计量为

$$\hat{\theta} = \frac{3 - \bar{X}}{4}$$

又

$$\bar{x} = \frac{3+1+3+0+3+1+2+3}{8} = 2$$

所以 θ 的矩估计值为 $\hat{\theta} = \frac{3 - \bar{x}}{4} = \frac{1}{4}$.

(2) 对样本值 3,1,3,0,3,1,2,3,似然函数为

$$L(\theta) = \prod_{i=1}^{n} P\{X_k = x_k\} = P\{X_1 = 3\}P\{X_2 = 1\}\cdots P\{X_8 = 3\}$$

$$= (1-2\theta)\cdot 2\theta(1-\theta)\cdot(1-2\theta)\cdot\theta^2\cdot(1-2\theta)\cdot 2\theta(1-\theta)\cdot\theta^2\cdot(1-2\theta)$$
$$= 4\theta^6(1-\theta)^2(1-2\theta)^4$$

取对数得

$$\ln L(\theta) = 2\ln 2 + 6\ln\theta + 2\ln(1-\theta) + 4\ln(1-2\theta)$$

求导得似然方程

$$\frac{\mathrm{d}\ln L(\theta)}{\mathrm{d}\theta} = \frac{24\theta^2 - 28\theta + 6}{\theta(1-\theta)(1-2\theta)} = 0$$

解得 $\theta_{1,2} = \frac{7 \pm \sqrt{13}}{12}$,因$\frac{7+\sqrt{13}}{12} > \frac{1}{2}$不合题意,所以 θ 的极大似然估计值为 $\hat{\theta} = \frac{7-\sqrt{13}}{12}$.

7－13　设 $X_1, X_2, \cdots, X_n$ 是随机变量 X 的一个样本,试证:估计量 $\bar{X} = \frac{1}{n}\sum_{i=1}^{n} X_i, W = \sum_{i=1}^{n}\alpha_i X_i$($\alpha_i \geqslant 0$ 为常数,$\sum_{i=1}^{n}\alpha_i = 1$)都是 $E(X)$ 的无偏估计,且 $\bar{X}$ 的方差不超过 W 的方差.

证明　(1)

$$E(\bar{X}) = E\left(\frac{1}{n}\sum_{i=1}^{n}X_i\right) = \frac{1}{n}\sum_{i=1}^{n}E(X_i) = E(X)$$

$$E(W) = E\left(\sum_{i=1}^{n}\alpha_i X_i\right) = \sum_{i=1}^{n}\alpha_i E(X_i) = E(X)\sum_{i=1}^{n}\alpha_i = E(X)$$

因此,$\bar{X}$,W 都是 $E(X)$ 的无偏估计.

(2) 由于 $X_1, X_2, \cdots, X_n$ 是简单随机样本,因此彼此相互独立,有

$$D(\bar{X}) = D\left(\frac{1}{n}\sum_{i=1}^{n}X_i\right) = \frac{1}{n^2}\sum_{i=1}^{n}D(X_i) = \frac{1}{n}D(X)$$

$$D(W) = D\left(\sum_{i=1}^{n}\alpha_i X_i\right) = \sum_{i=1}^{n}\alpha_i^2 D(X_i) = D(X)\sum_{i=1}^{n}\alpha_i^2$$

下面求 $D(W)$ 在 $\sum_{i=1}^{n}\alpha_i = 1$ 条件下的最小值,用拉格朗日乘数法做函数

$$g(\alpha_1, \alpha_2, \cdots, \alpha_n, \lambda) = \sum_{i=1}^{n}\alpha_i^2 + \lambda\left(\sum_{i=1}^{n}\alpha_i - 1\right)$$

令

$$\frac{\partial g}{\partial \alpha_1} = 2\alpha_1 + \lambda = 0,\ \frac{\partial g}{\partial \alpha_2} = 2\alpha_2 + \lambda = 0, \cdots$$
$$\frac{\partial g}{\partial \alpha_n} = 2\alpha_n + \lambda = 0,\ \frac{\partial g}{\partial \lambda} = \sum_{i=1}^{n}\alpha_i - 1 = 0$$

将前 n 个表达式代入到最后一式中,可得 $\lambda = -\frac{2}{n}$,则有 $\alpha_i = \frac{1}{n}, i = 1, 2, \cdots, n$,即 $D(\bar{X})$ 是 $D(W)$ 的最小值.

7－14　设从均值为μ,方差为$\sigma^2>0$的总体中分别抽取容量为n_1,n_2的两个独立样本,样本均值分别记为$\bar{X}_1,\bar{X}_2$.试证:对于任意满足$a+b=1$的常数a和b,$T=a\bar{X}_1+b\bar{X}_2$都是μ的无偏估计.当a,b为多少时,$D(T)$达到最小?

证明　设总体为X,则$E(X)=\mu,D(X)=\sigma^2$.因为$a+b=1$,故

$$E(T)=E(a\bar{X}_1+b\bar{X}_2)=aE(\bar{X}_1)+bE(\bar{X}_2)=(a+b)\mu=\mu$$

即$T=a\bar{X}_1+b\bar{X}_2$是μ的无偏估计.

由于

$$\begin{aligned}D(T)&=D(a\bar{X}_1+b\bar{X}_2)=a^2D(\bar{X}_1)+b^2D(\bar{X}_2)\\&=\frac{a^2\sigma^2}{n_1}+\frac{b^2\sigma^2}{n_2}=\left[\frac{a^2}{n_1}+\frac{(1-a)^2}{n_2}\right]\sigma^2\end{aligned}$$

令

$$\frac{\mathrm{d}D(T)}{\mathrm{d}a}=\left[\frac{2a}{n_1}+\frac{-2(1-a)}{n_2}\right]\sigma^2=\frac{2(n_2a+n_1a-n_1)\sigma^2}{n_1n_2}=0$$

解得

$$a=\frac{n_1}{n_1+n_2}$$

因为

$$\frac{\mathrm{d}^2D(T)}{\mathrm{d}a^2}=\frac{2(n_1+n_2)\sigma^2}{n_1n_2}>0$$

所以$D(T)$在$a=\dfrac{n_1}{n_1+n_2}$时达到最小值,此时

$$b=1-a=1-\frac{n_1}{n_1+n_2}=\frac{n_2}{n_1+n_2}$$

7－15　设总体X的概率密度函数为

$$f(x)=\begin{cases}\dfrac{6x}{\theta^3}(\theta-x), & 0<x<\theta\\ 0, & 其他\end{cases}$$

$X_1,X_2,\cdots,X_n$是取自X的简单随机样本.

(1) 求θ的矩估计量$\hat{\theta}$;

(2) 求$\hat{\theta}$的方差$D(\hat{\theta})$;

(3) 讨论$\hat{\theta}$的无偏性和一致性(相合性).

解　(1)$\mu_1=E(X)=\int_{-\infty}^{+\infty}xf(x)\mathrm{d}x=\int_0^\theta\frac{6x^2}{\theta^3}(\theta-x)\mathrm{d}x=\frac{\theta}{2}$

$$A_1=\frac{1}{n}\sum_{i=1}^{n}X_i=\bar{X}$$

令 $\mu_1 = A_1$，得 $\frac{\theta}{2} = \bar{X}$. 故 θ 的矩估计量 $\hat{\theta} = 2\bar{X}$.

(2)
$$E(X^2) = \int_{-\infty}^{+\infty} x^2 f(x)\,\mathrm{d}x = \frac{6}{20}\theta^2$$

$$D(X) = E(X^2) - [E(X)]^2 = \frac{6}{20}\theta^2 - \left(\frac{\theta}{2}\right)^2 = \frac{\theta^2}{20}$$

得
$$D(\hat{\theta}) = D(2\bar{X}) = 4D(\bar{X}) = \frac{4}{n}D(X) = \frac{\theta^2}{5n}$$

(3) 由 $E(\hat{\theta}) = 2E(\bar{X}) = 2E(X) = 2\cdot\frac{\theta}{2} = \theta$，故 $\hat{\theta}$ 是 θ 的无偏估计量. 再由契比雪夫不等式知

$$P\{|\hat{\theta} - E(\hat{\theta})| \leqslant \varepsilon\} \geqslant 1 - \frac{D(\hat{\theta})}{\varepsilon^2}$$

即
$$P\{|\hat{\theta} - \theta| \leqslant \varepsilon\} \geqslant 1 - \frac{\theta^2}{5n\varepsilon^2}$$

可知，当 $n \to \infty$ 时，$P\{|\hat{\theta} - \theta| \leqslant \varepsilon\} \to 1$，因此 $\hat{\theta}$ 是 θ 的一致估计量.

7－16　从一批钉子中随机抽取16枚，测得其长度(单位:cm)为

2.14, 2.10, 2.13, 2.15, 2.13, 2.12, 2.13, 2.10,
2.15, 2.12, 2.14, 2.10, 2.13, 2.11, 2.14, 2.11

假设钉子的长度 X 服从正态分布 $N(\mu,\sigma^2)$，在下列两种情况下分别求总体均值 μ 的置信度为 90% 的置信区间.

(1) 已知 $\sigma = 0.01$；

(2) σ 未知.

解　由题意可知，$n = 16, 1 - \alpha = 0.9, \alpha = 0.1, \bar{x} = 2.125, s^2 = 0.0003$.

(1) 已知 $\sigma = 0.01$，统计量 $\frac{\bar{x} - \mu}{\sigma/\sqrt{n}} \sim N(0,1)$，$z_{\alpha/2} = z_{0.05} = 1.65$，则置信区间为

$$\left(\bar{x} - z_{\alpha/2}\frac{\sigma}{\sqrt{n}}, \bar{x} + z_{\alpha/2}\frac{\sigma}{\sqrt{n}}\right) = \left(2.125 - 1.65 \times \frac{0.01}{\sqrt{16}}, 2.125 + 1.65 \times \frac{0.01}{\sqrt{16}}\right) = (2.1210, 2.1297)$$

(2) σ 未知，统计量 $\frac{\bar{x} - \mu}{s/\sqrt{n}} \sim t(n-1)$，$t_{\alpha/2}(n-1) = t_{0.05}(15) = 0.7531$

$$\left(\bar{x} - t_{0.05}(15)\frac{s}{\sqrt{n}}, \bar{x} + t_{0.05}(15)\frac{s}{\sqrt{n}}\right) = \left(2.125 - 1.7531 \times \frac{0.0003}{\sqrt{16}}, 2.125 + 1.7531 \times \frac{0.0003}{\sqrt{16}}\right) = (2.1249, 2.1251)$$

7 - 17　随机地取某种炮弹 9 发做试验，测得炮口速度的样本标准差 $S = 11$ m/s. 设炮口速度 X 服从 $N(\mu,\sigma^2)$，求这种炮弹的炮口速度的标准差 σ 的 95% 的置信区间.

解　由题意可知 $n = 9, s = 11, 1-\alpha = 0.95, \alpha/2 = 0.025, \chi^2_{\alpha/2}(n-1) = \chi^2_{0.025}(8) = 17.535, \chi^2_{1-\alpha/2}(n-1) = \chi^2_{0.975}(8) = 2.180$，得到标准差 σ 的一个置信水平为 0.95 的置信区间为

$$\left(\frac{\sqrt{n-1}S}{\sqrt{\chi^2_{\alpha/2}(n-1)}}, \frac{\sqrt{n-1}S}{\sqrt{\chi^2_{1-\alpha/2}(n-1)}}\right) = \left(\frac{\sqrt{8}\times 11}{\sqrt{17.535}}, \frac{\sqrt{8}\times 11}{\sqrt{2.180}}\right) = (7.4, 21.1)$$

7 - 18　假设 0.50, 1.25, 0.80, 2.00 是来自总体 X 的简单随机样本值，已知 $Y = \ln X$ 服从正态分布 $N(\mu,1)$.

(1) 求 X 的数学期望 $E(X)$（记 $E(X)$ 为 b）;

(2) 求 μ 的置信度为 0.95 的置信区间;

(3) 利用上述结果求 b 的置信度为 0.95 的置信区间.

解　(1) 因为 $Y \sim N(\mu,1)$，因此 $f_Y(y) = \frac{1}{\sqrt{2\pi}}e^{-\frac{(y-\mu)^2}{2}} \quad (-\infty < y < +\infty)$

$$E(X) = E(e^Y) = \int_{-\infty}^{+\infty} e^y \frac{1}{\sqrt{2\pi}} e^{-\frac{(y-\mu)^2}{2}} dy = \frac{1}{\sqrt{2\pi}}\int_{-\infty}^{+\infty} e^{-\frac{(y-\mu-1)^2-2\mu+1}{2}} dy = e^{\mu+\frac{1}{2}}$$

(2) $\alpha = 0.05$ 的标准正态分布的分位数为 1.96，所以所求的区间为

$$\left(\bar{Y} - 1.96\times\frac{1}{\sqrt{4}}, \bar{Y} + 1.96\times\frac{1}{\sqrt{4}}\right)$$

由于 $\bar{Y} = \frac{1}{4}(\ln 0.5 + \ln 0.8 + \ln 1.25 + \ln 2) = 0$，因此置信区间为 $(-0.98, 0.98)$.

(3) 由于 e^x 是单调递增函数，所以

$$P\left\{-0.48 < \mu + \frac{1}{2} < 1.48\right\} = P\{-0.48 < e^{\mu+\frac{1}{2}} < 1.48\}$$
$$= P\{-0.48 < E(X) < 1.48\} = 0.95$$

因此 $E(X)$ 的置信度为 0.95 的置信区间为 $(e^{-0.48}, e^{1.48})$.

7 - 19　设 $X_1,\cdots,X_{2n}$ 为来自正态总体 $N(\mu_1,18)$ 的样本，$Y_1,Y_2,\cdots,Y_n$ 是来自正态总体 $N(\mu_2,16)$ 的样本，要使 $\mu_1-\mu_2$ 的 95% 置信区间的长度不超过 l，问 n 至少要取多大?

解　由题意可知，$1-\alpha = 0.95, z_{\alpha/2} = z_{0.025} = 1.96$，$\mu_1-\mu_2$ 的 95% 置信区间的长度为

$$2\times z_{0.025}\times\sqrt{\frac{18}{2n}+\frac{16}{n}} \leqslant l$$

可得 $n \geqslant \left(\frac{19.6}{l}\right)^2$.

第8章　假设检验

【本章基本要求】

1. 理解假设检验的基本思想，掌握假设检验的基本步骤，了解假设检验可能产生的两类错误.

2. 掌握单个及两个正态总体的均值和方差的假设检验.

【本章重点】

假设检验的基本思想、基本步骤、两类错误；单个正态总体的均值与方差的假设检验方法；两个正态总体的均值与方差的假设检验方法.

【本章难点】

假设检验的基本思想；单个正态总体的均值与方差的假设检验方法；两个正态总体的均值与方差的假设检验方法.

8.1　知识要点

8.1.1　假设检验的基本思想

1. 小概率原理

概率很小的事件在一次试验中是几乎不可能发生的，如果小概率事件在一次试验中发生了，则认为假设是错误的.

2. 假设检验的基本思想

假设检验的基本思想是根据小概率事件的实际不可能性原理来推断的，是一种反证法. 具体地说就是先假设 H_0 是正确的，在此假设下，构造一个概率不超过 $\alpha(0<\alpha<1)$ 的小概率事件 A. 如果经过一次试验（一次抽样），事件 A 就发生了，那么我们自然怀疑假设 H_0 的正确性，因而拒绝（否定）H_0；如果事件 A 没有发生，那么表明原假设 H_0 与试验结果不矛盾，因而接受 H_0.

如上所述，在假设检验中要指定一个很小的正数 α，把概率不超过 α 的小概率事件 A 认为是实际不可能发生的事件，这个数 α 称为显著性水平或检验水平. 对于各种不同的问题，显著

性水平 α 可以选取不一样，通常我们选取 $\alpha = 0.01$，有时也取 $\alpha = 0.05$ 或 $\alpha = 0.1$.

8.1.2 假设检验中的两类错误

在假设检验中，只能在拒绝 H_0 或接受 H_0 中作出选择，两者必居其一. 而判断的唯一依据是样本信息，由于样本的随机性，因此在进行判断时，还是有可能犯错误，归纳起来可能犯以下两类错误.

1. 第 Ⅰ 类错误

当原假设 H_0 为真时，却作出拒绝 H_0 的判断，通常称为弃真错误，由于样本的随机性，犯这类错误的可能性是不可避免的. 若将犯这一类错误的概率记为 α，则有 $P\{$拒绝 $H_0 \mid H_0$ 为真$\} = \alpha$.

2. 第 Ⅱ 类错误

当原假设 H_0 不成立时，却作出接受 H_0 的决定，这类错误称为取伪错误，这类错误同样是不可避免的. 若将犯这类错误的概率记为 β，则有 $P\{$接受 $H_0 \mid H_0$ 为假$\} = \beta$.

为保证检验效果，当然希望犯这两类错误的概率都尽可能地小，而事实上，在样本容量 n 固定的情况下，当 α 减小时，β 就增大；反之，当 β 减小时，α 就增大. 一般在实际中，往往倾向于保护 H_0，即 H_0 确实成立时，作出拒绝 H_0 的概率应是一个很小的正数 α，也就是将犯弃真错误的概率限制在事先给定的 α 范围内，这类假设检验通常称为显著性假设检验，正数 α 称为检验水平或显著性水平.

8.1.3 假设检验的步骤（以双侧假设检验为例，单侧假设检验类似）

1. 根据实际问题提出原假设 H_0 与备择假设 H_1；

2. 在 H_0 成立的前提下，构造检验统计量并确定其分布；

3. 由给定显著性水平 α，查上 α 分位数表得临界值，构造小概率事件，确定拒绝域；

4. 根据样本值计算检验统计量的值，与临界值比较做出判断：接受 H_0 或拒绝 H_0.

8.1.4 正态总体参数的假设检验

在假设检验的一般步骤中，第 2 步是最关键的，即寻找合适的检验统计量. 这在一般情况下是很难得到的，而对正态总体而言，则相对就容易得多. 但即使是正态总体参数检验，其内容也相当丰富，从不同的角度出发可以有各种不同的提法（参见表 8 - 1、表 8 - 2）：

1. 从检验参数看，有均值检验和方差检验；

2. 从检验总体看，有单个总体检验和两个总体检验；

3. 从检验目的看，有考查差异性的双侧检验与比较指标大小、强弱的单侧检验；

4. 从检验方法看，有 Z 检验法、T 检验法、χ^2 检验法与 F 检验法.

表 8 - 1 正态总体均值检验法(显著性水平为 α)

<table>
<tr><th colspan="6">方法与类型</th><th rowspan="2">检验用统计量
及其所服从的分布</th><th colspan="2">备择假设与拒绝域</th></tr>
<tr><th>被检验参数</th><th>检验方法</th><th colspan="2">适用范围及其相应条件</th><th colspan="2">原假设 H_0</th><th>备择假设 H_1</th><th>拒绝域</th></tr>
<tr><td rowspan="12">总体均值</td><td rowspan="6">Z 检验法</td><td rowspan="3">单个总体</td><td rowspan="3">σ^2 已知</td><td>双侧</td><td>$\mu = \mu_0$</td><td rowspan="3">$Z = \frac{\overline{X} - \mu_0}{\sigma/\sqrt{n}} \sim N(0,1)$</td><td>$\mu \neq \mu_0$</td><td>$\lvert z \rvert \geqslant z_{\alpha/2}$</td></tr>
<tr><td rowspan="2">单侧</td><td>$\mu \leqslant \mu_0$</td><td>$\mu > \mu_0$</td><td>$z \geqslant z_\alpha$</td></tr>
<tr><td>$\mu \geqslant \mu_0$</td><td>$\mu < \mu_0$</td><td>$z \leqslant -z_\alpha$</td></tr>
<tr><td rowspan="3">两个总体</td><td rowspan="3">σ_1^2, σ_2^2 已知</td><td>双侧</td><td>$\mu_1 = \mu_2$</td><td rowspan="3">$Z = \frac{\overline{X} - \overline{Y}}{\sqrt{\frac{\sigma_1^2}{n_1} + \frac{\sigma_2^2}{n_2}}} \sim N(0,1)$</td><td>$\mu_1 \neq \mu_2$</td><td>$\lvert z \rvert \geqslant z_{\alpha/2}$</td></tr>
<tr><td rowspan="2">单侧</td><td>$\mu_1 \leqslant \mu_2$</td><td>$\mu_1 > \mu_2$</td><td>$z \geqslant z_\alpha$</td></tr>
<tr><td>$\mu_1 \geqslant \mu_2$</td><td>$\mu_1 < \mu_2$</td><td>$z \leqslant -z_\alpha$</td></tr>
<tr><td rowspan="6">T 检验法</td><td rowspan="3">单个总体</td><td rowspan="3">σ^2 未知</td><td>双侧</td><td>$\mu = \mu_0$</td><td rowspan="3">$T = \frac{\overline{X} - \mu_0}{S/\sqrt{n}} \sim t(n-1)$</td><td>$\mu \neq \mu_0$</td><td>$\lvert t \rvert \geqslant t_{\frac{\alpha}{2}}(n-1)$</td></tr>
<tr><td rowspan="2">单侧</td><td>$\mu \leqslant \mu_0$</td><td>$\mu > \mu_0$</td><td>$t \geqslant t_\alpha(n-1)$</td></tr>
<tr><td>$\mu \geqslant \mu_0$</td><td>$\mu < \mu_0$</td><td>$t \leqslant -t_\alpha(n-1)$</td></tr>
<tr><td rowspan="3">两个总体</td><td rowspan="3">σ_1^2, σ_2^2 未知但相等</td><td>双侧</td><td>$\mu_1 = \mu_2$</td><td rowspan="3">$T = \frac{\overline{X} - \overline{Y}}{S_W\sqrt{\frac{1}{n_1} + \frac{1}{n_2}}} \sim t(k)$
其中, $k = n_1 + n_2 - 2$
$S_W^2 = \frac{(n_1 - 1)S_1^2 + (n_2 - 1)S_2^2}{n_1 + n_2 - 2}$</td><td>$\mu_1 \neq \mu_2$</td><td>$\lvert t \rvert \geqslant t_{\alpha/2}(k)$</td></tr>
<tr><td rowspan="2">单侧</td><td>$\mu_1 \leqslant \mu_2$</td><td>$\mu_1 > \mu_2$</td><td>$t \geqslant t_\alpha(k)$</td></tr>
<tr><td>$\mu_1 \geqslant \mu_2$</td><td>$\mu_1 < \mu_2$</td><td>$t \leqslant -t_\alpha(k)$</td></tr>
</table>

表 8－2　正态总体方差检验法（显著性水平为 α）

<table>
<tr><th colspan="6">方法与类型</th><th rowspan="2">检验用统计量
及其所服从的分布</th><th colspan="2">备择假设与拒绝域</th></tr>
<tr><th>被检验参数</th><th>检验方法</th><th colspan="2">适用范围及其相应条件</th><th colspan="2">原假设 H_0</th><th>备择假设 H_1</th><th>拒绝域</th></tr>
<tr><td rowspan="6">总体方差</td><td rowspan="3">χ^2 检验法</td><td rowspan="3">单个总体</td><td rowspan="3">μ 未知</td><td>双侧</td><td>$\sigma^2 = \sigma_0^2$</td><td rowspan="3">$\chi^2 = \frac{(n-1)S^2}{\sigma_0^2} \sim \chi^2(n-1)$</td><td>$\sigma^2 \neq \sigma_0^2$</td><td>$\chi^2 \geqslant \chi^2_{\alpha/2}(n-1)$ 或 $\chi^2 \leqslant \chi^2_{1-\frac{\alpha}{2}}(n-1)$</td></tr>
<tr><td rowspan="2">单侧</td><td>$\sigma^2 \leqslant \sigma_0^2$</td><td>$\sigma^2 > \sigma_0^2$</td><td>$\chi^2 \geqslant \chi^2_{\alpha}(n-1)$</td></tr>
<tr><td>$\sigma^2 \geqslant \sigma_0^2$</td><td>$\sigma^2 < \sigma_0^2$</td><td>$\chi^2 \leqslant \chi^2_{1-\alpha}(n-1)$</td></tr>
<tr><td rowspan="3">F 检验法</td><td rowspan="3">两个总体</td><td rowspan="3">μ_1，μ_2 未知</td><td>双侧</td><td>$\sigma^2 = \sigma_2^2$</td><td rowspan="3">$F = \frac{S_1^2}{S_2^2} \sim F(k_1,k_2)$
$(k_1 = n_1-1, k_2 = n_2-1)$</td><td>$\sigma_1^2 \neq \sigma_2^2$</td><td>$F \geqslant F_{\frac{\alpha}{2}}(k_1,k_2)$ 或 $F \leqslant F_{1-\frac{\alpha}{2}}(k_1,k_2)$</td></tr>
<tr><td rowspan="2">单侧</td><td>$\sigma_1^2 \leqslant \sigma_2^2$</td><td>$\sigma_1^2 > \sigma_2^2$</td><td>$F \geqslant F_{\alpha}(k_1,k_2)$</td></tr>
<tr><td>$\sigma_1^2 \geqslant \sigma_2^2$</td><td>$\sigma_1^2 < \sigma_2^2$</td><td>$F \leqslant F_{1-\alpha}(k_1,k_2)$</td></tr>
</table>

8.2　典 型 例 题

例 1　设某制药厂生产的一种抗生素，根据以往的经验，当生产正常时，该抗生素主要指标 X(单位:mg) 服从正态分布 $N(50,3.8^2)$. 某天开工一段时间后，为检验生产是否正常，随机地抽测了 50 瓶，算得 $\bar{x} = 51.26$. 假定方差没有什么变化，试分别在 $\alpha_1 = 0.05$，$\alpha_2 = 0.01$ 下，检验该日生产是否正常？

解　① 假设 $H_0:\mu = \mu_0 = 50$，$H_1:\mu \neq \mu_0$.

② 选择检验统计量 $Z = \dfrac{\bar{X} - \mu_0}{\sigma/\sqrt{n}} \sim N(0,1)$.

③ $\alpha_1 = 0.05$ 及 $\alpha_2 = 0.01$，查正态分布表，得临界值

$$z_{\alpha_1/2} = z_{0.025} = 1.96,\ z_{\alpha_2/2} = z_{0.005} = 2.58$$

④ 算得统计量的观察值$|z| = \dfrac{|\bar{x} - \mu_0|}{\sigma/\sqrt{n}} = \dfrac{|51.26 - 50|}{3.8/\sqrt{50}} = 2.34$.

⑤ 在检验水平$\alpha_1 = 0.05$下，$|z| = 2.34 > 1.96$，所以应当拒绝H_0，接受H_1，即认为该日生产不正常；而在检验水平$\alpha_2 = 0.01$下，$|z| = 2.34 < 2.58$，应当接受H_0，即认为该日生产是正常的.

例2 设某次考试的考生成绩服从正态分布，从中随机地抽取36位考生的成绩，算得平均成绩为66.5分，标准差为15分，问在显著性水平0.05下，是否可以认为这次考试全体考生的平均成绩为70分？

解 设该次考试的考生成绩为X，则$X \sim N(\mu, \sigma^2)$，把从X中抽取的容量为n的样本均值记为$\bar{X}$，样本标准差记为S，本题是在显著性水平$\alpha = 0.05$下检验假设

① $H_0: \mu = \mu_0 = 70, H_1: \mu \neq \mu_0 = 70$.

② σ^2未知，因此应选择检验统计量$T = \dfrac{\bar{X} - \mu_0}{S/\sqrt{n}} \sim t(n-1)$.

③ 由检验水平$\alpha = 0.05$，查t分布表，得临界值$t_{0.025}(36-1) = 2.0301$.

④ $n = 36, \bar{x} = 66.5, s = 15$，算得统计量$T$的观察值为

$$|t| = \frac{|66.5 - 70|}{15}\sqrt{36} = 1.4$$

⑤ 在显著性水平0.05下，$1.4 < 2.0301$，所以接受假设$H_0: \mu = 70$，可以认为这次考试全体考生的平均成绩为70分.

例3 假设某种元件使用寿命(单位:h)$X \sim N(\mu, \sigma^2)$，其中μ为待验参数，$\sigma^2 = 100$为已知. 按照某种标准，该种元件使用寿命不得低于1 000 h，今从一批这种元件中随机抽取25件，测得其寿命的平均值为950 h. 试在显著性水平$\alpha = 0.05$下确定这批元件是否合格.

解 元件的使用寿命合格，即元件的使用寿命应不显著低于标准值$\mu_0 = 1\,000$ h，因而属单边左侧检验. 元件的使用寿命合格，即要求$\mu \geqslant 1\,000$，故待验假设应为

① $H_0: \mu \geqslant 1\,000, H_1: \mu < 1\,000$.

② σ^2已知，因此检验统计量$Z = \dfrac{\bar{X} - \mu_0}{\sigma/\sqrt{n}} \sim N(0,1)$.

③ 由于检验水平$\alpha = 0.05$，查正态分布表，得临界值$z_{0.05} = 1.645$.

④ 由样本观察值具体计算得$z = \dfrac{950 - 1\,000}{100/\sqrt{25}} = -2.5$.

⑤ 由于$-2.5 < -1.645$，所以拒绝H_0，因此不能认为这批元件合格.

例4 用包装机包装某种洗衣粉，在正常情况下，袋重的标准差不能超过15 g，假设每袋

洗衣粉的质量服从正态分布$N(\mu,\sigma^2)$. 某天检验机器工作情况，从产品中随机地抽取10袋，算得样本方差$s^2=\frac{1}{10-1}\sum_{i=1}^{10}(x_i-\bar{x})^2=30.23^2$. 试问这天机器工作是否正常（$\alpha=0.05$）？

解　由题意知，若包装机工作正常，则每袋洗衣粉的标准差σ不能超过15 g，当然，标准差越小越好，因此该问题是方差的单侧假设检验，且只能为右侧检验，即待检假设

① $H_0:\sigma^2\leqslant 15^2,H_1:\sigma^2>15^2$.

② 选择统计量$\chi^2=\frac{(n-1)S^2}{\sigma_0^2}\sim\chi^2(n-1)$.

③ 对于$\alpha=0.05$，查χ^2分布表，得$\chi^2_{0.05}(10-1)=16.919$.

④ 算得统计量观察值$\chi^2=\frac{(10-1)\times 30.23^2}{15^2}=36.554$.

⑤ 由于统计值$\chi^2=36.554>\chi^2_{0.05}(10-1)=16.919$，拒绝原假设$H_0$，即包装机工作不正常，应调整.

例5　为检验A,B两种烟草的尼古丁含量是否相同，从这两种烟草中各自随机抽取质量相同的5例进行化验，测得尼古丁含量（单位：mg）为：

烟草A：24,27,26,21,24　　烟草B：27,28,23,31,26

据经验知，尼古丁含量服从正态分布，且烟草A的方差为5，B的方差为8. 在显著性水平$\alpha=0.05$之下，问两种烟草尼古丁含量是否有差异？

解　这是两总体均值差异性比较，属双侧检验. 设烟草A和B的尼古丁平均含量分别为μ_1和μ_2，则待检假设为

①$H_0:\mu_1=\mu_2,H_1:\mu_1\neq\mu_2$.

② 由于σ_1^2,σ_2^2已知，故应选择检验统计量$Z=\frac{\bar{X}-\bar{Y}}{\sqrt{\frac{\sigma_1^2}{n_1}+\frac{\sigma_2^2}{n_2}}}\sim N(0,1)$.

③ 显著性水平$\alpha=0.05$下，查标准正态分布得临界值$z_{\alpha/2}=z_{0.025}=1.96$.

④ 计算统计观察值：

$$\bar{x}=\frac{1}{5}(24+27+26+21+24)=24.4$$

$$\bar{y}=\frac{1}{5}(27+28+23+31+26)=27$$

$$z=\frac{\bar{x}-\bar{y}}{\sqrt{\frac{\sigma_1^2}{n_1}+\frac{\sigma_2^2}{n_2}}}=\frac{24.4-27}{\sqrt{\frac{5}{5}+\frac{8}{5}}}=-1.612$$

⑤ 由于$|z|=1.612<z_{0.025}=1.96$，所以，接受原假设H_0，即认为两种烟草的尼古丁平均

量无显著差异.

例 6 甲、乙两个铸造厂生产同一种铸件.假设两厂铸件的质量都服从正态分布,测得质量分别如下(单位:kg):

甲厂:93.3,92.1,94.7,90.1,95.6,90.0,94.7

乙厂:95.6,94.9,96.2,95.1,95.8,96.3.

试问乙厂铸件质量的方差是否显著比甲厂的小($\alpha = 0.05$)?

解 设甲、乙两厂铸件的质量分别为随机变量 X,Y,由题设有 $X \sim N(\mu_1,\sigma_1^2)$,$Y \sim N(\mu_2,\sigma_2^2)$.由题设知需要检验假设

①$H_0:\sigma_1^2 \leqslant \sigma_2^2, H_1:\sigma_1^2 > \sigma_2^2$.

② 题设中 μ_1,μ_2 未知,故检验统计量为 $F = \dfrac{S_1^2}{S_2^2} \sim F(n_1-1,n_2-1)$.

③ $\alpha = 0.05, n_1 = 7, n_2 = 6$,因此查 F 分布表得临界值 $F_\alpha(n_1-1,n_2-1) = F_{0.05}(6,5) = 4.95$.

④ 由样本值算得 $\bar{x} = 92.9, \bar{y} = 95.7, s_1^2 = 5.136, s_2^2 = 0.326$.将上述数据代入 F 得统计量观察值为

$$F = \frac{s_1^2}{s_2^2} = \frac{5.136}{0.326} = 15.75$$

⑤ 因 $F = 15.75 > F_{0.05}(6,5) = 4.95$,故拒绝 H_0,接受 H_1,即可以认为乙厂铸件质量的方差比甲厂的小.

8.3 同步训练题

1. 已知在正常生产情况下某种汽车零件的质量服从正态分布 $N(54, 0.75^2)$.在某日生产的零件中抽取 10 件,测得质量(g)如下:

54.0 55.1 53.8 54.2 52.1 54.2 55.0 55.8 55.1 55.3

如果标准差不变,该日生产的零件质量的均值是否有显著差异?($\alpha = 0.05$)

2. 化肥厂用自动打包机包装化肥.某日测得 9 包化肥的质量(kg)如下:

49.7 49.8 50.3 50.5 49.7 50.1 49.9 50.5 50.4

已知每包化肥的质量服从正态分布,是否可以认为每包化肥的平均质量为 50 kg?($\alpha = 0.05$)

3. 进行 5 次试验,测得锰的熔点(℃)如下:

1 269 1 271 1 256 1 265 1 254

已知锰的熔点服从正态分布,是否可以认为锰的熔点显著高于 1 250 ℃?($\alpha = 0.01$)

4. 已知某炼铁厂铁水含碳量服从正态分布 $N(4.40, 0.05^2)$,现在测定了 5 炉铁水,其含碳量为

4.34 4.40 4.42 4.30 4.35

如果估计方差没有变化,可否认为现在生产之铁水平均含碳量为4.40($\alpha = 0.05$)?

5. 已知某试验,其温度服从正态分布 $N(\mu,\sigma^2)$,现在测量了温度的5个值为

1 250　1 265　1 245　1 260　1 275

问是否可以认为 $\mu = 1\ 277$($\alpha = 0.05$)?

6. 打包机装糖入包,每包标准质量为100 kg,每天开工后,要检验所装糖包的总体期望值是否合乎标准(100 kg). 某日开工后,测得九包糖质量如下(单位:kg):

99.3　98.7　100.5　101.2　98.3　99.7　99.5　102.1　100.5

如果打包机装糖的每包质量服从正态分布,问该天打包机工作是否正常($\alpha = 0.05$)?

7. 某种导线的电阻服从正态分布 $N(\mu,\sigma^2)$,要求电阻的标准差不得超过0.004欧姆. 今从新生产的一批导线中抽取10根,测得其电阻的样本标准差 $s = 0.006$ 欧姆. 对于 $\alpha = 0.05$,能否认为这批导线电阻的标准差显著偏大?

8. 从一批灯泡中抽取50个灯泡的随机样本,算得样本平均数 $\bar{x} = 1\ 900$ h,样本标准差 $s = 490$ h, 以 $\alpha = 0.01$ 的水平,检验整批灯泡的使用寿命是否为2 000 h?

9. 某种羊毛在处理前后,各抽取样本测得含脂率如下(%):

处理前:19　18　21　30　66　42　8　12　30　27

处理后:19　24　7　8　20　12　31　29　13　4

若羊毛含脂率按正态分布,问处理后含脂率有无显著变化($\alpha = 0.05$)?

10. 两台车床生产同一种滚珠(滚珠直径按正态分布),从中分别抽取6个和9个产品,试比较两台车床生产的滚珠直径的方差是否相等($\alpha = 0.10$)?

甲车床:34.5　38.2　34.2　34.1　35.1　33.8

乙车床:34.5　42.3　41.7　43.1　42.4　42.2　41.8　43.0　42.9

11. 甲、乙两个铸造厂生产同一种铸件,假设两厂铸件的质量都服从正态分布,测得质量如下(单位:kg):

甲厂:85.6　85.9　85.7　85.7　86.0　85.5　85.4　85.8

乙厂:86.2　85.7　86.5　85.8　86.3　86.0　85.8　85.7

问两厂铸件的平均质量有无显著差别($\alpha = 0.05$)?

8.4 测验题

一、填空题

1. 某种产品以往的废品率为5%,采取某种技术革新措施后,对产品的样本进行抽查,检验这种产品的废品率是否有所降低,取显著水平 $\alpha = 0.05$,则此问题的原假设 H_0:________,备择假设 H_1:________;犯第一类错误的概率为________.

2. 设 $X_1, X_2, \cdots, X_n$,是从正态总体 $N(\mu,\sigma^2)$ 抽得的简单随机样本,已知 $\sigma^2 = \sigma_0^2$,现检验假

设 $H_0:\mu=\mu_0$，则当(H_0 成立)时，$\frac{\sqrt{n}(\bar{X}-\mu_0)}{\sigma_0}$ 服从________.

3. 设样本 $X_1,\cdots,X_{25}$ 取自正态总体 $N(\mu,3^2)$，其中 μ 为未知参数，$\bar{X}$ 为样本均值，检验假设 $H_0:\mu=\mu_0$. 取拒绝域为 $W=\{x\mid|\bar{x}-\mu_0|\geqslant c\}$，若检验水平 $\alpha=0.05$，则常数 c 为________.

4. 设样本 $X_1,\cdots,X_n$ 取自正态总体 $N(\mu,\sigma^2)$，其中 μ 为未知参数，σ^2 为已知参数，$\bar{X}$ 为样本均值，检验假设 $H_0:\mu=\mu_0$. 在固定样本容量 n 情况下，犯第一类错误的概率 α 和犯第二类错误的概率 β 的关系为________.

5. 设总体 $X\sim N(\mu,\sigma^2)$，σ^2 未知，$\bar{X},S^2$ 分别为样本均值和样本方差，样本容量为 n，检验 $H_0:\mu=\mu_0$，$H_1:\mu\neq\mu_0$(μ_0 已知)的双边拒绝域 $W=$ ________.

二、单项选择题

1. 在假设检验问题中，检验水平 α 的意义是(　　).

A. 原假设 H_0 成立，经检验不能被拒绝的概率

B. 原假设 H_0 成立，经检验被拒绝的概率

C. 原假设 H_0 不成立，经检验被拒绝的概率

D. 原假设 H_0 不成立，经检验不能被拒绝的概率

2. 在假设检验中，H_0 为原假设，则称(　　)为犯第一类错误.

A. H_0 为真，接受 H_0　　B. H_0 不真，拒绝 H_0

C. H_0 为真，拒绝 H_0　　D. H_0 不真，接受 H_0

3. 设 $X_1,\cdots,X_n$ 是来自正态总体 $N(\mu,\sigma^2)$ 的简单随机样本，其中参数 μ 和 σ 未知，记 $\bar{X}=\frac{1}{n}\sum_{i=1}^{n}X_i$，$S^2=\frac{1}{n}\sum_{i=1}^{n}(X_i-\bar{X})^2$，则下面结论正确的是(　　).

A. 若提出假设检验 $H_0:\mu=\mu_0$，则选用统计量 $\frac{\bar{X}-\mu_0}{S/\sqrt{n}}$

B. 若提出假设检验 $H_0:\mu=\mu_0$，则选用统计量 $\frac{\bar{X}-\mu_0}{S\sqrt{n}}$

C. 若提出假设检验 $H_0:\mu=\mu_0$，则选用统计量 $\frac{\bar{X}-\mu_0}{S/\sqrt{n-1}}$

D. 若提出假设检验 $H_0:\mu=\mu_0$，则选用统计量 $\frac{\bar{X}-\mu_0}{S\sqrt{n-1}}$

4. 对正态总体的数学期望 μ 进行假设检验，如果在显著水平 0.05 下接受 $H_0:\mu = \mu_0$，那么在显著水平 0.01 下，下列结论中正确的是(　　).

A. 必接受 H_0　　　　B. 可能接受，也可能拒绝 H_0

C. 必拒绝 H_0　　　　D. 不接受，也不拒绝 H_0

5. 设总体 $X \sim N(\mu,\sigma^2)$，μ 未知，$X_1, X_2, \cdots, X_n$ 为样本，S^2 为样本方差，显著性水平为 α 的检验问题：$H_0:\sigma^2 = \sigma_0^2, H_1:\sigma^2 \neq \sigma_0^2$（$\sigma_0^2$ 已知）的双边拒绝域为(　　).

A. $W = \{x \mid x \in (0, \chi^2_{1-\frac{\alpha}{2}}(n))\}$

B. $W = \{x \mid x \in (\chi^2_{1-\frac{\alpha}{2}}(n-1), +\infty)\}$

C. $W = \{x \mid x \in (0, \chi^2_{1-\frac{\alpha}{2}}(n-1)) \cup (\chi^2_{\frac{\alpha}{2}}(n-1), +\infty)\}$

D. $W = \{x \mid x \in (0, \chi^2_{1-\alpha}(n-1)) \cup (\chi^2_{\alpha}(n-1), +\infty)\}$

三、计算题

1. 某工厂生产的固体燃料推进器的燃烧率（单位：cm/s）X 服从正态分布 $N(\mu,\sigma^2)$. 其中 μ 为待验参数，$\mu_0 = 56$ 是它的标准值，$\sigma^2 = 13$ 为已知. 现用新方法生产了一批推进器，从中随机抽取 $n = 7$ 只，实测值为

62　58　61　59　52　63　54

试问：用新方法生产的推进器与原方法生产的推进器的燃烧率有无显著变化？检验用两个不同的显著性水平：$\alpha = 0.10$；$\alpha = 0.05$，并说明由此可能引入的错误.

2. 某种零件的尺寸方差为 $\sigma^2 = 1.21$，对一批这类零件检查 6 件得尺寸数据（单位：mm）：32.56, 29.66, 31.64, 30.00, 21.87, 31.03. 设零件尺寸服从正态分布，问这批零件的平均尺寸能否认为是 32.50 mm（$\alpha = 0.05$）.

3. 已知某种规格的钢珠的直径（单位：cm）X 服从正态分布 $N(\mu,\sigma^2)$，其中 μ 为待验参数，$\mu_0 = 2.12$ 为常数. 今从中抽查 16 只，实测直径为

2.14　2.10　2.13　2.15　2.13　2.12　2.13　2.10

2.15　2.12　2.14　2.10　2.13　2.11　2.14　2.11

试问：当 $\sigma = 0.01$ 时，此种钢珠是否合格？(2) 当 σ 未知时，此种钢珠是否合格？（显著性水平都用 $\alpha = 0.05$.）

4. 有一批枪弹出厂时，其初速 X 服从正态分布 $N(\mu_0,\sigma_0^2)$，其中 $\mu_0 = 950$ m/s，$\sigma_0 = 10$ m/s. 经过较长时间储存，取 9 发进行测试. 测得样本值（单位：m/s）如下：

914　920　910　934　953　945　912　924　940

据经验，枪弹经储存其初速 X 仍服从正态分布，且 $\sigma = 10$ 可认为不变. 试问：是否可认为这批枪弹的初速 X 显著降低（$\alpha = 0.025$）？

5. 设一批木材的直径 X 服从正态分布 $N(\mu,\sigma^2)$. 现从木材中抽出 100 根，测其小头直径，得到样本平均数为 $\bar{x} = 11.2$ cm，已知 $\sigma^2 = 2.6^2$ cm^2. 问该批木材小头的直径能否认为是在

12 cm以上($\alpha = 0.05$)?

8.5 同步训练题答案

1. $|u| = 1.94 < u_{0.025}$,该日生产的零件质量的均值与正常生产时无显著差异.

2. $|t| = 0.894 < t_{0.05}$,可以认为每包化肥的平均质量为50 kg.

3. $t = 3.80 > t_{0.01}$,可以认为锰的熔化点显著高于1 250 ℃.

4. $u = -1.699 < -u_{0.05}$,可以认为现在生产之铁水平均含碳量降低了.

5. 不可以认为$\mu = 1\,277$.

6. 正常.

7. 显著偏大.

8. 略.

9. 无显著变化.

10. 两台车床生产的滚珠直径的方差不相等.

11. 有显著差别.

8.6 测验题答案

一、填空题

1. 原假设$H_0:p \leqslant 0.05$,备择假设$H_1:p > 0.05$;犯第一类错误的概率为$\alpha = 0.05$.

2. $N(0,1)$.

3. $c = 1.176$.

4. α增加,β减少,α减少,β增加.

5. $W = \left\{x \,\middle|\, \left|\dfrac{(\bar{x} - \mu_0)\sqrt{n}}{s}\right| \geqslant t_{\frac{\alpha}{2}}(n-1)\right\}$

二、单项选择题

1. B　2. C　3. C　4. A　5. C

三、计算题

1. $\alpha = 0.10$时,拒绝H_0;$\alpha = 0.05$时,接受H_0.

2. 应否定$H_0:\mu = 32.50$,不能认为平均尺寸是32.5 mm,即认为元件平均寿命不大于225 h.

3. (1) 当$\sigma = 0.01$时,拒绝$H_0:\mu = 2.12$,即此种钢珠不合格;(2) 当σ未知时,接受$H_0:\mu = 2.12$,即可以认为钢珠是合格的.

4. 应拒绝$H_0:\mu \leqslant 950$,即认为在显著水平$\alpha = 0.025$下,这批枪弹的初速X显著降低.

5. 应拒绝 $H_0:\mu \geqslant 12$，即不能认为木材小头直径在 12 cm 以上.

8.7 教材同步精选习题精解

8 - 1 某工厂生产的固体燃料推进器的燃烧率服从正态分布 $N(\mu,\sigma^2)$，$\mu = 40$ cm/s，$\sigma = 2$ cm/s，现在用新方法生产了一批推进器，从中抽取 $n = 25$ 只，测得样本均值为 $\bar{x} = 41.25$ cm/s. 设在新方法下总体的标准差仍为 $\sigma = 2$ cm/s，问这批新推进器的燃烧率是否较以往生产的推进器的燃烧率有显著提高？取显著性水平 $\alpha = 0.05$.

解 采用单边假设检验，给定假设：

①$H_0:\mu \leqslant \mu_0 = 40, H_1:\mu > \mu_0$.

② 选取检验统计量为 $Z = \dfrac{\bar{X} - \mu_0}{\sigma/\sqrt{n}} \sim N(0,1)$.

③ 由于检验水平 $\alpha = 0.05$，查正态分布表得临界值 $z_{0.05} = 1.645$.

④ 由样本观察值具体计算得 $z = \dfrac{41.25 - 40}{2/\sqrt{25}} = 3.125$.

⑤ 由于 $3.125 > 1.645$，因此拒绝 H_0，认为有了显著提高.

8 - 2 某种电子元件的使用寿命 X（单位：h）服从正态分布，μ,σ^2 未知. 现测得 16 只元件的寿命如下：

159 280 101 212 224 379 179 264

222 362 168 250 149 260 485 170

是否有理由认为元件的平均寿命大于 225 h（$\alpha = 0.05$）？

解 按题意需检验：

①$H_0:\mu \leqslant \mu_0 = 225, H_1:\mu > 225$.

② 选取检验统计量为 $T = \dfrac{\bar{X} - \mu_0}{S/\sqrt{n}} \sim t_{\frac{\alpha}{2}}(n-1)$.

③$n = 16, \alpha = 0.05$，查表知，$t_{\frac{\alpha}{2}}(n-1) = 1.7531$.

④$n = 16, \alpha = 0.05$，计算知 $\bar{x} = 241.5, s = 98.7259$，有 $t = \dfrac{\bar{x} - 225}{s/\sqrt{n}} = 0.6685$.

⑤ 由于 $0.6685 < 1.7531$，故接受 H_0，即认为元件的平均寿命不大于 225 h.

8 - 5 某批矿砂的 5 个样品中的镍含量（%）经测定为

3.25 3.27 3.24 3.26 3.24

设测定之总体服从正态分布，问在 $a = 0.01$ 下能否接受假设：这批矿砂的镍含量均值为 3.25.

解 问题是在σ^2未知的条件下检验假设:

① $H_0:\mu=3.25$ $H_0:\mu\neq 3.25$.

② 选取检验统计量为 $T=\dfrac{\overline{X}-\mu_0}{S/\sqrt{n}}\sim t_{\frac{\alpha}{2}}(n-1)$.

③ $n=5,\alpha=0.01$,查表知 $t_{\frac{\alpha}{2}}(n-1)=t_{0.005}(4)=2.0930$.

④ $n=5,\alpha=0.01$,计算知

$$\overline{x}=3.252,s^2=\frac{1}{4}\left(\sum_{i=1}^{5}x_i-5\overline{x}^2\right)=0.00017$$

$$s=0.013,\ t_{0.005}(4)=4.6041$$

$$t=\frac{\overline{x}-3.25}{s}\sqrt{5}=\frac{3.252-3.25}{0.013}\times 2.24=0.345$$

⑤ 由于$|t|=0.345<4.6041=t_{0.005}(4)$,所以接受$H_0$,即可以认为这批矿砂的镍含量为3.25.

8－6　如果一个矩形的宽度w与长度l的比$\dfrac{w}{l}\approx 0.618$,则称这样的矩形为黄金矩形.这种矩形看上去具有美感,某工艺品工厂随机抽取的20个黄金矩形,其宽度w与长度l的比值为

0.693　0.749　0.654　0.670　0.662　0.672　0.615
0.606　0.690　0.628　0.668　0.611　0.606　0.609
0.601　0.553　0.570　0.844　0.576　0.933

设测定值总体服从正态分布,其均值为μ,试在$\alpha=0.05$下检验假设:

(1)$H_0:\mu=0.618$;$H_1:\mu\neq 0.618$.

(2)记总体的标准差为σ,试检验假设$H_0:\sigma^2=0.11^2$;$H_1:\sigma^2\neq 0.11^2$.

解 (1)① $H_0:\mu=0.618$;$H_1:\mu\neq 0.618$.

② 选取检验统计量为 $T=\dfrac{\overline{X}-\mu_0}{S/\sqrt{n}}\sim t_{\frac{\alpha}{2}}(n-1)$.

③ $n=20,\alpha=0.05$,查表知 $t_{\frac{\alpha}{2}}(n-1)=2.0930$.

④ $n=20,\alpha=0.05$,计算知

$$\overline{x}=\frac{1}{n}\sum_{i=1}^{n}x_i=0.6605$$

$$s=\sqrt{\frac{1}{n-1}\sum_{i=1}^{n}(x_i-\overline{x})^2}=0.0925,\ |t|=\left|\frac{0.6605-0.618}{\frac{0.0925}{\sqrt{20}}}\right|=2.055$$

⑤ 故在$\alpha=0.05$下,接受H_0,认为这批矩形的宽度和长度的比值为0.618.

(2)① $H_0:\sigma^2=0.11^2$;$H_1:\sigma^2\neq 0.11^2$.

② 选取检验统计量为 $\chi^2=\dfrac{(n-1)S^2}{\sigma^2}\sim\chi^2(n-1)$.

③ 查表知 $\chi^2_{0.025}(19)=32.852$,$\chi^2_{0.975}(19)=8.907$.

④ $n=20$,$\alpha=0.05$,由计算知 $s^2=0.0925^2$,$\dfrac{(n-1)s^2}{0.11^2}=13.437$.

⑤ 在 $\alpha=0.05$,$8.907<13.437<32.852$,故接受 H_0,认为总体的标准差 σ 为 0.11.

8－7　两台自动机床加工同一种零件,比较它们的加工精度,分别取容量为 $n_1=10$,$n_2=8$ 的两个样本,测量取出的零件的某个指标的尺寸(假定服从正态分布),得 $\bar{x}=1.24$,$\bar{y}=1.25625$,$s_1^2=0.01887$,$s_2^2=0.01249$,取 $\alpha=0.1$,问这两台机床否有同样的精度?

解　① $H_0:\sigma_1^2=\sigma_2^2$,$H_1:\sigma_1^2\neq\sigma_2^2$.

② 选取检验统计量为 $F=\dfrac{S_1^2}{S_2^2}\sim F(9,7)$.

③ 查表知 $F_{\alpha/2}(9,7)=F_{0.05}(9,7)=3.68$,$F_{1-\alpha/2}(9,7)=F_{0.95}(9,7)=0.304$.

④ $n_1=10$,$n_2=8$,$\alpha=0.1$,,由计算知 $F=1.51$.

⑤ 故在 $\alpha=0.1$,,$0.304<1.51<3.68$,所以接受 H_0,认为两台机床有同样的精度.

第 9 章　方差分析与回归分析

【本章基本要求】

1. 了解方差分析的概念及原理.
2. 了解回归分析的概念及原理.

【本章重点】

方差分析的概念;单因素方差分析的原理;(无交互作用的) 双因素方差的原理;线性相关分析的方法;一元线性回归的原理及方法.

【本章难点】

单因素方差分析、一元线性回归分析.

9.1　知识要点

9.1.1　方差分析

1. 定义
检验多个总体均值是否有显著差异的统计方法.
2. 基本假设:
(1) 每个总体均服从正态分布;
(2) 各总体的方差均相同;
(3) 所有的观测值是独立的.
3. 基本原理
(1) 单因素方差分析
首先,提出假设:

$$H_0:\mu_1 = \mu_2 = \cdots = \mu_k$$

$$H_1:\mu_1,\mu_2,\cdots,\mu_k \text{ 不全相等}$$

如果不拒绝原假设 H_0,则不能认为因素对观测值有显著影响;如果拒绝原假设,则认为因素对观测值有显著影响.

其次，构造检验统计量. 当 H_0 为真时，统计量

$$F = \frac{\frac{SSA}{k-1}}{\frac{SSE}{n-k}}$$

服从分布 $F(k-1,n-k)$. 其中

$$SSA = \sum_{i=1}^{k}\sum_{j=1}^{n_i}(\overline{x_i}-\overline{\overline{x}})^2 = \sum_{i=1}^{k} n_i(\overline{x_i}-\overline{\overline{x}})^2$$

$$SSE = \sum_{i=1}^{k}\sum_{j=1}^{n_i}(x_{ij}-\overline{x_i})^2$$

$$\overline{x_i} = \frac{\sum_{j=1}^{n_i} x_{ij}}{n_i}$$

$$\overline{\overline{x}} = \frac{\sum_{i=1}^{k}\sum_{j=1}^{n_i} x_{ij}}{n}$$

$$n = n_1 + n_2 + \cdots + n_k$$

最后，作出统计决策. 将给定显著性水平 α 的临界值 F_α 与计算得到的统计量的 F 值进行比较，就可以作出对原假设的决策. 若 $F > F_\alpha$，则拒绝原假设，即认为各总体的均值不等，从而被检验的因素对观测值有显著影响；若 $F < F_\alpha$，则不拒绝原假设，不认为各总体的均值不等，从而不能认为被检验的因素对观测值有显著影响. 其中，$F_\alpha = F_\alpha(k-1,n-k)$.

(2) 双因素方差分析

本章只介绍了无交互作用的双因素方差分析，具体的分析步骤如下.

首先，提出假设. 对行因素提出的假设如下：

$H_0:\mu_1 = \mu_2 = \cdots = \mu_k$　　行因素对因变量没有显著影响

$H_1:\mu_1,\mu_2,\cdots,\mu_k$ 不全相等　行因素对因变量有显著影响

对列因素提出的假设如下：

$H_0:\eta_1 = \eta_2 = \cdots = \eta_r$　　列因素对因变量没有显著影响

$H_1:\eta_1,\eta_2,\cdots,\eta_r$ 不全相等　列因素对因变量有显著影响

其中，μ_i 与 η_j 分别是行因素的第 i 个水平的均值与列因素的第 j 个水平的均值.

其次，构造检验统计量. 这里，为了检验上述 H_0 是否成立，我们需要对行因素与列因素分别构建检验统计量. 与单因素方差分析的方法类似，仍利用误差平方和来构建检验统计量. 检验行因素对因变量是否产生显著影响，可以利用统计量：

$$F_R = \frac{\frac{SSR}{k-1}}{\frac{SSE}{(k-1)(r-1)}} \sim F(k-1,(k-1)(r-1))$$

检验列因素对因变量是否产生显著影响,可用统计量:

$$F_C = \frac{\frac{SSC}{r-1}}{\frac{SSE}{(k-1)(r-1)}} \sim F(r-1,(k-1)(r-1))$$

其中

$$SSR = \sum_{i=1}^{k}\sum_{j=1}^{r}(\overline{x_{i\cdot}} - \overline{\overline{x}})^2$$

$$SSC = \sum_{i=1}^{k}\sum_{j=1}^{r}(\overline{x_{\cdot j}} - \overline{\overline{x}})^2$$

$$SSE = \sum_{i=1}^{k}\sum_{j=1}^{r}(x_{ij} - \overline{x_{i\cdot}} - \overline{x_{\cdot j}} + \overline{\overline{x}})^2$$

最后做出统计决策. 对于计算得到的检验统计量的值,在给定显著性水平 α 的情况下,比较临界值 F_α 与 F_R, F_C 的大小关系,即可对原假设是否成立做出抉择. 若 $F_R > F_\alpha$,则拒绝原假设,认为行因素对因变量有显著影响;若 $F_C > F_\alpha$,则拒绝原假设,认为列因素对因变量有显著影响.

9.1.2　简单线性回归分析

1. 线性相关关系的分析(本章从两个角度考查了两个变量间的线性相关关系)

(1) 散点图

设变量 X 与 Y 的样本值分别为 $x_i, y_i(i = 1,\cdots,T)$,在二维坐标图中绘制点(x_i,y_i),其中,可以考查变量间正线性相关、负线性相关、不相关三种关系. 但是需注意的是,此结果仅可以对变量间的关系进行初步判断,在科学研究中很难成为可靠的研究依据.

(2) 线性相关系数

线性相关系数可以度量变量间相关关系的强度,其定义是

$$r = \frac{\sum(x_i - \bar{x})(y_i - \bar{y})}{\sqrt{\sum(x_i - \bar{x})^2 \sum(y_i - \bar{y})^2}}$$

其中,$\bar{x} = \frac{1}{N}\sum_{i=1}^{N}x_i, \bar{y} = \frac{1}{N}\sum_{i=1}^{N}y_i$,$N$ 是样本长度. 一般地,$-1 \leqslant r \leqslant 1$. 若 $0 < r \leqslant 1$,则 X 与 Y 之间存在正线性相关关系;若 $-1 \leqslant r < 0$,则 X 与 Y 之间存在负线性相关关系;若 $r = 1$,则 X 与 Y 间是完全正线性相关关系;若 $r = -1$,则 X 与 Y 间是完全负线性相关关系;若 $r = 0$,则表

明二者间不存在线性相关关系. 需要注意的是,当变量间的相关系数接近于0时,变量间可能存在其他非线性相关关系.

2. 一元线性回归分析

(1) 模型形式

$$y = \beta_0 + \beta_1 x + \varepsilon$$

其中,x 是自变量 X 的样本值,y 是因变量 Y 的样本值. β_0 与 β_1 为回归模型的回归参数,ε 为随机误差项.

(2) 基本假设

① $E(\varepsilon)=0$,即 ε 是一个期望等于0的随机变量. 这意味着

$$E(y) = E(\beta_0 + \beta_1 x + \varepsilon) = \beta_0 + \beta_1 x + E(\varepsilon) = \beta_0 + \beta_1 x$$

② 对于所有的 x 值,ε 的方差 σ^2 是相同的;

③ 误差项 ε 服从正态分布,且独立,即 $\varepsilon \sim N(0,\sigma^2)$.

(3) 估计方法(本章主要介绍了最小二乘估计方法)

所谓的最小二乘估计方法,即是通过使因变量的观测值 y_i 与估计值 $\hat{y}_i$ 之间的离差平方和

$$Q = \sum_{i=1}^{n}(y_i - \hat{y}_i)^2 = \sum_{i=1}^{n}(y_i - (\hat{\beta}_0 + \hat{\beta}_1 x_i))^2$$

达到最小来求估计值 $\hat{\beta}_0$ 与 $\hat{\beta}_1$ 的方法. 这一过程是基于微积分的极值定理来实现的. 首先令

$$\begin{cases} \dfrac{\partial Q}{\partial \hat{\beta}_0} = -2\sum\limits_{i=1}^{n}(y_i - (\hat{\beta}_0 + \hat{\beta}_1 x_i)) = 0 \\ \dfrac{\partial Q}{\partial \hat{\beta}_1} = -2\sum\limits_{i=1}^{n}x_i(y_i - (\hat{\beta}_0 + \hat{\beta}_1 x_i)) = 0 \end{cases}$$

化简得

$$\begin{cases} \sum\limits_{i=1}^{n} y_i = n\hat{\beta}_0 + \hat{\beta}_1 \sum\limits_{i=1}^{n} x_i \\ \sum\limits_{i=1}^{n} x_i y_i = \hat{\beta}_0 \sum\limits_{i=1}^{n} x_i + \hat{\beta}_1 \sum\limits_{i=1}^{n} x_i^2 \end{cases}$$

从而解方程组得到

$$\begin{cases} \hat{\beta}_1 = \dfrac{n\sum\limits_{i=1}^{n} x_i y_i - \sum\limits_{i=1}^{n} x_i \sum\limits_{i=1}^{n} y_i}{n\sum\limits_{i=1}^{n} x_i^2 - (\sum\limits_{i=1}^{n} x_i)^2} \\ \hat{\beta}_0 = \overline{y} - \hat{\beta}_1 \overline{x} \end{cases}$$

即为参数β_0与β_1的最小二乘估计值,从而可以确定所需的直线关系.其中,$\bar{x}$与$\bar{y}$均为样本均值:

$$\bar{x}=\frac{1}{n}\sum_{i=1}^{n}x_i,\ \bar{y}=\frac{1}{n}\sum_{i=1}^{n}y_i$$

(4) 评价估计结果

本章主要基于回归直线的拟合优度和回归参数的显著性检验这两个角度对估计结果的合理性进行评价.

首先,对于拟合优度的度量,我们用判定系数R^2来实现,其公式为

$$R^2=\frac{\sum_{i=1}^{n}(\hat{y}_i-\bar{y})^2}{\sum_{i=1}^{n}(y_i-\bar{y})^2}=1-\frac{\sum_{i=1}^{n}(y_i-\hat{y}_i)^2}{\sum_{i=1}^{n}(y_i-\bar{y})^2}$$

显然,如果全部观测点均落在回归直线上,则有$\hat{y}_i=y_i$,此时$R^2=1$,拟合是完全的;如果y的变化与x无关,回归直线解释不了y的变化,则有$\hat{y}_i=\bar{y}$,此时$R^2=0$.可见,R^2的取值范围是$[0,1]$.R^2越接近于1,说明回归直线与观测点越接近,用x的线性函数来解释y的变化的能力就越强,拟合程度就越好;反之,R^2越接近于0,回归直线的拟合程度就越差.

其次,在一元线性回归模型$y=\beta_0+\beta_1x+\varepsilon$中,如果$\beta_1$是显著不为零的,那么此时就可以用$x$的取值来预测$y$的变化.这里检验回归参数$\beta_1$是否显著区别于零,具体的步骤如下:

① 提出原假设$H_0:\beta_1=0$,备择假设$H_1:\beta_1\neq 0$.

② 当原假设为真时,检验统计量

$$t=\frac{\hat{\beta}_1-\beta_1}{s_{\hat{\beta}_1}}\sim t(n-2)$$

其中,$\hat{\beta}_1$是回归参数β_1的估计值

$$s_{\hat{\beta}_1}=\frac{s_y}{\sqrt{\sum_{i=1}^{n}x_i^2-\frac{1}{n}(\sum_{i=1}^{n}x_i)^2}}$$

s_y是误差项ε的标准差σ的估计量.

③ 作出决策:对于给定的显著性水平α,依据相应的临界值$t_{\frac{\alpha}{2}}(n-2)$,若$|t|>t_{\frac{\alpha}{2}}(n-2)$,则拒绝原假设,认为自变量$x$对因变量$y$有显著的影响,并意味着回归模型中的线性关系是显著的;若$|t|<t_{\frac{\alpha}{2}}(n-2)$,则不能拒绝原假设,并且不能认为自变量与因变量间存在着显著的线性关系.

9.2 典型例题

例 1 一个年级有三个小班，他们进行了一次英语考试，先从这三个班级中随机抽取一些学生成绩，记录如下：

班级 1	班级 2	班级 3
72	88	87
65	78	54
71	76	88
87	50	83
62	58	91
78	96	53
	51	71
	90	
	53	

试在显著性水平 $\alpha = 0.05$ 下检验这三个班级的英语平均成绩是否有显著差异.

解 以 μ_1,μ_2 和 μ_3 分别表示这三个班级英语考试的平均成绩，首先构建假设：

$$H_0: \mu_1 = \mu_2 = \mu_3$$

$$H_1: \mu_1,\mu_2 \text{ 和 } \mu_3 \text{ 不全相等}$$

其次，统计量

$$F = \frac{\frac{SSA}{k-1}}{\frac{SSE}{n-k}} = \frac{\frac{69.46}{3-1}}{\frac{4\,665.82}{22-3}} = 0.14$$

因 $F_{0.05}(2,19) = 3.52$，而 $F = 0.14 < F_{0.05}(2,19)$，故在 0.05 的显著性水平下可以接受原假设 H_0，认为这三个班级的英语平均成绩没有显著差异.

例 2 某企业准备购进一批电池，备选的有三个品牌，为比较其质量，从这三个品牌电池中各随机抽取 5 只，检验这些电池的寿命（单位：h），得如下数据：

品牌 A	品牌 B	品牌 C
50	33	45
51	29	43
42	31	37
12	35	49
38	28	39

试分析这三种品牌的电池质量是否有显著差异?

解 以 μ_1,μ_2 和 μ_3 分别表示这三种品牌电池的平均寿命,提出假设:

$$H_0:\mu_1=\mu_2=\mu_3$$

$$H_1:\mu_1,\mu_2 \text{ 和 } \mu_3 \text{ 不全相等}$$

构建统计量

$$F=\frac{\frac{SSA}{k-1}}{\frac{SSE}{n-k}}=\frac{\frac{334.53}{3-1}}{\frac{1\ 127.20}{15-3}}=1.78$$

因 $F_{0.05}(2,12)=3.89$,而 $F=1.78<F_{0.05}(2,12)$,故在 0.05 的显著性水平下可以接受原假设 H_0,认为这三种品牌电池的质量没有显著差异.

例 3 有 4 个品牌的彩电在 5 个地区进行销售,为考查这些彩电的品牌和销售地区对销售量的影响,对这 4 种品牌彩电在这 5 个地区的销售量进行了调查,并取得如下销售数据. 试分析品牌和销售地区对这些彩电的销售量是否有显著影响(不考查交互作用)?

销售量单位:台/月

品牌(A)	地区 B				
	B1	B2	B3	B4	B5
A1	376	360	354	350	332
A2	356	378	372	341	345
A3	368	333	361	356	316
A4	299	290	307	271	308

解 提出原假设:品牌和销售地区对彩电的销售量均无显著影响.

首先,检验行因素(品牌)对因变量(销售量)是否产生显著影响的统计量为

$$F_R=\frac{\frac{SSR}{k-1}}{\frac{SSE}{(k-1)(r-1)}}=\frac{\frac{13\ 049.35}{4-1}}{\frac{2\ 936.90}{(4-1)(5-1)}}=17.77$$

因 $F(k-1,(k-1)(r-1))=F(3,12)=3.49$，而 $F_R=17.77>3.49$，故认为品牌对销售量有显著影响.

其次，检验列因素（销售地区）对因变量（销售量）是否有显著影响的统计量为

$$F_C=\frac{\frac{SSC}{r-1}}{\frac{SSE}{(k-1)(r-1)}}=\frac{\frac{1\ 944.3}{5-1}}{\frac{2\ 936.90}{(4-1)(5-1)}}=1.99$$

因 $F(r-1,(k-1)(r-1))=F(4,12)=3.26$，而 $F_C=1.99<3.26$，故认为这 5 个销售地区对销售量没有显著影响.

因此，对这 4 种彩电而言，品牌对销售量有显著影响，而销售地区间的差异没有对销售量产生显著的影响.

例 4　1995 年至 2004 年，某企业的利润 Y（万元）与其研究费用 X（万元）有如下数据：

年份	1995	1996	1997	1998	1999	2000	2001	2002	2003	2004
X	10	10	9	8	9	12	11	12	11	11
Y	100	152	201	184	250	310	280	311	322	301

试以 X 为自变量、Y 为因变量构建一元线性回归模型来描述二者间的关系，并在 $\alpha=0.05$ 的显著性水平下对估计结果进行必要的评价.

解　首先，X 与 Y 间的相关系数为

$$r=\frac{\sum(x_i-\bar{x})(y_i-\bar{y})}{\sqrt{\sum(x_i-\bar{x})^2\sum(y_i-\bar{y})^2}}=0.65$$

这说明，利润和研究费用这两个变量间存在一定的正的线性相关关系，因而可以用线性回归模型来描述二者间的关系.

其次，以 X 为自变量、Y 为因变量构建模型 $y=\beta_0+\beta_1x+\varepsilon$，利用最小二乘估计方法得到参数的估计值分别为

$$\hat{\beta}_0=-144.48$$

$$\hat{\beta}_1=37.43$$

最后，对估计结果进行评价. 一方面，估计结果的判定系数为

$$R^2=\frac{\sum_{i=1}^{n}(\hat{y}_i-\bar{y})^2}{\sum_{i=1}^{n}(y_i-\bar{y})^2}=1-\frac{\sum_{i=1}^{n}(y_i-\hat{y}_i)^2}{\sum_{i=1}^{n}(y_i-\bar{y})^2}=0.42$$

并不接近于1,这说明 $-144.48+37.43x$ 仅能描述变量 y 的部分变化. 另一方面,回归参数 β_1 的估计值 $\hat{\beta}_1=37.43$ 是显著的,这是因为统计量

$$t=\frac{\hat{\beta}_1-\beta_1}{s_{\hat{\beta}_1}}=\frac{\hat{\beta}_1-0}{s_{\hat{\beta}_1}}=2.39$$

而在 $\alpha=0.05$ 的显著性水平下临界值 $t_{\frac{0.05}{2}}(n-2)=2.31$,显然 $2.39>2.31$,故可以认为回归参数 β_1 显著区别于 0. 因而可以以 X 为自变量、Y 为因变量来构建模型, 从而模型 $y=-144.48+37.43x+\varepsilon$ 有一定的合理性.

例 5　某学校的教育费用 X(万元) 与该校学生人数 Y(万人) 在 2005—2010 年的数据如下:

年份	2005	2006	2007	2008	2009	2010
X	318	345	375	395	420	457
Y	12	17	19	21	23	26

(1) 用相关系数检验变量间的线性关系;

(2) 试用一元线性回归模型描述 X 与 Y 间的关系;

(3) 在 $\alpha=0.05$ 的显著性水平下,对回归参数进行显著性检验.

解　(1) 变量间的相关系数为

$$r=0.99$$

这说明,利润和研究费用这两个变量间存在很强的正的线性相关关系,因而可以用线性回归模型来描述二者间的关系.

(2) 以 X 为自变量、Y 为因变量构建模型 $y=\beta_0+\beta_1x+\varepsilon$,利用最小二乘估计方法得到参数的估计值分别为

$$\hat{\beta}_0=-17.11$$

$$\hat{\beta}_1=0.10$$

因而有 $y=-17.11+0.10x+\varepsilon$.

(3) 对回归参数进行显著性检验的统计量为

$$t_{\hat{\beta}_1}=\frac{\hat{\beta}_1-\beta_1}{s_{\hat{\beta}_1}}=\frac{\hat{\beta}_1-0}{s_{\hat{\beta}_1}}=11.58$$

$$t_{\hat{\beta}_0}=\frac{\hat{\beta}_0-\beta_0}{s_{\hat{\beta}_0}}=\frac{\hat{\beta}_0 1-0}{s_{\hat{\beta}_0}}=-5.35$$

而在$\alpha=0.05$的显著性水平下临界值$t_{\frac{0.05}{2}}(n-2)=2.78$,显然有$|t_{\hat{\beta}_1}|>t_{\frac{0.05}{2}}(n-2)$且$|t_{\hat{\beta}_0}|>t_{\frac{0.05}{2}}(n-2)$,从而回归参数都是显著区别于0的,故构建模型$y=-17.11+0.10x+\varepsilon$是合理的.

9.3 同步训练题

1. 某实验室有3只电压表,为了比较这些电压表的测试准确性,用它们对一电压为100 V的恒定电动势各测试5次,得到如下电压测试数据(单位:V):

电压表1	100.8	101.2	100.7	101	100.3
电压表2	100.3	100.8	101.1	100.5	100.4
电压表3	100.5	100.0	100.4	100.1	100.1

试检验这3个电压表测试电压的准确性是否有显著差异?($\alpha=0.05$)

2. 某车间有5名工人,3台不同型号的车床,生产同一品种的产品(单位:件),现让每个工人轮流在3台车床上分别操作,记录其日产量结果如下表所示. 试求这5位工人技术之间和不同型号车床对产量是否有显著影响(不考虑交互作用)?($\alpha=0.05$)

日产量单位:件

车床型号(A)	工人(B)				
	B1	B2	B3	B4	B5
A1	65	74	64	82	79
A2	76	67	62	74	81
A3	79	68	81	70	72

3. 2010年1至6月某城市的人均月收入(元)与人均月支出(元)的部分数据如下:

月份	1	2	3	4	5	6
人均月支出(Y)	1 572	1 843	1 683	1 721	1 659	1 737
人均月收入(X)	2 273	2 463	2 351	2 269	2 194	2 345

试求人均月支出对于人均月收入的线性回归函数,并说明人均月收入对人均月支出是否有显著影响?($\alpha = 0.05$)

4. 某产品在不同地区的销售量(万件)和销售价格(元)数据如下:

销售量(Y)	1.7	1.5	1.6	1.6	1.4	1.4	1.2	1.1
销售价格(X)	33	34	35	36	37	38	39	40

试求销售量对销售价格的线性回归函数,并分析销售价格对销售量是否有显著影响?($\alpha = 0.05$)

9.4　同步训练题答案

1. 这3个电压表测试电压的准确性有显著差异.

2. 在 $\alpha = 0.05$ 的显著性水平下,这5位工人技术之间和不同型号车床对产量均没有显著影响.

3. 线性回归函数为 $y = 16.82 + 0.73x + \varepsilon$,人均月收入对人均月支出有显著影响.

4. 线性回归函数为 $y = 4.26 - 0.08x + \varepsilon$,销售价格对销售量有显著影响.